活性毁伤科学与技术研究丛书

# 活性毁伤增强聚能战斗部技术

Physics of Reactive Liner Enhanced Shaped Charge Warheads

王海福 郑元枫 余庆波 著

北京理工大学出版社
BEIJING INSTITUTE OF TECHNOLOGY PRESS

## 内容简介

本书系统阐述活性毁伤增强聚能战斗部技术研究最新进展及成果，共分 6 章内容。第 1 章主要阐述射流、杆流、爆炸成型弹丸等聚能侵彻体成形和侵彻基础理论，活性聚能毁伤技术特点和应用优势等内容。第 2 章主要阐述类射流、类杆流和类弹丸活性聚能侵彻体成形行为数值模拟方法及验证实验等内容。第 3 章主要阐述类射流、类杆流和类弹丸活性聚能侵彻体化学能分布释放机理及理论模型等内容。第 4 章主要阐述活性聚能战斗部作用钢靶、间隔靶和反应装甲毁伤增强效应、机理及理论模型等内容。第 5 章主要阐述活性聚能战斗部作用机场跑道毁伤增强效应、机理及理论模型等内容。第 6 章主要阐述活性聚能战斗部作用钢筋混凝土类硬目标毁伤增强效应、机理及理论模型等内容。

本书可作为高等院校兵器科学与技术、航空宇航科学与技术、材料科学与工程等学科的研究生教材，也可供从事相关研究工作的技术人员自学参考使用。

**版权专有　侵权必究**

### 图书在版编目（CIP）数据

活性毁伤增强聚能战斗部技术／王海福，郑元枫，余庆波著．—北京：北京理工大学出版社，2020.4（2024.7 重印）

（活性毁伤科学与技术研究）

国家出版基金项目　"十三五"国家重点出版物出版规划项目　国之重器出版工程

ISBN 978 – 7 – 5682 – 8385 – 4

Ⅰ.①活… Ⅱ.①王… ②郑… ③余… Ⅲ.①弹药材料 – 战斗部 – 研究 Ⅳ.①TJ410.4

中国版本图书馆 CIP 数据核字（2020）第 062535 号

---

| 责任编辑／钟　博 | 文案编辑／钟　博 |
| 责任校对／周瑞红 | 责任印制／王美丽 |

出版发行　／　北京理工大学出版社有限责任公司

社　　址　／　北京市丰台区四合庄路 6 号

邮　　编　／　100070

电　　话　／　（010）68944439（学术售后服务热线）

网　　址　／　http://www.bitpress.com.cn

版印次　／　2024 年 7 月第 1 版第 2 次印刷

印　　刷　／　北京虎彩文化传播有限公司

开　　本　／　710 mm × 1000 mm　1/16

印　　张　／　20.75

字　　数　／　352 千字

定　　价　／　92.00 元

图书出现印装质量问题，请拨打售后服务热线，负责调换

# 《国之重器出版工程》
## 编辑委员会

编辑委员会主任：苗　圩

编辑委员会副主任：刘利华　辛国斌

编辑委员会委员：

| 冯长辉 | 梁志峰 | 高东升 | 姜子琨 | 许科敏 |
| 陈　因 | 郑立新 | 马向晖 | 高云虎 | 金　鑫 |
| 李　巍 | 高延敏 | 何　琼 | 刁石京 | 谢少锋 |
| 闻　库 | 韩　夏 | 赵志国 | 谢远生 | 赵永红 |
| 韩占武 | 刘　多 | 尹丽波 | 赵　波 | 卢　山 |
| 徐惠彬 | 赵长禄 | 周　玉 | 姚　郁 | 张　炜 |
| 聂　宏 | 付梦印 | 季仲华 | | |

**专家委员会委员**(按姓氏笔画排列):

| 于　全 | 中国工程院院士 |
| 王　越 | 中国科学院院士、中国工程院院士 |
| 王小谟 | 中国工程院院士 |
| 王少萍 | "长江学者奖励计划"特聘教授 |
| 王建民 | 清华大学软件学院院长 |
| 王哲荣 | 中国工程院院士 |
| 尤肖虎 | "长江学者奖励计划"特聘教授 |
| 邓玉林 | 国际宇航科学院院士 |
| 邓宗全 | 中国工程院院士 |
| 甘晓华 | 中国工程院院士 |
| 叶培建 | 人民科学家、中国科学院院士 |
| 朱英富 | 中国工程院院士 |
| 朵英贤 | 中国工程院院士 |
| 邬贺铨 | 中国工程院院士 |
| 刘大响 | 中国工程院院士 |
| 刘辛军 | "长江学者奖励计划"特聘教授 |
| 刘怡昕 | 中国工程院院士 |
| 刘韵洁 | 中国工程院院士 |
| 孙逢春 | 中国工程院院士 |
| 苏东林 | 中国工程院院士 |
| 苏彦庆 | "长江学者奖励计划"特聘教授 |
| 苏哲子 | 中国工程院院士 |
| 李寿平 | 国际宇航科学院院士 |

| | |
|---|---|
| 李伯虎 | 中国工程院院士 |
| 李应红 | 中国科学院院士 |
| 李春明 | 中国兵器工业集团首席专家 |
| 李莹辉 | 国际宇航科学院院士 |
| 李得天 | 国际宇航科学院院士 |
| 李新亚 | 国家制造强国建设战略咨询委员会委员、中国机械工业联合会副会长 |
| 杨绍卿 | 中国工程院院士 |
| 杨德森 | 中国工程院院士 |
| 吴伟仁 | 中国工程院院士 |
| 宋爱国 | 国家杰出青年科学基金获得者 |
| 张　彦 | 电气电子工程师学会会士、英国工程技术学会会士 |
| 张宏科 | 北京交通大学下一代互联网互联设备国家工程实验室主任 |
| 陆　军 | 中国工程院院士 |
| 陆建勋 | 中国工程院院士 |
| 陆燕荪 | 国家制造强国建设战略咨询委员会委员、原机械工业部副部长 |
| 陈　谋 | 国家杰出青年科学基金获得者 |
| 陈一坚 | 中国工程院院士 |
| 陈懋章 | 中国工程院院士 |
| 金东寒 | 中国工程院院士 |
| 周立伟 | 中国工程院院士 |

郑纬民　中国工程院院士
郑建华　中国科学院院士
屈贤明　国家制造强国建设战略咨询委员会委员、工业和信息化部智能制造专家咨询委员会副主任
项昌乐　中国工程院院士
赵沁平　中国工程院院士
郝　跃　中国科学院院士
柳百成　中国工程院院士
段海滨　"长江学者奖励计划"特聘教授
侯增广　国家杰出青年科学基金获得者
闻雪友　中国工程院院士
姜会林　中国工程院院士
徐德民　中国工程院院士
唐长红　中国工程院院士
黄　维　中国科学院院士
黄卫东　"长江学者奖励计划"特聘教授
黄先祥　中国工程院院士
康　锐　"长江学者奖励计划"特聘教授
董景辰　工业和信息化部智能制造专家咨询委员会委员
焦宗夏　"长江学者奖励计划"特聘教授
谭春林　航天系统开发总师

# 序 一

弹药战斗部是武器完成毁伤使命的关键要素，是多学科、多专业科学技术高度融合的毁伤技术的载体。毁伤技术先进与否，决定武器威力的高低和毁伤目标能力的强弱。先进毁伤技术，是发展性能优良的现代武器的重大关键技术，引不进，买不来，必须自主创新。

活性毁伤元弹药战斗部技术，为大幅提升武器威力开辟了新途径。北京理工大学王海福教授研究团队是国内外最早致力于这项前沿技术研究的团队之一。从"十五"期间承担兵器预研基金、武器装备前沿探索和技术预研等课题研究开始，二十年来，在概念探索验证、关键技术突破、装备工程研制中，做出了开拓性、奠基性、具有里程碑意义的重要贡献。

《活性毁伤科学与技术研究丛书》是王海福教授团队从事该前沿技术方向二十年研究所取得学术成果的深度凝练，形成了《活性毁伤材料冲击响应》《活性毁伤材料终点效应》《活性毁伤增强聚能战斗部技术》《活性毁伤增强侵彻战斗部技术》和《活性毁伤增强破片战斗部技术》5部学术专著。前两部着重阐述活性毁伤元材料与终点效应研究方面取得的学术进展，后三部系统阐述活性材料毁伤元在聚能类、侵彻类和杀爆类弹药战斗部上的应用研究方面取得的学术进展。该丛书理论、技术和工程应用相得益彰，体系完整，学术原创性强，作为国内外首套系统阐述活性毁伤元弹药战斗部技术最新研究进展及成果的系列学术专著，既可用作高等院校兵器科学与技术、材料科学与工程等学科研究生的教学参考书，也可供从事兵器、航天、材料等领域研究工作的科研人员、工程技术人员自学参考使用。

很高兴应作者之邀为该丛书撰写序言，相信该系列学术专著的出版必将对活性毁伤元弹药战斗部技术的发展发挥重要作用。

中国工程院院士 杨绍卿

# 序 二

　　大幅提升威力是陆海空天武器的共性重大需求,现役弹药战斗部的惰性金属毁伤元命中目标后,仅能造成动能侵彻和机械贯穿毁伤作用,从机理上制约了毁伤能力的显著增强,成为大幅提升武器威力的技术瓶颈。

　　活性毁伤元弹药战斗部技术,是近二十年来发展起来的一项武器高效毁伤新技术,打破了惰性金属毁伤元弹药战斗部技术体制,通过毁伤元材料及武器化应用技术创新,实现威力的大幅提升。与惰性金属毁伤元相比,活性材料毁伤元的显著技术优势是,既有类似金属材料的力学强度,又有类似高能炸药的爆炸能量。也就是说,活性材料毁伤元高速命中目标时,不仅能发挥类似金属毁伤元的动能侵彻毁伤能力,在侵入或贯穿目标后,还能自行冲击激活引发爆炸,产生更高效的动能和爆炸能两种毁伤机理的联合作用,从而显著增强对目标的结构爆裂、引燃、引爆等毁伤能力,大幅提升弹药战斗部威力。

　　从活性毁伤元弹药战斗部技术发展看,核心在于活性毁伤元材料技术、终点效应表征技术和武器化应用技术等的创新突破。北京理工大学王海福教授研究团队历经二十余年创新攻关,从概念探索验证、关键技术突破,到装备工程型号研制,取得了丰硕的研究成果,形成了《活性毁伤科学与技术研究丛书》系列学术专著,包括《活性毁伤材料冲击响应》《活性毁伤材料终点效应》《活性毁伤增强侵彻战斗部技术》《活性毁伤增强聚能战斗部技术》和《活性毁伤增强破片战斗部技术》5部。作为国内外首套系统阐述相关研究最新进展及成果的系列专著,形成了较为完整的学术体系,既可用作高等院校相关学科的研究生教材,也可供从事相关研究工作的技术人员自学参考使用。

我衷心祝贺作者所取得的学术成果,并热忱期待《活性毁伤科学与技术研究丛书》早日出版发行。应作者邀请为该丛书作序,相信该系列学术专著的出版发行,必将对活性毁伤元弹药战斗部技术发展产生有力的推动作用。

中国工程院院士

# 序 三

　　毁伤是武器打击链路的最终环节，弹药战斗部是毁伤技术的载体、武器的有效载荷。现役弹药战斗部的惰性金属毁伤元，通过动能侵彻机理和机械贯穿模式毁伤目标，成为了制约武器威力大幅提升的技术瓶颈之一。

　　活性毁伤元弹药战斗部技术，为大幅提升武器威力开辟了新途径。这项先进毁伤技术的核心创新，一是着眼毁伤元材料技术创新，突破现役惰性金属毁伤元动能侵彻毁伤机理和机械贯穿毁伤模式的局限，通过创造一种更高效的动能和爆炸能时序联合毁伤机理和模式，实现对目标毁伤能力的显著增强，包括结构毁伤增强、引燃毁伤增强、引爆毁伤增强等；二是通过活性毁伤元在不同弹药战斗部上应用技术的创新，实现毁伤威力的大幅提升。

　　《活性毁伤科学与技术研究丛书》是北京理工大学王海福教授团队长期从事该技术方向研究取得的创新成果的学术凝练，并获批了国家出版基金项目、"十三五"国家重点出版物规划项目和国之重器出版工程项目的资助出版，学术成果的原创性和前沿性得到了肯定。该系列学术专著分为《活性毁伤材料冲击响应》《活性毁伤材料终点效应》《活性毁伤增强侵彻战斗部技术》《活性毁伤增强聚能战斗部技术》和《活性毁伤增强破片战斗部技术》5 部。从活性毁伤材料创制，到终点效应表征，再到不同弹药战斗部上应用，形成了以技术创新为牵引、学术创新为核心的较完整知识体系，既可用作高等院校相关学科的研究生教材，也可供从事相关研究工作的技术人员自学参考使用。

我应作者邀请为《活性毁伤科学与技术研究丛书》作序,相信该丛书的出版发行将进一步有力推动活性毁伤元弹药战斗部技术的创新发展。

中国工程院院士

# 序 四

先进武器,一是要能精确命中目标,二是要能高效毁伤目标。先进武器只有配置高效毁伤弹药战斗部,才能发挥更有效的精确打击;否则,击而弱毁,事倍功半。换言之,毁伤技术的创新突破,是引领和推动弹药战斗部技术发展的核心源动力,是支撑先进武器研发的技术基石之一。

近二十年来,活性毁伤元弹药战斗部技术的创新与突破,为大幅提升武器威力开辟了新途径。这项具有重大颠覆性意义的武器终端毁伤技术核心创新内涵是,打破现役惰性金属毁伤元技术理念,创制新一代兼备类金属力学强度和类炸药爆炸能量双重属性的活性材料毁伤元,由此突破惰性金属毁伤元纯动能毁伤机理的局限,从而创造一种更高效的动能与爆炸能联合毁伤机理,显著增强毁伤目标能力,实现弹药战斗部威力的大幅提升。

《活性毁伤科学与技术研究丛书》是北京理工大学王海福教授团队历经二十年创新研究,取得的原创性学术成果的深度凝练。作为国内外首套系统阐述活性毁伤元弹药战斗部技术最近研究进展的系列学术专著,内容涵盖活性毁伤元材料创制、终点效应工程表征和武器化应用三个方面,互为支撑,衔接紧密,形成了《活性毁伤材料冲击响应》《活性毁伤材料终点效应》《活性毁伤增侵彻强战斗部技术》《活性毁伤增强聚能战斗部技术》和《活性毁伤增强破片战斗部技术》5 部专著。专著着力工程应用为学术创新牵引,从理论分析、模型建立、数值模拟、机理讨论、实验验证等方面,阐述学术研究最新进展及成果,体现丛书内容的体系性和学术原创性。

应作者邀请为《活性毁伤科学与技术研究丛书》作序,我热忱祝贺作者

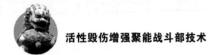

的同时,期待该系列学术专著早日出版发行。相信该丛书的出版发行,将对活性毁伤元弹药战斗部技术发展产生重要、深远的影响。

中国工程院院士

# 前　言

　　武器使用的根本使命是打击和摧毁目标，弹药战斗部是武器毁伤技术的载体和终端毁伤系统。毁伤技术先进与否，决定弹药战斗部威力的高低和武器摧毁目标能力的强弱，先进毁伤技术，是推动和支撑高新武器研发的重大核心技术。创新毁伤技术可大幅度提升弹药战斗部威力，是陆海空天武器的共性重大需求，也是世界各国先进武器研发共同面临的重大瓶颈性难题。

　　活性毁伤元弹药战斗部技术，是近二十年来发展起来的一项具有颠覆性意义的武器先进终端毁伤技术，开辟了大幅度提升武器威力新途径。这项先进毁伤技术的核心创新内涵和重大军事价值在于，打破了现役弹药战斗部主要基于钨、铜、钢等惰性金属材料毁伤元（破片、射流、杆条、弹丸等）打击和毁伤目标并形成威力的传统技术理念，着眼于毁伤材料、毁伤机理、毁伤模式及应用技术的创新突破，创制新一代既有类似惰性金属材料的力学强度，又有类似炸药、火药等传统含能材料的爆炸能量双重属性优势的活性毁伤材料。由这种活性毁伤材料制备而成的活性毁伤元高速命中目标时，不仅能产生类似惰性金属毁伤元的动能侵彻贯穿毁伤作用，更重要的是，侵入或贯穿目标后还能自行激活爆炸，发挥类似传统含能材料的爆炸毁伤优势，由此创造一种全新的动能与爆炸能双重时序联合毁伤机理和模式，显著增强毁伤目标能力，实现弹药战斗部威力的大幅提升。特别是，这项先进毁伤技术可以广泛推广应用于从防空反导反辐射、反舰反潜反装甲到反硬目标攻坚等陆海空天武器平台的各类弹药战斗部，已成为推动和支撑高新武器研发的重大核心技术。

　　《活性毁伤科学与技术研究丛书》是作者历经二十年创新研究，成功实现从概念探索验证，到关键技术突破，再到装备工程型号研制的里程碑式跨越，所取得的创新成果深度凝练而形成的系列学术专著。本丛书总体内容分为活性毁伤材料创制、毁伤效应表征和武器化应用三部分，形成《活性毁伤材料冲击响应》《活性毁伤材料终点效应》《活性毁伤增强破片战斗部技术》《活性毁伤增强聚能战斗部技术》和《活性毁伤增强侵彻战斗部技术》5部专著。

《活性毁伤材增强聚能战斗部技术》是本丛书的第三部，共分6章。第1章聚能效应基础理论，主要阐述射流、杆流和爆炸成型弹丸等聚能侵彻体成形、侵彻基础理论及活性聚能毁伤技术优势等内容。第2章活性聚能侵彻体成形行为，主要阐述类射流、类杆流和类弹丸活性聚能侵彻体成形行为及实验等内容。第3章活性聚能侵彻体化学能释放行为，主要阐述类射流、类杆流和类弹丸活性聚能侵彻体化学能分布释放机理及理论模型等内容。第4章反装甲活性毁伤聚能战斗部技术，主要阐述活性聚能战斗部作用钢靶、间隔靶和反应装甲毁伤增强效应、机理及理论模型等内容。第5章反跑道活性毁伤增强聚能战斗部技术，主要阐述活性聚能战斗部作用机场跑道毁伤增强效应、机理及理论模型等内容。第6章反硬目标活性毁伤增强聚能战斗部技术，主要阐述活性聚能战斗部作用钢筋混凝土类硬目标毁伤增强效应、机理及理论模型等内容。

本书由北京理工大学王海福教授、郑元枫副研究员、余庆波教授撰写。在本书撰写过程中，已毕业研究生张雪朋博士、葛超博士、肖建光博士、郭焕果博士、林诗彬硕士等，在读博士生苏成海、袁盈、马红兵、谢剑文、罗成等参与了部分书稿内容的讨论、绘图和校对等工作，付出了辛勤劳动。

海军研究院邱志明院士、火箭军研究院冯煜芳院士、中国兵器工业第二〇三研究所杨绍卿院士和杨树兴院士对本书的初稿进行了审阅，提出了宝贵的修改意见。谨向各位院士致以诚挚的感谢！

感谢北京理工大学出版社和各位编辑为本书出版所付出的辛勤劳动！特别感谢国家出版基金、国防科技创新项目、国家自然科学基金等的资助！

本书是国内外首部系统阐述活性毁伤材料冲击响应问题研究进展的学术专著，由于作者水平有限，书中难免存在尚不成熟或值得商榷的内容甚至不当和错误之处，恳请广大读者批评指正。

王海福<br>
2020年4月于北京

# 目 录

**第1章　聚能效应基础理论** ……………………………………………… 001
  1.1　概述 …………………………………………………………… 002
    1.1.1　聚能效应类型 …………………………………………… 002
    1.1.2　聚能毁伤机理 …………………………………………… 007
    1.1.3　聚能技术的发展 ………………………………………… 009
  1.2　聚能侵彻体成形理论 ………………………………………… 015
    1.2.1　聚能射流成形理论 ……………………………………… 016
    1.2.2　爆炸成型弹丸成形理论 ………………………………… 024
    1.2.3　杆式射流成形理论 ……………………………………… 027
  1.3　聚能侵彻体侵彻理论 ………………………………………… 032
    1.3.1　聚能射流侵彻理论 ……………………………………… 032
    1.3.2　爆炸成型弹丸侵彻理论 ………………………………… 038
    1.3.3　杆式射流侵彻理论 ……………………………………… 041
  1.4　活性聚能毁伤技术 …………………………………………… 045
    1.4.1　活性聚能毁伤技术的发展 ……………………………… 046
    1.4.2　活性聚能毁伤机理 ……………………………………… 049

**第2章　活性聚能侵彻体成形行为** ……………………………………… 053
  2.1　数值模拟方法 ………………………………………………… 054

2.1.1　数值算法 …… 054
　　2.1.2　材料模型 …… 057
　　2.1.3　算法建模 …… 061
2.2　类射流活性聚能侵彻体成形行为 …… 063
　　2.2.1　密度分布特性 …… 063
　　2.2.2　速度分布特性 …… 067
　　2.2.3　温度分布特性 …… 068
　　2.2.4　主要影响因素 …… 071
2.3　类弹丸活性聚能侵彻体成形行为 …… 077
　　2.3.1　密度分布特性 …… 077
　　2.3.2　速度分布特性 …… 078
　　2.3.3　温度分布特性 …… 079
　　2.3.4　主要影响因素 …… 081
2.4　类杆流活性聚能侵彻体成形行为 …… 086
　　2.4.1　密度分布特性 …… 086
　　2.4.2　速度分布特性 …… 088
　　2.4.3　温度分布特性 …… 089
　　2.4.4　主要影响因素 …… 090
2.5　活性聚能侵彻体成形实验 …… 095
　　2.5.1　活性药型罩制备 …… 095
　　2.5.2　脉冲X光实验 …… 098
　　2.5.3　活性药型罩聚能装药结构设计 …… 100

# 第3章　活性聚能侵彻体化学能释放行为 …… 105

3.1　化学能分布式释放模型 …… 106
　　3.1.1　类射流活性聚能侵彻体释能模型 …… 106
　　3.1.2　类弹丸活性聚能侵彻体释能模型 …… 110
　　3.1.3　类杆流活性聚能侵彻体释能模型 …… 113
3.2　化学能分布式释放行为 …… 115
　　3.2.1　化学能分布式释放实验方法 …… 116
　　3.2.2　化学能分布式释放效应 …… 117
　　3.2.3　活性材料激活响应特性 …… 120
3.3　靶后化学能释放效应 …… 124
　　3.3.1　化学能释放实验方法 …… 124

3.3.2 靶后化学能释放效应的影响因素 ……………………… 125
  3.3.3 化学能释放超压模型 ………………………………… 136
 3.4 后效毁伤增强实验 …………………………………………… 140
  3.4.1 油箱目标引燃增强效应 ……………………………… 141
  3.4.2 技术装备毁伤增强效应 ……………………………… 145
  3.4.3 有生力量杀伤增强效应 ……………………………… 148

## 第4章 反装甲活性毁伤增强聚能战斗部技术 ………………… 151

 4.1 概述 …………………………………………………………… 152
  4.1.1 典型装甲目标特性 …………………………………… 152
  4.1.2 传统反装甲聚能弹药类型 …………………………… 157
  4.1.3 反装甲活性聚能战斗部技术 ………………………… 159
 4.2 钢靶活性毁伤效应 …………………………………………… 162
  4.2.1 钢靶毁伤增强效应 …………………………………… 162
  4.2.2 活性聚能侵彻体侵彻机理 …………………………… 169
  4.2.3 钢靶爆裂毁伤模型 …………………………………… 177
 4.3 间隔靶活性毁伤效应 ………………………………………… 180
  4.3.1 间隔靶毁伤增强效应 ………………………………… 180
  4.3.2 间隔靶毁伤增强机理 ………………………………… 183
  4.3.3 间隔靶爆裂毁伤模型 ………………………………… 188
 4.4 反应装甲活性引爆效应 ……………………………………… 192
  4.4.1 反应装甲等效结构活性毁伤效应 …………………… 192
  4.4.2 反应装甲活性引爆增强效应 ………………………… 196
  4.4.3 反应装甲活性引爆机理 ……………………………… 202

## 第5章 反跑道活性毁伤增强聚能战斗部技术 ………………… 207

 5.1 概述 …………………………………………………………… 208
  5.1.1 机场跑道目标特性 …………………………………… 208
  5.1.2 传统反跑道弹药技术 ………………………………… 210
  5.1.3 反跑道活性聚能战斗部技术 ………………………… 214
 5.2 反跑道活性毁伤效应实验 …………………………………… 217
  5.2.1 反跑道活性毁伤效应实验方法 ……………………… 217
  5.2.2 特级跑道毁伤效应 …………………………………… 218
  5.2.3 一级跑道毁伤效应 …………………………………… 220

5.3 反跑道活性毁伤机理 …………………………………………… 223
　　5.3.1 跑道毁伤模式 ………………………………………… 223
　　5.3.2 裂纹形成机理 ………………………………………… 226
　　5.3.3 炸坑形成机理 ………………………………………… 230
5.4 反跑道活性毁伤增强模型 ……………………………………… 235
　　5.4.1 侵彻作用模型 ………………………………………… 235
　　5.4.2 内爆作用模型 ………………………………………… 239
　　5.4.3 毁伤增强模型 ………………………………………… 242

## 第6章 反硬目标活性毁伤增强聚能战斗部技术 …………………… 247

6.1 概述 ……………………………………………………………… 248
　　6.1.1 典型硬目标特性 ……………………………………… 248
　　6.1.2 传统反硬目标聚能弹药技术 ………………………… 251
　　6.1.3 反硬目标活性聚能战斗部技术 ……………………… 253
6.2 反本体功能型硬目标毁伤效应 ………………………………… 255
　　6.2.1 反本体功能型硬目标实验方法 ……………………… 255
　　6.2.2 本体功能型硬目标毁伤效应 ………………………… 256
　　6.2.3 本体功能型硬目标毁伤机理 ………………………… 258
6.3 反防护功能型硬目标毁伤效应 ………………………………… 262
　　6.3.1 反防护功能型硬目标实验方法 ……………………… 263
　　6.3.2 防护功能型硬目标毁伤效应 ………………………… 265
　　6.3.3 防护功能型硬目标毁伤机理 ………………………… 272
6.4 反硬目标活性毁伤增强模型 …………………………………… 276
　　6.4.1 爆裂毁伤模型 ………………………………………… 276
　　6.4.2 后效超压模型 ………………………………………… 277
　　6.4.3 杀伤增强模型 ………………………………………… 284

**参考文献** …………………………………………………………… 292

**索引** ………………………………………………………………… 296

# 第 1 章
# 聚能效应基础理论

## 1.1 概述

聚能效应指利用聚能装药结构爆炸作用形成高速射流、杆流、爆炸成型弹丸等聚能侵彻体的作用效应，它是反装甲和反混凝土类战斗部毁伤目标的主要手段。本节主要介绍聚能效应类型、聚能毁伤机理及聚能技术的发展等内容。

### 1.1.1 聚能效应类型

图 1.1 所示为装药结构及作用条件变化对靶板毁伤效应的影响。从图 1.1（a）可以看出，圆柱装药直接置于靶板表面爆炸时，只在靶板表面产生一个近似等深的浅凹坑。当底部带有锥形空穴的圆柱装药置于靶板表面爆炸时，凹坑深度有显著增大，形状呈近似卵形，如图 1.1（b）所示。在装药的锥形空穴外壁贴合一层金属或非金属罩体后置于靶板表面爆炸时，破孔深度进一步得到大幅提高，形状呈类锥形，表明内衬罩体对装药爆炸能量轴向汇聚发挥了重要作用，如图 1.1（c）所示。将带罩装药置于靶板上方一定高度（炸高）时，破孔深度进一步有大幅增加，形状更接近锥形，如图 1.1（d）所示。

这种装药一端带有特定形状的空穴并在其外表面贴合薄壁金属或非金属罩体的装药结构称为聚能装药或成型装药（Shaped Charge，SC），贴合于装药空穴表面的金属或非金属罩体称为药型罩（liner）。利用聚能装药爆炸作用使药

第1章 聚能效应基础理论

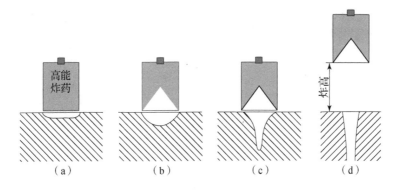

图1.1 装药结构及作用条件变化对靶板毁伤效应的影响

型罩材料沿轴线汇聚形成聚能射流（JET）、杆式射流（Jetting Projectile Charge，JPC）和爆炸成型弹丸（Explosively Formed Projectile，EFP）等高速侵彻体的效应称为聚能效应，是反装甲和反混凝土类战斗部毁伤目标的主要手段。

从不同装药结构爆炸能量释放行为看，圆柱装药一端引爆后，随着爆轰波在装药内传播，高温、高压爆轰产物近似沿装药侧面法线方向向外飞散，如图1.2（a）所示。也就是说，当圆柱装药置于靶板表面爆炸时，只有装药端部少部分爆轰产物作用于靶板表面起毁伤作用，爆轰产物密度低，作用面积大，持续时间短，一般只能在靶板表面产生形状类似装药截面的浅坑。

一端带有锥形（或球缺形、喇叭形等）空穴的装药起爆后，由于空穴的存在，高温、高压爆轰产物向外高速飞散时会在轴线汇聚，形成高速汇聚气流。与非汇聚爆轰产物气流相比，这种汇聚气流速度更高，遭遇靶板作用面积更小，穿靶能力更强，从而产生穿深更大、孔径更小的破孔。但爆轰产物沿轴线汇聚形成高压区，又迫使爆轰产物向周围低压区膨胀，导致高压气流离装药柱端面一定距离后就逐渐发散，穿孔能力下降，如图1.2（b）所示。

对于带有药型罩的空穴装药而言，爆轰波传至药型罩表面时，在极高爆轰压力的作用下，药型罩被压垮，沿轴线汇聚形成JET、JP或EFP等高速聚能侵彻体，炸药释放的大部分化学能转化为聚能侵彻体的动能。与爆轰产物汇聚气流相比，聚能侵彻体密度更大，持续时间更长，比动能更大，穿靶能力更强，从而造成穿深更大、孔径更小的破孔，如图1.2（c）所示。

在射流形成过程中，受装药爆炸能量分布作用影响，头部速度高，尾部速度低，这导致随着时间的推移射流逐渐拉长，直至发生颈缩甚至断裂。也就是说，射流穿靶能力的发挥存在某个有利炸高范围，炸高过小，连续射流长度和速度不足，炸高过大，射流发生颈缩甚至断裂，导致穿深下降。

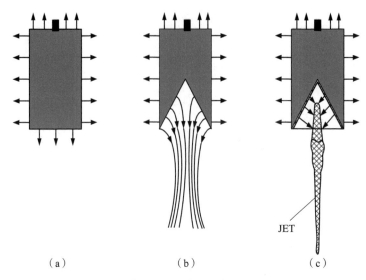

图1.2 装药结构对爆轰能量释放行为的影响

聚能装药爆炸驱动药型罩形成射流行为及速度分布如图1.3所示。为便于问题分析,按图1.3(a)所示将药型罩由顶至底划分为4个微元,高能炸药爆轰后,在极高的爆轰压力作用下,由顶至底各微元依次被压垮,沿轴线汇聚,在轴线上闭合和碰撞后形成两部分,微元内壁形成高速射流,外壁形成速度较低的杵体。爆轰波传至微元2底端时药型罩典型压垮形貌如图1.3(b)所示,在该时刻,微元4已完成轴线碰撞,并形成了射流和杵体两部分,微元3正在轴线处碰撞,而微元2正在向轴线闭合。微元4经轴线碰撞后分成射流和杵两部分,因二者速度差显著,碰撞后快速分离,微元3刚好填补微元4射流后部空间并发生碰撞,同样形成射流和杵体两部分。随后,微元2、微元1依次在轴线上闭合、碰撞和分离,由此完成射流和杵体形成过程。

高能炸药爆炸驱动药型罩形成射流和杵体空间位置及速度分布如图1.3(c)所示。在空间位置上,射流与微元位置的顺序刚好相反,而杵体则与微元位置的顺序一致。在速度分布上,射流首、尾速度分布约为 3~10 km/s 范围,杵体首、尾速度分布约为 0.8~1.5 km/s 范围。从射流和杵体速度梯度分布影响看,除了显著依赖于炸药类型和药型罩材料、锥角、壁厚及母线形状外,还与壳体材料及厚度、装药形状及长径比、起爆方式等有关。一般来说,在其他因素一定的条件下,炸药爆压越高、罩锥角越小、罩壁越薄,速度梯度越高。

在实际应用中,为满足不同需要,通过调控药型罩形状及结构、起爆方式等可以形成不同类型的聚能侵彻体,如 JET、JPC、EFP 等。

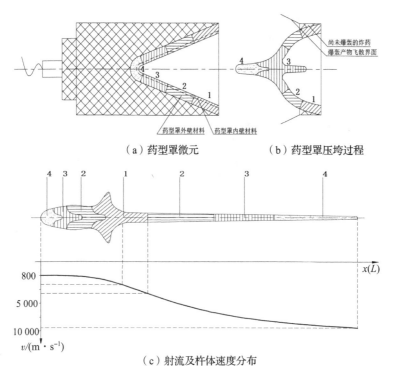

图 1.3 聚能装药爆炸驱动药型罩形成射流行为及速度分布

## 1. 聚能射流

一般而言，药型罩锥角在 30°～60° 范围时，聚能装药爆炸形成射流，是反坦克导弹穿透主装甲的主要手段。射流形状细长，轴向速度梯度大，头部速度最高，可达 7～10 km/s，尾部速度为 3～4 km/s，杵体平均速度为 1 km/s 左右。射流平均直径约为药型罩外径的 1/20，质量约占约药型罩质量的 20%。

另外，受药型罩材料延展性和轴向速度梯度影响，射流拉伸至一定长度后会发生颈缩甚至断裂，导致穿深和毁伤能力显著下降。也就是说，从高效毁伤的角度看，射流只有在某一有利炸高范围才能发挥穿深和毁伤优势。对于大多数破甲战斗部而言，有利炸高在 10 倍装药直径（Charge Diameter，CD）以下。在有利炸高下，中小口径铜罩聚能战斗部具备侵彻 4～8 CD 厚度均质装甲（RHA）的穿深能力，大口径铜罩聚能战斗部具备侵彻 8～10 CD 厚度 RHA 的穿深能力。典型聚能装药爆炸驱动铜质药型罩射流成形行为如图 1.4 所示。

## 2. 爆炸成型弹丸

爆炸成型弹丸是一种通过聚能装药爆炸驱动大锥角药型罩形成的大尺寸、

无速度梯度聚能侵彻体,是反坦克末敏弹、反坦克地雷、反直升机地雷、反潜鱼雷等打击和毁伤目标的主要手段。一般而言,药型罩锥角在 120°～160° 范围时,在聚能装药爆轰作用下,罩内、外壁不再产生能量分配,而是以翻转方式形成特定形状和长径比、中前部密实、后部空心的弹丸,速度约为 2 km/s。

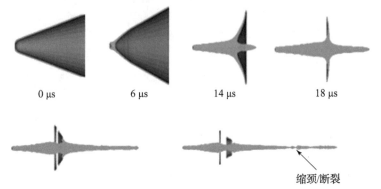

图 1.4  典型聚能射流成形行为

显著不同于聚能射流,由于爆炸成型弹丸无轴向速度梯度,随着时间推移不会发生颈缩和断裂。也就是说,气动外形良好的爆炸成型弹丸能在大炸高下保持形态稳定,发挥显著的毁伤优势。研究表明,在 1 000 CD 甚至更大炸高下,中大口径铜质爆炸成型弹丸战斗部具备贯穿 0.6～0.8 CD 厚度 RHA 的能力,孔径约为 0.3 CD。典型爆炸成型弹丸成形行为如图 1.5 所示。

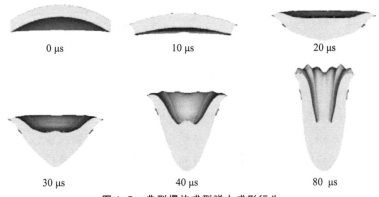

图 1.5  典型爆炸成型弹丸成形行为

## 3. 杆式射流

杆式射流是一种介于聚能射流和爆炸成型弹丸之间的聚能侵彻体,头部速度可达 4 km/s 左右,尾部速度为 2.5 km/s 左右。从穿靶能力上看,杆式射流远不如聚能射流强,但穿靶孔径更大,后效毁伤更强。与爆炸成型弹丸相比,杆式射流的头部速度更高，尾部速度相差不是很大，长径比和比动能更大，穿靶能力更强，但后效毁伤不如爆炸成型弹丸。

与聚能射流相比，杆式射流的轴向速度梯度要小得多，但径向尺寸更大，随着时间推移，也会发生颈缩甚至断裂，但所需时间更长，一般在 250 μs 以上，使其具备在更大炸高下毁伤目标的优势。研究表明，10 CD 炸高下，中大口径铜杆式射流战斗部具备贯穿 3.5 CD 厚 RHA 的穿深能力，50 CD 炸高下，具备贯穿 2 CD 厚 RHA 的穿深能力。典型杆式射流成形行为如图 1.6 所示。

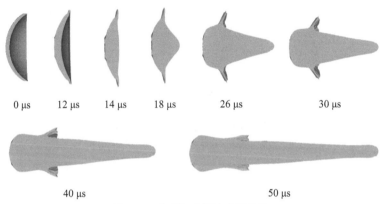

图 1.6 典型杆式射流成形行为

## 1.1.2 聚能毁伤机理

典型聚能装药结构如图 1.7 所示，其主要由药型罩、主装药、隔板、壳体和起爆传爆序列等组成。其中，药型罩的材料、形状、锥角及壁厚在很大程度上决定着射流的形貌、速度及长度；主装药炸药类型决定着爆轰压力的高低，并显著影响射流速度大小及分布，主要选用高爆速、高爆压炸药，如聚奥、聚黑及 CL-20 等炸药；隔板主要起调控爆轰波形的作用，材料多为非金属，形状多样，合理选择隔板的材料、尺寸及结构，可有效提高射流速度和穿深能力；壳体多为钢、铝、玻璃钢等材料，合理选择壳体的材料及厚度，可有效调控爆轰波反射、叠加和侧向稀疏波作用，提高射流成形质量及穿深能力。

药型罩底部到靶板表面的距离称为炸高，选择合理的炸高对聚能效应，尤其是射流毁伤威力的发挥至关重要。增大炸高，连续射流长度增大，穿深能力增强，但炸高增大到一定程度后，射流会产生径向分散、摆动、颈缩甚至断裂，导致穿深能力下降，与最大穿深相应的炸高称为有利炸高。在工程应用中，聚能装药往往会受到诸多因素的制约，有利炸高多为某一范围。

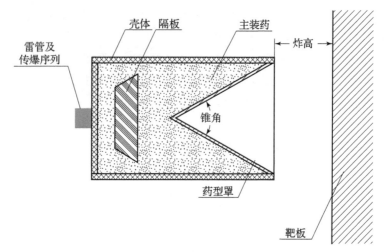

图 1.7 典型聚能装药结构

从毁伤机理上看，射流头部速度很高，远超靶板材料的声速，碰撞靶板时在接触面上产生冲击波，分别传入射流和靶板中，碰撞点处产生极高的压力和温度，致使靶板材料发生熔化和破坏，在碰撞点附近产生高压、高温、高应变率区域，称为三高区。射流侵彻过程就是一个不断碰撞处于三高区状态靶板的过程，在碰撞点后，射流并未消耗全部能量，在后续射流的压缩作用下，向四周扩张，对靶板起到一定的扩孔效果。射流侵彻过程时间很短，一般为几十至上百微秒范围，整个过程可分为开坑、准定常和终止3个阶段。

（1）开坑阶段。射流头部开始碰撞靶板，自碰撞点向靶板和射流中分别传入冲击波，碰撞点附近射流变粗，靶板材料快速向四周流动，伴随着靶板材料和射流残渣从侵孔向四周飞散，形成稳定的三高区，如图1.8所示。

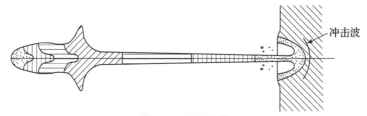

图 1.8 开坑阶段

（2）准定常阶段。稳定的三高区形成后，射流开始碰撞和侵彻处于三高状态的靶板，压力减小，破甲参数近乎恒定，且与侵彻时间基本无关，此即准定常阶段。该阶段射流侵彻深度占总侵深的80%左右，如图1.9所示。

（3）终止阶段。随着后续射流碰撞速度的不断下降，靶板强度效应逐渐趋于显著，侵彻过程不能再忽略靶板强度的影响，扩孔能力也随之减弱。也就是说，此时后续射流已无法有效推开侵孔前端的射流残渣，而堆积在孔底，导致后续射流无法直接与靶板材料接触，阻止了侵彻过程的继续进行。特别在侵彻后期，由于射流缩颈和断裂，更不利于侵彻，最终导致侵彻过程终止。

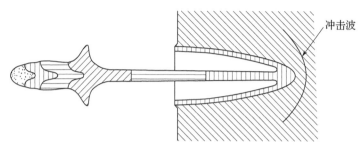

图 1.9　准定常阶段

## 1.1.3　聚能技术的发展

有关聚能效应现象的认识最早可追溯到 19 世纪末，1883 年，福斯特实验发现，与无凹穴柱形装药相比，一端带凹穴柱形装药对靶板的毁伤更严重。1894 年，门罗研究发现，在装药凹穴表面增贴一层薄金属罩体，爆炸作用可穿透一定厚度的钢板，这一具有里程碑意义的发现，揭开了聚能效应及其弹药战斗部技术研究的序幕。正因如此，聚能效应也称为门罗效应。

第二次世界大战期间，坦克等装甲战车大量投入战场，推动了聚能效应及反坦克弹药技术发展，包括反坦克枪榴弹、反坦克炮射破甲弹、反坦克火箭破甲弹等。特别是脉冲 X 光技术应用，为聚能装药理论及技术研究与发展提供了重要手段。利用脉冲 X 光技术，德国学者首次观察到了装药爆炸驱动药型罩压垮和聚能射流形成过程。随后，各国学者开始着手系统研究药型罩材料及结构（形状、锥角、壁厚等）、炸高、炸药类型、隔板等对聚能射流成形行为和侵彻效应影响的问题。1948 年，Birkhoff 等基于聚能射流成形行为和侵彻机理研究，建立了射流侵彻定常理想流体力学理论。1952 年，Pugh 等在考虑射流速度梯度分布影响的条件下，建立了射流侵彻准定常流体力学理论。1963 年，Allison 等基于虚拟原点法，实验验证了聚能射流非定常形成理论。1975 年，Gedunov 等基于率相关黏塑性材料本构方程，提出了射流成形黏塑性理论。1986 年，Tate 等建立了射流侵彻一维修正 Bernoulli 方程。

总体而言，目前有关聚能效应成形及侵彻理论和应用技术的发展都已比较成熟，特别是非线性动力学数值方法及大型商用分析软件的发展，为聚能效应及技术研究提供了重要手段。但是，新战场目标的不断涌现和抗毁伤能力的不断提高，对聚能弹药战斗部毁伤模式、毁伤机理和毁伤能力提出了新的挑战，新材料、新技术、新应用成为推动聚能技术发展的关键。

## 1. 药型罩材料

药型罩作为聚能技术的核心,其材料性能直接影响聚能侵彻体的成形行为及毁伤能力。按打击目标类型、毁伤机理和毁伤模式的不同,药型罩材料大致可分为三类,一是反装甲类大穿深药型罩材料,二是反混凝土类硬目标大破孔药型罩材料,三是反多种类目标穿爆毁伤活性药型罩材料。

1)大穿深药型罩材料

对于反装甲类大穿深聚能战斗部,从聚能侵彻体成形看,药型罩具备高声速、高延塑性、高熔点是关键,从毁伤能力上看,药型罩还需具备高密度。

紫铜是国内外应用最广泛的药型罩材料,它除了密度大(8.9 g/cm³)、声速高(4.7 km/s)、延塑性好、破甲性能优良外,还得益于药型罩制备工艺成熟、材料丰富、价格低,既可电镀、旋压,也可机加。目前,紫铜药型罩技术发展主要集中在两个方面,一是晶粒结构及尺寸、再结晶温度、杂质含量等对射流性能的影响;二是药型罩制备工艺对射流性能的影响。研究表明,在相同聚能装药条件下,与旋压铜罩破甲能力相比,电铸铜罩破甲穿深可提高20%左右。

为了提高穿深和毁伤能力,世界各国大力发展其他高性能药型罩材料技术,如钽罩、钼罩、镍罩、钨罩、钨钼罩、钨镍罩、钨铜罩等。

钽的密度高(16.6 g/cm³)、动态延塑性好,并具有一定的燃烧性,但声速相对较低(3.34 km/s),不利于形成高速射流。另外,钽熔点高(2996 ℃),难以通过熔炼和塑加法制备药型罩,而且材料价格高。研究表明,采用粉末冶金法制备的钽罩晶粒细小、组织均匀,可形成凝聚性良好的钽爆炸成型弹丸。目前,钽罩主要应用于中大口径爆炸成型弹丸弹药战斗部,与铜爆炸成型弹丸相比,钽罩的侵深可提高20%左右。

钼的密度(10.2 g/cm³)和声速(5.12 km/s)均高于铜,动态延塑性良好,是理想的药型罩材料,但制备工艺复杂、难度大,国内相关技术尚不够成熟。据报道,美国陆军装备研发工程中心采用锻造法成功研制出了高性能钼罩,形成的射流连续性、稳定性良好,头部速度可达12 km/s左右。在相同装药条件下,与铜射流相比,钼射流破甲深度可提高35%左右,而且钼射流的直径更大,具备对装甲内部技术装备和人员更强的后效毁伤能力。

镍的密度(8.91 g/cm³)和熔点(1453 ℃)均与铜相当,延塑性优良,而且声速(5.64 km/s)较铜高。研究表明,镍罩形成射流的头部速度可达11 km/s左右,在相同装药条件下,与铜射流相比,镍射流头部速度可提高15%左右。据报道,美国AGM-114海尔法Ⅱ型反坦克导弹采用的就是镍罩。

钨也具有高密度（19.2 g/cm³）、高声速（4.03 km/s）、高熔点（3 380 ℃）等优势，且动态延塑性良好，可形成细长连续射流。但钨熔点高，药型罩难以一次冲压锻造成型，一般需通过粉末烧结锻造车削法和化学气相沉淀法制备。据报道，英国已成功研制出纯钨罩，其破甲性能显著优于铜罩。

事实上，不管采用哪种金属药型罩，要实现破甲穿深能力的提高，都有赖于提高射流速度梯度和增加连续射流长度。对于纯金属药型罩来说，除了铜罩以外，其他都在相当程度上存在工艺难度，成本也大幅提高。着眼于不同聚能战斗部的应用需要，研究合金药型罩技术，如钨钼罩、钨镍罩、钨铜罩等，利用各金属组分的性能优势，显著提高射流综合性能，成为另一重要发展方向。

2）大破孔药型罩材料

大破孔药型罩材料技术主要应用于反混凝土类硬目标（机场跑道、碉堡工事、飞机洞库等）串联随进战斗部。从战术使用看，这类聚能战斗部并非以追求大穿深为目标，而是在具备一定穿深能力的前提下增大贯穿通道孔径。目前，大破孔药型罩的典型应用大致有两类，一类是低着速串联随进反跑道弹药，另一类是低着速串联随进攻坚弹药。在作用原理上，它们都是利用前级聚能战斗部的大孔径侵彻效应，为后级战斗部进入目标内部爆炸提供随进通道。前级形成侵彻通道直径越大，后级随进口径及爆炸威力就越大。

从中大口径低着速串联随进反跑道弹药战术使用看，考虑到着靶姿态、角度及跑道强度等级等因素，前级聚能战斗部应具备有效贯穿厚度 450 mm 以上 C35 混凝土并形成不小于 0.8 倍弹径贯穿通道直径的能力。目前，国内外普遍采用大曲率铝合金药型罩，利用装药爆炸形成大尺寸聚能侵彻体，其侵彻混凝土过程中的高压、高温引发局部气化效应，实现大孔径侵彻。通过合理调控药型罩及装药结构设计，甚至可实现同口径随进，发挥反跑道毁伤优势。

从中大口径低着速串联随进攻坚弹药战术使用看，考虑到着靶条件和碉堡工事、飞机洞库目标特性等因素，前级聚能战斗部应具备一举贯穿厚度在 800 mm 以上 C35 钢筋混凝土并形成不小于 0.3 倍弹径贯穿通道直径的能力。目前，国内外普遍采用大锥角钛合金药型罩，形成类杆流高速钛合金侵彻体，其侵彻钢筋混凝土靶过程中的高压、高温引发局部气化效应，实现大孔径贯穿。

3）穿爆毁伤活性药型罩材料

近 20 年来，活性/含能药型罩及其应用技术得到了快速发展。从材料技术看，活性药型罩技术颠覆了传统金属或合金类药型罩技术理念，另辟蹊径，创制兼备类金属强度和类炸药能量双重属性的活性毁伤材料药型罩技术，通过装药爆炸形成类射流、类杆流、类弹丸等高速可爆聚能侵彻体，使毁伤机理从单一动能贯穿毁伤，向动能贯穿与化学能爆炸（穿爆）时序联合毁伤跨越，从而为聚能弹药战斗部高效打击和毁伤多种类目标开辟了新途径。

特别是应用于反轻中型装甲目标（战车、潜艇、舰船等）弹药，可大幅提升对装甲内部技术装备和人员的内爆毁伤；应用于反本体功能型混凝土类硬目标（机场跑道、轨条砦、桥梁桥墩、水库大坝等）弹药，单级战斗部即可显著发挥聚能－爆破两级串联战斗部的毁伤效能，大幅提升对目标的结构爆裂毁伤能力；应用于反防护功能型混凝土类目标（碉堡工事、飞机洞库等）弹药，既可采用两级串联战斗部体制，大幅提升贯穿通道直径和后级随进毁伤威力，也可由单级聚能战斗部发挥聚能－爆破两级串联战斗部的毁伤效能。

目前，这项具有颠覆性的聚能毁伤技术已得到全面推广应用，成为推动和引领新一代聚能弹药战斗部技术发展的重大核心技术。

### 2. 药型罩结构

在选定药型罩材料的条件下，药型罩结构成为聚能效应成形行为和毁伤能力的关键。药型罩结构多样，按母线形状的不同，大致可分为单一形状药型罩（单锥罩、双锥罩、曲率罩、喇叭罩等）、异形组合药型罩（圆柱－截锥罩、圆柱－球缺罩、W形罩、褶皱形罩等）和复合结构药型罩等类型。另外，按壁厚的不同，药型罩还可分为等壁厚药型罩和变壁厚药型罩。

1）单一形状药型罩

锥形罩是最常用的药型罩结构，如图1.10（a）所示，通过调控锥角大小可以形成不同形貌、尺寸及速度梯度分布的聚能侵彻体。一般而言，射流型药型罩锥角多选用30°～60°范围，锥角越小，形成射流头部速度越高，穿深能力越强，但对称性要求高，稳定性往往变差。为提高射流头部速度、稳定性和穿深能力，也常采用双锥罩，如图1.10（b）所示。当锥角增大至80°～110°时，形成的聚能侵彻体头部速度下降，侵彻能力变弱，但尺寸变大，穿孔直径变大。继续增大锥角至120°～160°或过渡为大曲率罩时，如图1.10（c）所示，不再形成射流，而是翻转形成爆炸成型弹丸。除锥形罩外，为提高中大口径聚能战斗部的穿深能力，也常采用喇叭罩。喇叭罩是一种变锥角药型罩，顶部锥角小，底部锥角大，既增大了母线长度，又提高了炸药装药量，从而提高了射流头部速度和稳定性，增强了穿深能力，但精度要求高，如图1.10（d）所示。

2）异形组合药型罩

在炸药装药相同的条件下，喇叭罩形成的射流速度最高，锥形罩次之，曲率罩最低。为弥补单一形状药型罩的不足，异形组合药型罩技术得到发展及应用，如圆柱－截锥罩、圆柱－曲率罩、W形罩、褶皱形罩等，如图1.11所示。

(a) 锥形罩　　　　　　　(b) 双锥罩

(c) 大曲率罩　　　　　　(d) 喇叭罩

图 1.10　典型单一形状药形罩

与单一形状药型罩相比，圆柱-截锥罩形成的射流头部速度更高，侵彻能力更强，如图 1.11（a）所示，而圆柱-曲率罩则既可提高穿深能力，又能增大侵孔直径，如图 1.11（b）所示。另外，随着药型罩制造工艺及装药技术的发展，诸多异形复杂结构药型罩也得到了应用，如具有二次射流效应的 W 形罩和褶皱形罩等，如图 1.11（c）和（d）所示。这类药型罩主要是通过改变聚能侵彻体成形行为，实现穿深和毁伤能力的提高。

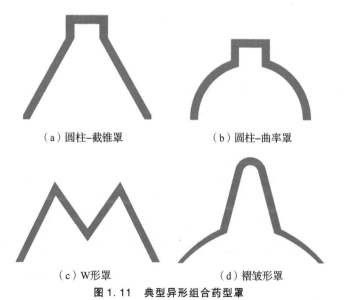

图 1.11　典型异形组合药型罩

3）复合结构药型罩

复合结构药型罩指由两个或多个不同材料药型罩相互叠合而成的药型罩类型，相邻药型罩之间既可紧密贴合，也可带有一定间隙。研究表明，与传统单一材料药型罩相比，复合结构药型罩的能量转换机制更为合理，炸药爆炸能量利用率更充分。典型双层复合结构药型罩如图 1.12 所示。

研究表明，对于小锥角双层复合结构药型罩而言，如图 1.12（a）和（b）所示，通过合理调控内、外层药型罩材料与壁厚，可形成少杵体甚至无杵体高速射流。与单层铜罩相比，铝-铜双层复合结构药型罩形成的复合射流头部速度更高，穿深能力可提高 20% 以上，是解决射孔弹杵堵的有效途径。

对于大锥角或球缺双层复合结构药型罩，如图 1.12（c）和（d）所示，通过合理调控药型罩材料、形状和壁厚，可形成速度梯度小、长径比大、连续或分离随进式类爆炸成型弹丸侵彻体，显著增强对多层间隔靶的侵彻和毁伤能力，在反爆炸反应装甲、反装甲战车、反舰反潜等方面有重要应用前景。

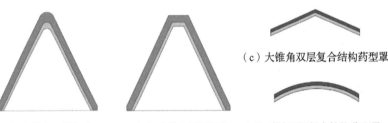

（a）小锥角双层复合结构药型罩　　（b）小锥角双层复合结构药型罩　　（c）大锥角双层复合结构药型罩　　（d）球缺双层复合结构药型罩

图 1.12　典型双层复合结构药型罩

## 3. 聚能技术应用

聚能技术在军事和民用领域均有广泛的应用，特别是在反装甲和反混凝土弹药上应用更是重要，如反坦克导弹、反坦克炮弹、反坦克末敏弹、轻型反潜鱼雷、反跑道弹药、攻坚弹药、反坦克地雷、反直升机地雷等。

（1）反坦克导弹。随着爆炸反应装甲在主战坦克上广泛应用，国内外反坦克导弹大多采用两级串联聚能战斗部设计，前级聚能战斗部用于引爆反应装甲，后级聚能主战斗部用于贯穿坦克主装甲。前、后两级战斗部通过起爆延时规避前级引爆反应装甲对后级主射流造成干扰，一举穿透和毁伤坦克。

（2）反坦克末敏弹。末敏弹是一种通过大口径火炮或火箭发射的顶攻式反坦克弹药，母弹飞行至坦克上空一定高程处抛撒末敏子弹，末敏子弹经减速减旋后，利用红外、毫米波、激光等探测手段空中螺旋扫描搜索坦克，一经识

第 1 章 聚能效应基础理论

别坦克,末敏子弹即时爆炸形成高速爆炸成型弹丸,以顶攻方式毁伤坦克。

(3) 轻型聚能鱼雷。轻型鱼雷战斗部装药量少,利用水中爆炸冲击波和气泡脉动效应,往往难以发挥一举击沉潜艇的毁伤效果。目前,国内外轻型鱼雷普遍采用聚能战斗部定向打击方式,大锥角药型罩聚能战斗部爆炸形成高速爆炸成型弹丸,击穿潜艇非耐压和耐压壳体,毁伤内部技术装备和杀伤人员。

(4) 低空布撒反跑道弹药。机载布撒器、巡航导弹是携带子弹药的重要武器平台,低空布撒反跑道弹药成为高效打击和毁伤机场跑道的重要手段。但是,由于受母弹平台低空低速布撒的局限,子弹药着速和动能往往不足,难以直接贯穿跑道混凝土面层并进入碎石层内爆炸和毁伤跑道。聚能 – 爆破两级串联战斗部结构设计,成为低着速反跑道弹药的重要制式,即先利用前级聚能战斗部爆炸形成高速大尺寸聚能侵彻体,一举贯穿跑道混凝土面层并形成大孔径通道,使后级爆破战斗部随进跑道内部爆炸。

(5) 两级串联战斗部结构钻地弹。钻地弹是打击深层工事等钢筋混凝土类坚固目标的重要武器。目前,国内外钻地弹主要有两种制式,一种是聚能 – 侵彻式两级串联战斗部结构,另一种是动能侵彻整体战斗部结构。对于两级串联战斗部钻地弹,先利用前级聚能战斗部爆炸形成大尺寸高速聚能侵彻体,侵入目标内部一定深度后,再利用后级战斗部动能侵彻作用,一举贯穿坚固目标。两级串联战斗部结构钻地弹的主要技术优势是,能显著降低对着速、弹体结构强度和装药安定性等的要求,主要不足除结构复杂外,前级聚能战斗部开坑孔径往往比较有限,而且会对后级战斗部侵彻能力造成一定不利影响。

(6) 火箭攻坚弹。火箭攻坚弹是打击碉堡工事、轻型装甲战车等目标的重要手段。火箭攻坚弹着速和侵彻能力有限,为了有效贯穿 800~1 200 mm 厚钢筋混凝土墙,普遍采用两级串联战斗部结构设计,前级为聚能战斗部,后级为杀爆战斗部。利用前级聚能战斗部爆炸形成的大尺寸高速聚能侵彻体,一举贯穿钢筋混凝土墙,并形成不小于 0.3 倍弹径的贯穿通道,后级杀爆战斗部则利用自身速度随进目标内部爆炸,杀伤人员,毁伤技术装备。

## 1.2 聚能侵彻体成形理论

在聚能装药的作用下,药型罩因几何结构及材料特性的差异,会形成聚能射流、爆炸成型弹丸和杆式射流三种形式的聚能侵彻体。本节重点介绍聚能射流成形理论、爆炸成型弹丸成形理论和杆式射流成形理论。

### 1.2.1 聚能射流成形理论

**1. 定常流体力学成形理论**

射流形成过程比较复杂，炸药爆轰波到达药型罩壁面的初始压力远大于药型罩金属材料强度。因此，在射流成形过程中可以忽略材料强度对药型罩运动的影响，而把药型罩看成"理想流体"，同时忽略射流成形过程中的材料体积压缩，将射流成形过程中药型罩金属材料当作"理想不可压缩流体"。

在以上假设的基础上，以锥形罩为例，研究射流成形过程。射流成形定常流动模型如图 1.13 所示，$\alpha$ 为半锥角，$OC$ 为罩壁初始位置。假设微元 $G$ 在 $E$ 处碰撞时，爆轰波到达 $A$ 点，当爆轰波到达 $C$ 点时，微元 $A$ 到达轴线 $B$，即碰撞点从 $E$ 点到了 $B$ 点，碰撞点运动速度以 $v_1$ 表示。以爆轰波到达微元 $A$ 点为例，认为 $A$ 点开始运动速度为 $v_0$（称为压合速度），方向与罩表面法线成 $\delta$ 角（称为变形角），并将 $BC$ 与轴线的夹角 $\beta$ 称为压合角或压垮角。

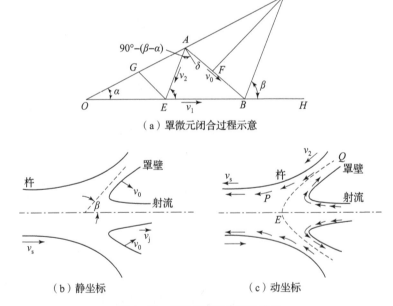

(a) 罩微元闭合过程示意

(b) 静坐标　　　　(c) 动坐标

图 1.13　射流成形定常流动模型

建立射流成形的定常流体力学理论，所作假设如下：
(1) 爆轰波到达药型罩表面，微元以大小和方向不变的压合速度运动；
(2) 各微元速度 $v_0$ 及变形角 $\delta$ 相等；

(3) 变形过程中罩长度不变，即 $AC = BC$。

根据上述假定和三角形关系，$AE$ 平行于 $CB$，$\angle AEB = \angle CBH = \beta$，即各微元的压合角相等。在静坐标下，杵以速度 $v_s$ 运动，射流以速度 $v_j$ 运动。如果把坐标系建立在碰撞点，并观察药型罩压垮过程，可看到药型罩材料以速度 $v_2$ 流向碰撞点，在碰撞点处分散为射流和杵体，并向相反方向运动。

依据伯努利方程，在动坐标下，罩壁以速度 $v_2$ 流向碰撞点，仍以相同速度向左和向右离去。与此同时，在碰撞点观察时，微元运动不随时间变化，这种运动状态不随时间而变的过程称为定常过程。

在静坐标系下

$$v_j = v_1 + v_2 \tag{1.1}$$

$$v_s = v_1 - v_2 \tag{1.2}$$

射流质量为 $m_j$，杵质量为 $m_s$，由质量守恒定律有

$$m = m_j + m_s \tag{1.3}$$

式中，$m$ 为微元质量。

依据轴线方向的动量守恒，有

$$-mv_2\cos\beta = -m_s v_2 + m_j v_2 \tag{1.4}$$

将式（1.3）代入式（1.4），可得

$$m_j = \frac{1}{2}m(1-\cos\beta) = m\sin^2\frac{\beta}{2} \tag{1.5}$$

$$m_s = \frac{1}{2}m(1+\cos\beta) = m\cos^2\frac{\beta}{2} \tag{1.6}$$

对于碰撞点速度 $v_1$ 和罩壁相对速度 $v_2$，在三角形 $ABE$ 中有

$$\frac{v_1}{\sin[90°-(\beta-\alpha-\delta)]} = \frac{v_0}{\sin\beta} = \frac{v_2}{\sin[90°-(\alpha+\delta)]}$$

因此

$$v_1 = v_0\frac{\cos(\beta-\alpha-\delta)}{\sin\beta} \tag{1.7}$$

$$v_2 = v_0\frac{\cos(\alpha+\delta)}{\sin\beta} \tag{1.8}$$

代入式（1.1）和式（1.2），可得

$$v_j = \frac{1}{\sin\frac{\beta}{2}} v_0 \cos\left(\frac{\beta}{2}-\alpha-\delta\right) \tag{1.9}$$

$$v_s = \frac{1}{\cos\frac{\beta}{2}} v_0 \sin\left(\alpha+\delta-\frac{\beta}{2}\right) \tag{1.10}$$

式（1.5）、式（1.6）、式（1.9）和式（1.10）即定常理想不可压缩流体条件下的射流和杵体的质量和速度表达式。

## 2. 准定常流体力学成形理论

一维准定常射流成形理论认为锥形罩闭合速度从罩顶到罩底逐渐减小。图1.14所示为闭合速度为变量时的药型罩闭合过程。当爆轰波沿罩表面$\overline{APQ}$从$P$点传播到$Q$点时，$P$点的微元闭合到$J$点，而原来在$P'$点的微元以相较于$P$点慢的闭合速度开始闭合，仅达到$M$点。如果它们以相同的闭合速度闭合，那么当$P$点到达$J$点时，$P'$点将到达$N$点。假如所有微元的闭合速度都是常数，那么罩表面将持续保持锥形发生变形，$\overline{QNJ}$即直线。然而，由于$P'$点的闭合速度相较于$P$点更慢，所以罩表面不再保持直线，而是以图1.14所示$\overset{\frown}{QMJ}$曲线进行闭合。压合角$\beta$大于稳态压合角$\beta^+$。微元不是垂直于其表面运动，而是沿着与表面法线呈一定角度$\delta$的方向运动，该角度为变形角，也称为泰勒（Taylor）抛射角。根据图1.14所示的几何关系，泰勒抛射角表述为

$$\sin\delta = \frac{v_0}{2u_e}, \quad \delta = \arcsin\frac{v_0}{2u_e} \tag{1.11}$$

式中，$u_e$为爆轰波经过罩表面的速度。

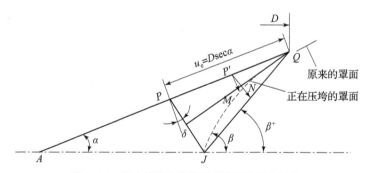

图1.14　闭合速度为变量时的药型罩闭合过程

在碰撞点$J$处建立坐标系，各参量的几何关系如图1.15所示。药型罩轴线沿$JR$方向，$OJ$为向轴线运动的微元矢量，该微元的速度为$OR = v_0$，动坐标系的速度为$JR = v_1$。在图1.15中，由正弦定理可以得到

$$\begin{aligned} v_1 &= \frac{v_0 \cos(\beta - \delta - \alpha)}{\sin\beta} \\ v_2 &= \frac{v_0 \cos(\delta + \alpha)}{\sin\beta} \end{aligned} \tag{1.12}$$

式（1.12）表明，当$v_0$为常数时，准定常理论与定常流体力学理论相同。

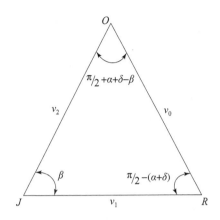

**图 1.15　碰撞点处的几何关系**

在静坐标系中，射流和杵的速度分别为

$$v_j = v_1 + v_2$$

$$v_s = v_1 - v_2$$

将式（1.12）代入，通过三角函数计算可得

$$v_j = v_0 \csc \frac{\beta}{2} \cos\left(\alpha + \delta - \frac{\beta}{2}\right) \qquad (1.13)$$

$$v_s = v_0 \sec \frac{\beta}{2} \sin\left(\alpha + \delta - \frac{\beta}{2}\right) \qquad (1.14)$$

将式（1.11）代入式（1.13）和式（1.14），可得到

$$v_j = v_0 \csc \frac{\beta}{2} \cos\left(\alpha + \arcsin \frac{v_0}{2u_e} - \frac{\beta}{2}\right) \qquad (1.15)$$

$$v_s = v_0 \sec \frac{\beta}{2} \sin\left(\alpha + \arcsin \frac{v_0}{2u_e} - \frac{\beta}{2}\right) \qquad (1.16)$$

依据动量和质量守恒定理，可得到射流和杵的质量表达式。设药型罩微元质量为 $dm$，$dm_j$ 和 $dm_s$ 分别为射流和杵的质量，则

$$dm = dm_j + dm_s$$

$$\frac{dm_j}{dm} = \sin^2 \frac{\beta}{2} \qquad (1.17)$$

$$\frac{dm_s}{dm} = \cos^2 \frac{\beta}{2} \qquad (1.18)$$

式（1.15）~式（1.18）分别表示锥形罩各微元的速度和质量，且均与锥顶角 $2\alpha$、爆速 $D$、压合角 $\beta$ 和压合速度 $v_0$ 有关。为了获得 $\beta$，设图 1.14 中 $M$ 点的坐标为 $(r, z)$，$P'$ 点的坐标为 $(x, x\tan\alpha)$，如图 1.16 所示，其中

$$z = x + v_0(t - t_0)\sin(\alpha + \delta) \qquad (1.19)$$

$$r = x\tan\alpha - v_0(t - t_0)\cos(\alpha + \delta) \qquad (1.20)$$

式中，$t$ 为起爆后任意时间；$t_0$ 为爆轰波阵面到达药型罩 $P'$ 点处的时间。

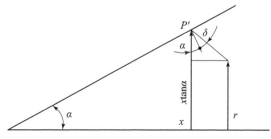

图 1.16 微元坐标方向

在任意时刻 $t$，可通过微分 $\partial r/\partial z$ 求得被压垮的药型罩轮廓线斜率。当微元到达锥轴线处时，$r = 0$，由式（1.20）可得

$$t - t_0 = \frac{x\tan\alpha}{v_0\cos(\alpha + \delta)} \qquad (1.21)$$

同时，$r = 0$，$\partial r/\partial z$ 的值正是 $\tan\beta$。微分式（1.19）和式（1.20）得

$$\tan\beta = \frac{\sin(\alpha + 2\delta) - x\sin\alpha[1 - \tan(\alpha + \delta)\tan\delta]\dfrac{v_0'}{v_0}}{\cos(\alpha + 2\delta) + x\sin\alpha[\tan(\alpha + \delta) + \tan\delta]\dfrac{v_0'}{v_0}} \qquad (1.22)$$

式中，$v_0'$ 表示 $v_0$ 对 $x$ 的偏导数。

### 3. 射流速度分布

在药型罩压合过程中，罩体内、外层压合速度是不同的。在药型罩微元向轴线运动的过程中，微元运动方向与轴线夹角为 $\theta$，与轴线交点为 $O$，如图 1.17 所示。图中 $\lambda_3$ 表示微元内表面到 $O$ 点的距离，$\lambda_2$ 表示微元外表面到 $O$ 点的距离。微元的密度、质量和动能分别用 $\rho$、$M$ 和 $T$ 表示。作如下假设：

（1）微元为理想不可压缩流体；

（2）爆轰波到达药型罩壁面后，该微元速度立即到达平均压合速度 $v_0$，大小和运动方向保持不变；

（3）罩微元运动时，宽度 $a$ 保持不变，且令 $a = 1$。

在图 1.17 中，微元初始位置为 $l_1$，运动至 $l_2$ 时，厚度增大。$l_3$ 为微元内表面到达轴线时的状态，厚度增加至最大值 $\lambda_0$。微元运动时，平均压合速度保持不变，即微元动能不变，但是其厚度方向、各层的速度在发生变化。

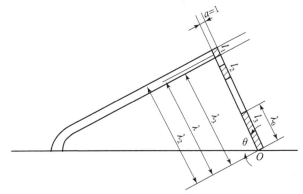

图1.17 微元压合过程示意

微元厚度为 $\lambda_2 - \lambda_3$，微元质量可表述为

$$M = \pi(\lambda_2^2 - \lambda_3^2)a\rho\sin\theta = (\lambda_2^2 - \lambda_3^2)\rho\sin\theta \tag{1.23}$$

当其运动至轴线时，$M = \pi\lambda_0^2\rho\sin\theta$，可得

$$\lambda_2^2 - \lambda_3^2 = \lambda_0^2 \tag{1.24}$$

在罩内、外层之间取某一层，距 $O$ 点距离为 $\lambda$，内、外层间微元质量为 $\mu$，且

$$\mu = \pi(\lambda_2^2 - \lambda^2)\rho\sin\theta \tag{1.25}$$

以质量 $\mu$ 和时间 $t$ 为坐标，该坐标称为物质坐标。某一层速度即 $\mu$ 不变的条件下，该层 $\lambda$ 值随时间的变化率，通过偏导数可表述为

$$v = \partial\lambda/\partial t$$

微元外层和内层速度分别表述为

$$\begin{cases} v_2 = \partial\lambda_2/\partial t \\ v_3 = \partial\lambda_3/\partial t \end{cases}$$

因各层速度不同，故各层的动能不同，设 $\lambda$ 处的动能为 $dT$，则

$$dT = \frac{1}{2} \times 2\pi\lambda\rho d\lambda\sin\theta \times v^2 = \pi\rho\sin\theta v^2\lambda d\lambda$$

式（1.25）对 $t$ 求偏导数，得

$$2\lambda_2\frac{\partial\lambda_2}{\partial t} - 2\lambda\frac{\partial\lambda}{\partial t} = 0$$

因此

$$\lambda_2 v_2 = \lambda v$$

令 $y = \lambda/\lambda_0$，$y_2 = \lambda_2/\lambda_0$，得

$$v^2 = v_2^2\left(\frac{\lambda_2}{\lambda}\right)^2 = v_2^2\frac{y_2^2}{y^2} \tag{1.26}$$

将 $v^2$ 代入 $dT$ 表达式，得

$$dT = \pi\rho\sin\theta v_2^2 \lambda_2^2 \frac{d\lambda}{\lambda}$$

微元总动能 $T$ 为各层动能之和，因此

$$T = \int_{\lambda_3}^{\lambda_2} \pi\rho\sin\theta v_2^2 \lambda_2^2 \frac{d\lambda}{\lambda} = \pi\rho\sin\theta v_2^2 \lambda_2^2 \ln\frac{\lambda_2}{\lambda_3}$$

由式（1.24），可得 $\lambda_3 = \sqrt{\lambda_2^2 - \lambda_0^2}$，又有 $\pi\rho\sin\theta = M/\lambda_0^2$，代入得

$$T = \frac{M}{2} v_2^2 y_2^2 \ln\frac{y_2^2}{y_2^2 - 1} \qquad (1.27)$$

由式（1.23）和式（1.25）有

$$\frac{\mu}{M} = \frac{\lambda_2^2 - \lambda^2}{\lambda_2^2 - \lambda_3^2} = \frac{\lambda_2^2 - \lambda^2}{\lambda_0^2} = y_2^2 - y^2$$

$$y = \frac{\lambda}{\lambda_0} = \sqrt{y_2^2 - \frac{\mu}{M}} \qquad (1.28)$$

将式（1.27）和式（1.28）中的 $v_2^2$ 代入式（1.26）得

$$v = \sqrt{\frac{2T}{M}} \cdot \frac{1}{\sqrt{\left(y_2^2 - \frac{\mu}{M}\right)\ln\frac{y_2^2}{y_2^2 - 1}}}$$

而 $T = 1/2 M v_0^2$，$v_0$ 为平均压合速度，将 $T$ 代入上式，得到

$$v = v_0 \frac{1}{\sqrt{\left(y_2^2 - \frac{\mu}{M}\right)\ln\frac{y_2^2}{y_2^2 - 1}}} \qquad (1.29)$$

由于 $v$ 与坐标 $\lambda$ 方向相反，故 $v_0$ 和 $v$ 均为负值。式（1.29）就是在给定时间 $t$、某层 $\mu$ 处速度 $v$ 的表达式。

以 $\mu = 0$ 和 $\mu = M$ 代入，即得微元外层速度 $v_2$ 和内层速度 $v_3$：

$$\begin{cases} v_2 = v_0 \dfrac{1}{\sqrt{y_2^2 \ln\dfrac{y_2^2}{y_2^2 - 1}}} \\ v_3 = v_0 \dfrac{1}{\sqrt{(y_2^2 - 1)\ln\dfrac{y_2^2}{y_2^2 - 1}}} \end{cases} \qquad (1.30)$$

根据轴对称理想不可压缩流体理论分析，药型罩的轴对称压合和平面对称压合不同，在微元向轴线运动的过程中，能量由外层向内层集中，且越靠近对称轴，能量集中越快。当微元运动到轴线附近时，由于微元内表面附近压力急剧升高，微元变宽，且其运动方向改变，最后内层金属变成沿轴向运动的射流。

轴对称压合时，罩壁内、外速度差仅在微元接近轴线时才较为明显，而在大部分运动时间内，与平面对称压合过程接近。因此，基于平面对称压合的准定常流体力学理论，通过实验修正，可对射流速度进行分析。

### 4. 射流成形临界条件

药型罩壁相对压合速度 $v_2$ 与压合速度 $v_0$ 的几何关系如图 1.18 所示。当罩壁压合时，在动坐标系中，罩壁相对压合速度为 $v_2$，在碰撞点 $E$ 附近拐弯，分成方向相反的射流和杵体。需要注意的是，流动必须为亚音速，若 $v_2$ 大于材料声速，则在碰撞点处产生冲击波，材料仅发生折射而不翻转，则无法形成射流。因此药型罩压合形成射流的临界条件为

$$v_2 = v_0 \frac{\cos(\alpha + \delta)}{\sin\beta} < a$$

式中，$a$ 为药型罩材料声速。

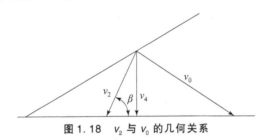

**图 1.18** $v_2$ 与 $v_0$ 的几何关系

为了便于分析，假设压合速度 $v_0$ 垂直于变形后的罩壁，则

$$v_2 = v_0 \arctan\beta = c \tag{1.31}$$

由此可知，当 $v_0$ 增大或 $\beta$ 减小时，可能使 $v_2$ 增大，以致 $v_2$ 大于 $a$，而不能形成射流。但是 $v_0$ 也不能太小，否则同样不能形成射流，因为此时材料的强度不能忽略。$v_0$ 垂直于轴线的分速度以 $v_4$ 表示，则

$$v_4 = v_0 \cos\beta \tag{1.32}$$

碰撞速度应为 $v_4$ 的 2 倍，碰撞时所产生的动压力应超过材料的动态屈服强度 $\sigma_y$，由此可得另一个极限条件

$$2\rho v_0^2 \cos^2\beta = \sigma_y \tag{1.33}$$

当外加压力稍大于动态屈服强度时，材料尚不能当作流体。当冲击压力达到 10 倍动态屈服强度时，材料可按流体处理，则可得

$$2\rho v_0^2 \cdot \cos^2\beta = 10\sigma_y \tag{1.34}$$

根据式（1.31）、式（1.33）和式（1.34），可得铜罩形成射流的极限条件，如图 1.19 所示，可划分为 4 个区域。

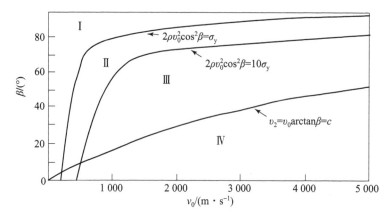

图 1.19 铜罩形成射流的极限条件

Ⅰ—$v_4$ 太小,无射流;Ⅱ—非流体力学区;
Ⅲ—流体力学区,有射流;Ⅳ—$v_2$ 超声速,无射流

## 1.2.2 爆炸成型弹丸成形理论

大锥角、球缺形及回旋双曲线形药型罩,在聚能装药的作用下会被压垮,闭合形成具有较高质心速度(1 500~3 000 m/s)和一定结构形状的弹丸,即爆炸成型弹丸,以稳定飞行姿态与目标作用,对目标造成毁伤。

**1. 爆炸成型弹丸成形参数**

炸药爆炸后,冲击波和爆轰产物作用于药型罩。药型罩上任一微元如图 1.20 所示,厚度为 $h$,该微元表面积 d$A$ 可表述为

$$d\boldsymbol{A} = r_\theta r_\varphi \boldsymbol{\bar{n}} d\theta d\varphi \tag{1.35}$$

式中,$r_\theta$,$r_\varphi$ 为微元曲率半径;$\boldsymbol{\bar{n}}$ 为微元单位法向矢量。

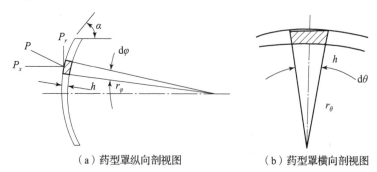

(a)药型罩纵向剖视图  (b)药型罩横向剖视图

图 1.20 典型球缺形药型罩微元

设气体产物压力为 $P = P(t)$，微元在药型罩与气体产物的相互作用下受到冲击压力 $P$，并获得速度 $v$，即

$$P = \int P\mathrm{d}A\mathrm{d}t = v\mathrm{d}m \quad (1.36)$$

式中，$\mathrm{d}m$ 为微元质量，可表述为

$$\mathrm{d}m = \rho h\mathrm{d}An$$

在轴对称条件下，基本矢量可表述为分量形式

$$P = P_x\mathbf{i} + P_r\mathbf{j}$$
$$v = v_x\mathbf{i} + v_r\mathbf{j} \quad (1.37)$$
$$n = \mathbf{i}\sin\alpha + \mathbf{j}\cos\alpha$$

式中，$x$ 和 $r$ 分别表示轴向和径向分量；$\mathbf{i}$ 和 $\mathbf{j}$ 分别为 $x$ 和 $r$ 方向上的单位矢量。

各方向微元速度分量为

$$v_x = (P\sin\alpha/\rho h)\mathrm{d}A$$
$$v_r = (P\cos\alpha/\rho h)\mathrm{d}A \quad (1.38)$$

由以上分析可知，爆炸成型弹丸的形状主要由沿药型罩速度分量的分布决定，且显著受药型罩外形、药型罩半锥角 $\alpha$ 和厚度 $h$ 的影响。

**2. 爆炸成型弹丸成形条件**

聚能装药被雷管引爆后，药型罩被压合，分别形成速度较高的射流和运行较慢的杵体，最后彼此分离。一般来说，射流质量约占药型罩总质量的 15%，其余部分形成杵体。当药型罩锥角增大时，向内压合部分显著减少，相应地射流和杵体之间速度差也随之减小。研究表明，当半锥角接近 75°时，射流和杵体速度几乎相同，如图 1.21 所示，将形成爆炸成型弹丸。

1) 大锥角或回转曲线形药型罩

根据定常流体力学成形理论，射流和杵体的速度比为

$$\frac{v_\mathrm{j}}{v_\mathrm{s}} = \cot\frac{\beta}{2} \cdot \cot\frac{\alpha}{2} \quad (1.39)$$

药型罩形成爆炸成型弹丸时，可认为射流头部与尾部速度近似相等，此时

$$\cot\frac{\beta}{2} \cdot \cot\frac{\alpha}{2} = 1 \quad (1.40)$$

式中，$\alpha$ 为药型罩半锥角；$\beta$ 为药型罩压垮角。$\beta$ 的经验公式表述为

$$\beta = \mathrm{e}^\omega \quad (1.41)$$

其中

$$\omega = 0.1\alpha(\lambda - 0.228)^2 + 0.029\alpha + 4.49(\lambda - 0.16)^2 + 2.83$$

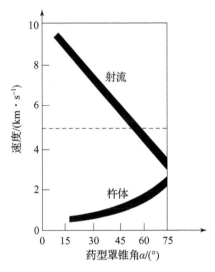

图 1.21 锥角对射流和杵体速度的影响

式中，$\lambda$ 为药型罩微元的相对位置，大锥角药型罩大约仅有直径的 73% 有效，所以 0~0.73 为 $\lambda$ 的有效区间。取中间值 0.36，根据式（1.40）和式（1.41）计算出当药型罩锥角为 137°时，射流和杵体合一，形成爆炸成型弹丸。

2）球缺形药型罩

球缺形药型罩的几何参数如图 1.22 所示，表面曲线方程表述为

$$y = R\left[1 - \left(1 - \frac{h}{R} + \frac{x}{R}\right)^2\right]^{\frac{1}{2}} \tag{1.42}$$

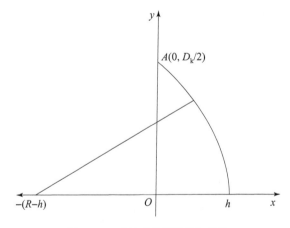

图 1.22 球缺形药型罩几何参数

将 $A$ 点坐标 $(0, D_k/2)$ 代入式 (1.42) 得

$$R = \frac{D_k}{2}\left[1 - \left(1 - \frac{h}{R}\right)^2\right]^{-\frac{1}{2}} \quad (1.43)$$

球缺形药型罩的斜率为

$$\dot{y} = \left[\frac{1}{\left(1 - \frac{h}{R} + \frac{x}{R}\right)^2}\right]^{-\frac{1}{2}} \quad (1.44)$$

或者

$$\frac{h}{R} = 1 - \left(\frac{\dot{y}}{1 + \dot{y}^2}\right)^{1/2} + \frac{x}{R} \quad (1.45)$$

过球缺形药型罩口部作外切锥,参照锥形药型罩,若形成爆炸成型弹丸,其对应锥角应大于137°。考虑到大锥角药型罩只有 $(0\sim0.73)D_k$ 部分形成爆炸成型弹丸,因此,球缺形药型罩口部锥角的下限应该使 $2y/D_k = 0.73$,该锥角为137°。

依据以上分析,球缺形药型罩口部锥角为120°。若口部锥角为120°~137°,根据式 (1.43) 和式 (1.45) 得到球缺形药型罩的曲率半径为

$$R = (1.0 \sim 1.36)D_k \quad (1.46)$$

当球缺形药型罩曲率半径小于式 (1.46) 时,会降低药型罩形成爆炸成型弹丸的效率。当曲率半径偏离式 (1.46) 过多时,则会导致无法形成爆炸成型弹丸。

## 1.2.3 杆式射流成形理论

杆式射流是由大锥角或扁球壳药型罩在装药爆炸驱动下,向轴心收拢,并在轴心处发生碰撞,形成的速度高、直径大、速度梯度小的射流。与普通射流相比,杆式射流具有对炸高不敏感、药型罩利用率高、后效大的特点;与爆炸成型弹丸相比,杆式射流的飞行速度更高、聚能侵彻体长度更长、侵彻能力更强。

### 1. 杆式射流成形参数

杆式射流本质上也是射流,它只是常规射流的杆体质量减小,头、尾速度差降低,射流整体速度提高的产物,因此可用射流理论进行分析。

一般杆式射流聚能装药由药型罩、壳体、主装药、VESF 板、辅助装药等组成,如图 1.23 所示。VESF 板是形状特殊的金属或塑料板,雷管起爆后,辅助装药驱动 VESF 板撞击、起爆主装药,通过调节 VESF 板的形状、材料及其与主装药的距离,调整主装药中形成的爆轰波形,可实现杆式射流成形。

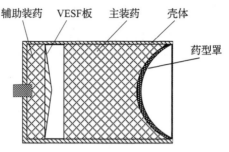

图1.23 杆式射流聚能装药基本结构

对于带 VESF 板的聚能装药，装药起爆后，爆轰波绕过 VESF 板向药型罩传播，在此过程中爆轰波在轴线处发生碰撞，根据碰撞时爆轰波之间夹角的不同可以分为正规斜碰撞和马赫碰撞，爆轰波传播过程如图 1.24 所示。

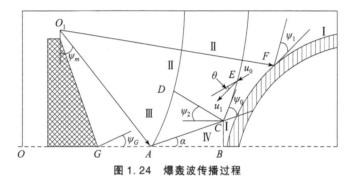

图1.24 爆轰波传播过程

当装药在点 $O$ 起爆后，爆轰波绕过隔板到达点 $O_1$，此时，可看作以点 $O_1$ 为圆心形成环形起爆。爆轰波在炸药中传播，首先在轴线上点 $G$ 发生碰撞，入射角为爆轰波阵面与轴线的夹角 $\psi_G$。碰撞点沿轴线从点 $G$ 移动到点 $A$ 的过程中，入射角逐渐增大，F. Muller 通过实验发现，当入射角增大到约 44.5° 时，反射波将与固壁脱离，在固壁附近形成马赫波。图中点 $A$ 的入射角 $\psi_m$ = 44.5°，入射角达到临界值，点 $A$ 即正规斜碰撞与马赫碰撞的分界点。

发生马赫反射后，反射波逐渐脱离装药轴线，图中 $AC$ 代表马赫杆移动方向，三波点 $C$ 为爆轰波传到点 $C$ 时入射波波阵面 $CE$、反射波波阵面 $CD$ 和马赫杆 $CB$ 的交点。三波点附近流场被 $CA$、$CB$、$CD$、$CE$ 分为 4 个区域，马赫杆运动方向与轴线的夹角为 $\alpha$。从图中可以看出，三波点处入射角 $\psi_0$ 为入射波阵面 $CE$ 和轴线的夹角与 $\alpha$ 的差，$\alpha$ 可以根据下式得到：

$$\alpha = \frac{\pi}{2} - \arcsin\left[\frac{1}{u_0}\sqrt{\frac{p_4 - p_1}{\rho_1\left(1 - \frac{\rho_1}{\rho_4}\right)}}\right] \quad (1.47)$$

式中，$u_0 = D_e/\sin\psi_0$，其中 $D_e$ 为炸药爆速；$p_1$、$p_4$ 分别为 Ⅰ 区和 Ⅳ 区压力；$\rho_1$、$\rho_4$ 分别为 Ⅰ 区和 Ⅳ 区密度：

$$\frac{\rho_1}{\rho_4} = \frac{\gamma-1}{\gamma+1} + \frac{\eta}{\gamma+1} \cdot \frac{p_{\mathrm{CJ}}}{p_4} \tag{1.48}$$

式中，$p_{\mathrm{CJ}}$ 为炸药 CJ 压力；$\eta$ 为过度压缩系数，$\eta = 1.1$。

马赫杆传播过程中，入射角 $\psi_0$ 逐渐增大，相应压力逐渐降低，可以通过马赫杆两侧爆轰产物流动基本方程及状态方程求出 Ⅳ 区的压力 $p_4$ 与 $\psi_0$ 的关系：

$$p_4 = p_{\mathrm{CJ}} \frac{\sin^2\left(\frac{\pi}{2}-\alpha\right)}{\sin^2\psi_0} \left(1 + \sqrt{1 - \frac{\eta\sin^2\psi_0}{\sin^2\left(\frac{\pi}{2}-\alpha\right)}}\right) \tag{1.49}$$

在 Ⅲ 区，爆轰波正规斜碰撞压力为 $p_3$，当爆轰波作用于点 $F$，穿入爆轰波阵面后产物以速度 $u_1$ 流入 Ⅱ 区，发生角度为 $\theta$ 的折转。

根据波阵面前、后质量守恒和动量守恒方程，$\theta$ 可表述为

$$\theta = \arctan\left(\frac{\tan\psi_1}{\gamma\tan^2\psi_1+\gamma+1}\right) \tag{1.50}$$

式中，$\gamma$ 为炸药多方指数，一般取 $\gamma = 3$；$\psi_1$ 为正规斜碰撞入射角，即爆轰波在点 $F$ 的切线与药型罩在点 $F$ 的切线之间的夹角。

当爆轰产物继续运动到反射波阵面，爆轰产物到达 Ⅲ 区的压力 $p_3$ 即正规斜碰撞后的压力，由反射波阵面处守恒方程及相关几何关系可知

$$p_3 = \frac{2\gamma}{\gamma+1} p_{\mathrm{CJ}} \left[1 + \left(1+\frac{1}{\gamma}\right)^2 \cot^2\psi_1\right] \sin^2\theta + \psi_2 - \frac{\gamma-1}{\gamma+1} p_{\mathrm{CJ}} \tag{1.51}$$

式中，$\psi_2$ 为反射角。$\psi_1$、$\psi_2$ 与 $\theta$ 的关系可表示为

$$\frac{\tan\psi_2}{\tan(\psi_2+\theta)} = \frac{\gamma-1}{\gamma+1} + \frac{2\gamma^2}{\gamma+1} \cdot \frac{1}{\left[\gamma^2+(1+\gamma)^2\cot^2\psi_1\right]\sin^2(\theta+\psi_1)} \tag{1.52}$$

爆轰波对药型罩的作用，包括罩顶马赫压力作用区及罩中部到口部所受正规斜碰撞压力，可根据马赫杆运动与药型罩的几何形状求得。

基于改进的 PER 理论，对于任意形状药型罩，根据伯努利方程可求得药型罩微元形成的射流速度：

$$v_j = v \frac{1}{\sin\frac{\beta}{2}\cos\left(\lambda+\delta-\frac{\beta}{2}\right)} \tag{1.53}$$

式中，$v$ 为药型罩微元的绝对压垮速度；$\beta$ 为压合角；$\lambda$ 为药型罩切线与轴线的夹角；$\delta$ 为药型罩微元的偏转角。

绝对压垮速度 $v$ 可通过兰德-皮尔森提出的速度历程曲线求解：

$$v(t) = v_0\left[1 - \exp\left(-\frac{t-T}{\tau}\right)\right] \tag{1.54}$$

式中，$T$ 为爆轰波到达微元的时间，根据炸药爆速及起爆点与微元的距离计算；$\tau$ 为时间常数，$\tau = A_1 m v_0 / p_{CJ} + A_2$，$A_1$、$A_2$ 为常数，$m$ 为微元质量。

药型罩微元满足运动方程，有

$$S = m \int \frac{v_0 [1 - \exp(-t - T/\tau)]}{t} dt \quad (1.55)$$

式中，$S$ 为微元面积。

由式（1.54）可以计算出不同区域药型罩微元极限压垮速度 $v_0$。偏转角 $\delta$ 也采用式（1.53）的形式，压垮角 $\beta$、$t$ 时刻射流位置 $l$、射流质量 $m_j$ 可分别表述为

$$\tan\beta = \frac{\tan\alpha + r_1 \left[ (\lambda' + \delta') \tan A - \dfrac{v_0'}{v_0} \right] + v_0 T' \cos A}{1 + r_1 \left[ (\lambda' + \delta') + \dfrac{v_0'}{v_0} \tan A \right] - v_0 T' \sin A} \quad (1.56)$$

$$l = x + r_1 \tan(\lambda + \delta) + (t - t_c) v_j \quad (1.57)$$

$$m_j = \frac{2\pi \rho_L h r_1}{\cos\lambda} \sin^2 \frac{\beta}{2} \quad (1.58)$$

式中，$v_0'$ 和 $T'$ 分别为 $v$ 和 $T$ 对药型罩微元 $x$ 的导数；$A = \lambda + \delta$；$r_1$ 为药型罩微元的纵坐标；$t_c$ 为药型罩微元碰撞时间；$\rho_L$ 为药型罩密度。

### 2. 杆式射流成形条件

从本质上讲，杆式射流是具有一定速度梯度、无明显射流和杵体之分的射流。设计杆式射流聚能装药时，应对比其与常规聚能射流的差异，再分析杆式射流成形条件。总的来说，杆式射流成形应遵循以下3方面原则。

1）较小杵体质量

根据 PER 扩展理论，假设药型罩材料是非黏性不可压缩流体，罩壁很薄，微元与微元之间无相互作用，且药型罩微元速度在一定的时间内从零增加至压合速度 $v_0$。药型罩的压垮过程如图 1.25 所示。

根据经典聚能射流形成理论，射流和杵体质量表达式为

$$dm_j = dm \sin^2(\beta/2) \quad (1.59)$$

$$dm_s = dm \cos^2(\beta/2) \quad (1.60)$$

式中，$dm$、$dm_j$ 和 $dm_s$ 分别为药型罩、射流和杵体微元质量。其中，压合角 $\beta$ 主要由药型罩锥角决定，其值越大，射流质量越大，相应的杵体质量则越小，因此形成杆式射流应采用大压合角药型罩。根据装药结构，相对于罩顶部微元，越接近底部的微元有效药量越小，得不到充分加速，大部分形成杵体。因此，为减小杵体质量和增大其速度，往往将药型罩设计成变壁厚结构，即从顶部到底部厚度逐渐减小，且装药直径大于药型罩直径。

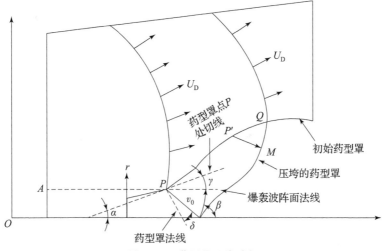

图1.25 药型罩压垮过程

2）较小头、尾速度差

根据射流形成理论，射流和杵体速度 $v_j$、$v_s$ 分别表述为

$$v_j = v_0 \csc(\beta/2) \cos[\alpha + \delta - (\beta/2)] \tag{1.61}$$

$$v_s = v_0 \sec(\beta/2) \cos[\alpha + \delta - (\beta/2)] \tag{1.62}$$

式中，$\alpha$ 和 $\delta$ 分别为药型罩半锥角和偏转角。

设 $\eta$ 为微元头、尾速度之比，可表述为

$$\eta = \frac{v_j}{v_s} = \frac{1}{\tan\dfrac{\beta}{2} \cdot \tan\left[\alpha + \delta - \dfrac{\beta}{2}\right]} \tag{1.63}$$

对于一定形状的药型罩，药型罩半锥角 $\alpha$ 在点 $P$ 是一个定值，偏转角 $\delta$ 是与药型罩、炸药等参数相关的量，对于点 $P$ 也是确定的，因此 $\eta$ 只与 $\beta$ 相关。随着 $\beta$ 增大，$\eta$ 先减小后增大，即 $\eta$ 存在一个最小值。为了降低射流头、尾速度差，需要将微元的压合角 $\beta$ 控制在 $\eta$ 取得最小值附近。

3）较大射流整体速度

在炸药类型及聚能装药结构确定的情况下，影响射流速度的主要因素包括起爆点位置、药型罩壁厚和药型罩半锥角等。减小药型罩厚度和半锥角能够有效提高射流速度，但同时会显著降低射流质量和直径。

根据式（1.61），在装药及药型罩结构确定的条件下，采用平面和环形起爆方式可有效提高射流速度。与中心点起爆相比，平面和环形起爆可有效降低爆轰波阵面与药型罩法线间的夹角，一方面可提高罩微元压合速度 $v_0$，另一方面可降低微元偏转角 $\delta$，从而降低微元压合角 $\beta$，提高射流速度和射流质量。

因此,为了提高射流整体速度,应采用平面起爆或环形起爆。提高射流整体速度,降低射流头、尾速度差都与压合角 $\beta$ 相关,但两者对 $\beta$ 的取值要求是矛盾的。为保证杆式射流具有较高速度,以及较小的头尾速度差,设计药型罩和起爆点时需要将药型罩微元的 $\beta$ 值控制在一个合适范围内。

## 1.3 聚能侵彻体侵彻理论

聚能侵彻体侵彻理论主要描述聚能侵彻体与目标作用,并依靠自身动能对目标造成毁伤的高瞬态动力学过程。侵彻体形式不同,侵彻理论差异显著。本节主要介绍聚能射流侵彻理论、爆炸成型弹丸侵彻理论及杆式射流侵彻理论。

### 1.3.1 聚能射流侵彻理论

**1. 定常流体力学侵彻理论**

聚能射流典型破甲过程示意如图 1.26 所示,射流速度为 $v_j$,破甲速度为 $u$。假定射流与靶板作用过程是稳态的,可把破甲过程当作理想不可压缩流体运动过程来处理。分析过程中作如下假设:

(1) 忽略靶板和射流强度及可压缩性;
(2) 假定分析中射流直径、速度 $v_j$ 及破甲速度 $u$ 均不变。

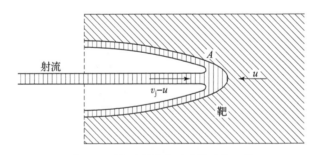

图 1.26 聚能射流典型破甲过程示意

基于上述假设,将坐标原点设置于射流与靶板接触点 $A$,以点 $A$ 为观察点,射流和靶板材料分别以速度 $v_j - u$ 和速度 $u$ 运动。

假设恒速射流长度为 $l$,总破甲时间为 $t$,则

$$t = \frac{l}{v_j - u} \tag{1.64}$$

破甲深度为

$$L = ut \tag{1.65}$$

在侵彻时间 $t$ 内，破甲过程为定常理想不可压缩流体运动过程。应用伯努利方程，在点 $A$ 左侧，取远离 $A$ 点的一点和点 $A$，可得

$$(P_j)_{-\infty} + \frac{1}{2}\rho_j(v_j - u)^2 = (P_j)_A + \frac{1}{2}\rho_j u^2$$

式中，$(P_j)_{-\infty}$ 为远离点 $A$ 处射流静压力；$(P_j)_A$ 为点 $A$ 左侧射流静压力，该处速度 $u$ 为 0。

在点 $A$ 右侧，取远离点 $A$ 的一点和点 $A$，可得

$$(P_t)_{\infty} + \frac{1}{2}\rho_t u^2 = (P_t)_A + \frac{1}{2}\rho_t u^2$$

式中，$(P_t)_{\infty}$ 为远离点 $A$ 处靶板静压力；$(P_t)_A$ 为点 $A$ 右侧靶板静压力，该处速度 $u$ 为 0。

点 $A$ 两侧压力在点 $A$ 相等，有

$$(P_t)_A = (P_j)_A$$

由此可得

$$(P_j)_{-\infty} + \frac{1}{2}\rho_j(v_j - u)^2 = (P_t)_{\infty} + \frac{1}{2}\rho_t u^2 \tag{1.66}$$

式中，$\rho_j$ 和 $\rho_t$ 分别为射流和靶板密度。

忽略 $(P_j)_{-\infty}$ 和 $(P_t)_{\infty}$，式（1.66）可写为

$$u = \frac{v_j}{1+\gamma} \quad \left(其中，\gamma = \sqrt{\frac{\rho_t}{\rho_j}}\right) \tag{1.67}$$

代入式（1.64）和式（1.65），消去 $t$ 得

$$L = l\sqrt{\frac{\rho_j}{\rho_t}} \tag{1.68}$$

根据式（1.68）可知，破甲深度与射流长度成正比，适当增加炸高，射流长度 $l$ 增加，在射流不断裂和分散的情况下，破甲深度增加；破甲深度与射流和靶板密度之比的平方根成正比，射流密度越大，侵彻深度越大。

式（1.68）表明，射流破甲深度与靶板强度、射流速度均无关，仅取决于射流长度和射流与靶板密度之比。分析中假设靶板是理想流体，不考虑其强度，射流速度较低时也能在靶板上形成穿孔，这显然与实际不符。但由于射流头部速度很高，靶板强度的影响可以忽略。然而，定常流体力学侵彻理论未考虑射流速度梯度，因此还需对上述理论进行修正。

## 2. 准定常流体力学侵彻理论

事实上,在破甲过程中,射流头部速度高于尾部速度,沿射流长度方向存在速度分布,导致射流速度和直径不断变化,这和上述假定的恒速射流不同,在准定常流体力学侵彻理论中,不能直接应用伯努利方程。然而,针对某小段射流微元,可近似认为速度和直径不变,则亦可应用伯努利方程。

基于 Allison 和 Vitali 的假设,射流是从某固定原点发出,该固定原点为虚拟原点,如图 1.27 所示。在射流侵彻深度 – 时间坐标系中,$y$ 轴为轴向距离,且以药型罩锥底为 $O$ 点;$t$ 轴为时间,以爆轰波到达药柱底部为 $O$ 点;点 $A$ 为虚拟原点。假设射流速度沿长度方向线性分布,在 $t$ – $y$ 坐标系中,射流是从点 $A$ 发出的一族直线,各直线斜率对应该射流微元速度,$H$ 为炸高。在点 $B$ 时射流头部与靶板相遇,开始侵彻,$BC$ 线描述侵深随时间变化的关系,曲线上各点斜率对应该点破甲速度 $u$。以点 $C$ 为例,侵彻深度为 $L$,点 $C$ 切线斜率为 $u$,$AC$ 线斜率即射流速度 $v_j$,到点 $D$ 时侵彻停止,最大侵彻深度为 $L_M$。

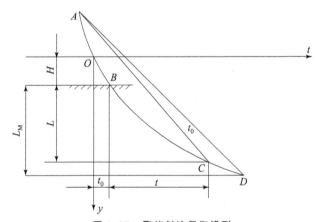

图 1.27 聚能射流侵彻模型

对某一点 $C$,侵彻深度为 $L$,侵彻时间为 $t$,则

$$(t_0 + t - t_a)v_j = L + H - b \tag{1.69}$$

对 $t$ 微分,因 $H - b$ 为常数,且 $dL/dt = u$,则有

$$v_j + (t_0 + t - t_a)\frac{dv_j}{dt} = u \tag{1.70}$$

$$\int_{t_0 - t_a}^{t_0 + t - t_a} \frac{dt}{t} = -\int_{v_{j0}}^{v_j} \frac{dv_j}{v_j - u}$$

积分得

$$t_0 + t - t_a = (t_0 - t_a) e^{-\int_{v_{j0}}^{v_j} \frac{dv_j}{v_j - u}} \tag{1.71}$$

式中，$t_0$ 是射流头部到达靶板的时间。将 $t$ 代入式（1.69），可得

$$L = (t_0 - t_a) v_j e^{-\int_{v_{j0}}^{v_j} \frac{dv_j}{v_j - u}} - H + b \tag{1.72}$$

对于理想不可压缩流体，$v_j$ 和 $u$ 的关系由式（1.67）给出，可得

$$e^{-\int_{v_{j0}}^{v_j} \frac{dv_j}{v_j - u}} = \left(\frac{v_j}{v_{j0}}\right)^{-1-\sqrt{\frac{\rho_j}{\rho_t}}}$$

代入式（1.73）得

$$L = (H - b)\left[\left(\frac{v_{j0}}{v_j}\right)^{\sqrt{\frac{\rho_j}{\rho_t}}} - 1\right] \tag{1.73}$$

这就是准定常理想不可压缩流体的侵彻公式。

由式（1.74）也可得出 $L$ 和 $t$ 的关系。将式（1.67）代入式（1.72），即

$$t_0 - t_a + t = (t_0 - t_a) e^{-\int_{v_{j0}}^{v_j} \frac{dv_j}{v_j - u}} = (t_0 - t_a)\left(\frac{v_{j0}}{v_j}\right)^{1+\sqrt{\frac{\rho_j}{\rho_t}}}$$

$$\frac{v_{j0}}{v_j} = \left(\frac{t_0 - t_a + t}{t_0 - t_a}\right)^{\frac{1}{1+\sqrt{\frac{\rho_j}{\rho_t}}}} \tag{1.74}$$

代入式（1.73），得

$$L = (H - b)\left[\left(\frac{t_0 - t_a + t}{t_0 - t_a}\right)^{\frac{1}{1+\sqrt{\frac{\rho_t}{\rho_j}}}} - 1\right] \tag{1.75}$$

在式（1.74）和式（1.75）中，已考虑射流速度分布，与实际情况更加接近，但仍未考虑射流断裂和靶板强度的影响，因此还需进一步修正。

### 3. 考虑靶板强度的侵彻理论

事实上，射流侵彻过程显著受靶板强度影响，尤其是当射流速度较低时，更不能忽略靶板强度的影响。考虑靶板强度时，侵彻深度可由式（1.66）表述为

$$(P_j)_{-\infty} + \frac{1}{2}\rho_j(v_j - u)^2 = (P_t)_{\infty} + \frac{1}{2}\rho_t u^2 \tag{1.76}$$

在理想不可压缩流体理论中，$(P_j)_{-\infty}$ 和 $(P_t)_{\infty}$ 取值为 0。通过静压力描述材料强度，令

$$P = (P_t)_{\infty} - (P_j)_{-\infty} \tag{1.77}$$

则式（1.66）可表述为

$$\frac{1}{2}\rho_j(v_j - u)^2 = \frac{1}{2}\rho_t u^2 + P \tag{1.78}$$

由式（1.78），可求得 $\int \frac{dv_j}{v_j - u}$，将其代入式（1.75），即可得到考虑靶板

强度的侵彻公式。由式（1.78）有

$$\left(1 - \frac{\rho_t}{\rho_j}\right)u^2 - 2uv_j + v_j^2 - 2\frac{p}{\rho_j} = 0 \quad (1.79)$$

当侵彻速度 $u = 0$ 时，侵彻过程停止，此时对应的射流速度即临界速度 $v_{jc}$，当射流速度低于临界速度时则无法侵彻。将 $u = 0$ 代入式（1.79），可得

$$v_{jc} = \sqrt{\frac{2p}{\rho_j}} \quad (1.80)$$

再将式（1.80）代入式（1.79），得

$$u = \frac{1}{1 - \frac{\rho_t}{\rho_j}}\left[v_j - \sqrt{\frac{\rho_t}{\rho_j}v_j^2 + \left(1 - \frac{\rho_t}{\rho_j}\right)v_{jc}^2}\right] \quad (1.81)$$

令 $\gamma = \rho_t/\rho_j$，则可得

$$\int \frac{\mathrm{d}v_j}{v_j - u} = (1 - \gamma)\int \frac{\mathrm{d}v_j}{-\gamma v_j + \sqrt{\gamma v_j^2 + (1 - \gamma)v_{jc}^2}} \quad (1.82)$$

令

$$T = -\gamma v_j + \sqrt{\gamma v_j^2 + (1 - \gamma)v_{jc}^2} \quad (1.83)$$

$$T_0 = -\gamma v_{j0} + \sqrt{\gamma v_{j0}^2 + (1 - \gamma)v_{jc}^2} \quad (1.84)$$

则式（1.82）的解为

$$\int_{v_{j0}}^{v_j} \frac{\mathrm{d}v_j}{v_j - u} = -\frac{T_0}{T}\ln\left[\frac{T + \sqrt{T^2 - (1 - \gamma)^2 v_{jc}^2}}{T_0 + \sqrt{T_0^2 - (1 - \gamma)^2 v_{jc}^2}}\right]^{-\frac{1}{\sqrt{c}}} \quad (1.85)$$

代入式（1.73），得

$$L = (t_0 - t_a)v_j\frac{T_0}{T}\left[\frac{T_0 + \sqrt{T_0^2 - (1 - \gamma)^2 v_{jc}^2}}{T + \sqrt{T^2 - (1 - \gamma)^2 v_{jc}^2}}\right]^{-\frac{1}{\sqrt{c}}} - H + b \quad (1.86)$$

式（1.86）即考虑靶板强度的准定常不可压缩流体方程。式中 $v_{jc}$ 与射流材料、射流状态及靶板材料有关。当 $v_{jc} = 0$ 时，上式即理想流体侵彻公式。

### 4. 断裂射流侵彻流体力学理论

实际上，当射流在空气中拉伸至一定长度后，会出现颈缩，甚至断裂成小段。射流断裂后，各小段射流长度不再变化，继续运动时，断裂小段射流之间的距离会逐渐增大。当各段射流侵彻时，由于其时间间隔过长，前一段射流侵彻产生的应力状态消失后，后续射流段侵彻时需重新"开坑"，因此需要额外消耗能量。除此之外，断裂射流在空气中运动时会发生翻转，逐渐偏离轴线。以上原因均表明，射流断裂后，侵彻能力将大幅下降。

然而，在断裂初始阶段，各段射流间距离较小，前段射流穿孔产生的应力状态未完全卸载，射流段也未发生明显翻转及偏离，与连续射流相比，仅有射流不伸长这一点差异。同时需要注意的是，侵彻靶板时，断裂射流的速度相当低，不可忽略靶板强度的影响，因此需推导考虑靶板强度的断裂射流侵彻理论。

在 $t_B$ 时刻以后，假设某段射流断裂成若干不再伸长的小射流段，$t_B$ 为断裂时间，此时侵彻深度为 $L_B$，如图 1.28 所示。此时刻之后，射流总长度不变，且与断裂段数无关。忽略各段射流侵彻时重新"开坑"和翻转的影响，断裂后各段射流速度分布仍遵循断裂前线性分布规律。射流 $AB$ 可看作未发生断裂，连续侵彻深度为 $L$，经历时间为 $t_e$。经过间隙时间 $t_f$ 后，后续射流头部 $A$ 到达孔底 $D$，继续侵彻。无论射流 $AB$ 断裂成多少段，最后总是到达点 $D$。当射流段数无限多时，射流 $AB$ 的 $L-t$ 曲线即可通过光滑曲线 $BD$ 表示。

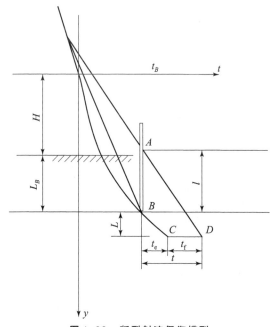

图 1.28 断裂射流侵彻模型

设断裂时射流头部速度为 $v_{jB}$，经过时间 $t$，长度 $l$ 的断裂射流消耗完毕，侵彻深度为 $L$，速度为 $v_j$ 的点 $A$ 射流到达孔底 $D$。在时刻 $t_B$，有

$$v_j = \frac{H - b_2 + L_B - l}{t_0 - t_{a2} + t_B} \tag{1.87}$$

在时刻 $t_B + t$，有

$$v_j = \frac{H - b_2 + L_B - l + L + l}{t_0 - t_{a2} + t_B + t} \tag{1.88}$$

联立两式,可得

$$t = \frac{1}{v_j}(H - b_2 + L_B + L) - t_0 + t_{a2} - t_B \qquad (1.89)$$

计算断裂射流侵彻深度时,假设图1.28中射流$AB$在$t_B$以后同时断裂,总侵彻深度相当于长度不再增加的连续射流$AB$的侵彻深度,而$K$为$t_B$时刻射流速度梯度。因此有

$$dL = u\,dt \qquad (1.90)$$

$$dt = \frac{dl}{v_j - u} \qquad (1.91)$$

$$K = -\frac{dv_j}{dl} \qquad (1.92)$$

整理上式,可得

$$dL = -\frac{u}{v_j - u} \cdot \frac{1}{K} dv_j \qquad (1.93)$$

在考虑强度的情况下,通过式(1.80),$v_j$和$u$的关系可表述为

$$\frac{u}{v_j - u} = \frac{v_j - \sqrt{\gamma v_j^2 + (1-\gamma) v_{jc}^2}}{-\gamma v_j + \sqrt{\gamma v_j^2 + (1-\gamma) v_{jc}^2}} \qquad (1.94)$$

化简式(1.92),代入式(1.91),积分可得

$$L = \frac{1}{K\gamma}\left[\sqrt{\gamma v_{jB}^2 + (1-\gamma)v_{jc}^2} - \sqrt{\gamma v_j^2 + (1-\gamma)v_{jc}^2}\right] -$$

$$\frac{v_{jc}}{K\sqrt{\gamma}}\left\{\arctan\left[\frac{\gamma v_{jB}^2 + (1-\gamma)v_{jc}^2}{\gamma v_{jc}^2}\right]^{1/2} - \arctan\left[\frac{\gamma v_j^2 + (1-\gamma)v_{jc}^2}{\gamma v_{jc}^2}\right]^{1/2} +$$

$$\arctan\sqrt{\gamma}\frac{v_{jB}}{v_{jc}} - \arctan\sqrt{\gamma}\frac{v_j}{v_{jc}}\right\} \qquad (1.95)$$

式(1.89)和式(1.95)即考虑靶板强度的条件下,断裂射流的准定常不可压缩流体侵彻公式。

## 1.3.2 爆炸成型弹丸侵彻理论

爆炸成型弹丸是长径比为4~8、速度为1 500~3 000 m/s的恒速杆。爆炸成型弹丸在侵彻过程中会出现变形和侵蚀,且撞击速度较低,因此材料强度对侵彻过程影响较大。爆炸成型弹丸侵彻过程常以长杆侵蚀侵彻公式为基础,本节主要介绍长杆侵蚀侵彻理论模型和Allen–Rogers侵彻模型。

根据长杆与靶界面上的压力分布,长杆侵彻过程可分为4个阶段,如图1.29所示。第一阶段为"开坑"阶段,撞击产生的冲击波分别向前和向后

传入靶板和长杆，导致长杆头部发生大变形。第二阶段为准稳态侵彻阶段，这是大长径比高速杆的主要侵彻模式。第三阶段出现在长杆被完全侵蚀后，称为二次侵彻或残余塑性流动阶段。"二次侵彻"是指在一定条件下，杆进行反向侵彻，使侵彻深度继续增加；"残余塑性流动"是在长杆全部侵蚀后，靶板的动量仍足以克服靶板强度，成坑继续增长，侵彻深度继续增加。第四阶段为侵彻过程结束后，靶板的弹性恢复阶段，该阶段基本不影响长杆侵彻深度。

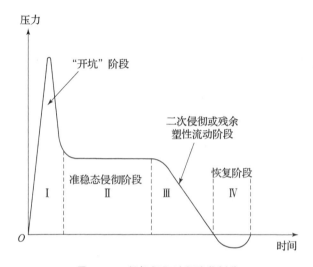

图 1.29　长杆侵彻过程阶段划分

在长杆侵彻过程中，假设靶界面中心线两侧压力相等，依据修正后的伯努利方程，可以得出

$$\frac{1}{2}g\rho_j(v-u)^2 = \frac{1}{2}\rho_t u^2 + \sigma \quad (1.96)$$

假设杆中不存在速度梯度，设式（1.96）中断裂系数 $g=1.0$。若长杆由非常软的材料制成，式中 $\sigma$ 只受靶板强度影响，则可忽略长杆强度的影响。通过求解式（1.96），可得到侵彻速度 $u$ 的表达式为

$$u = \frac{v - \gamma\sqrt{v^2 + Q}}{1 - \gamma^2} \quad (1.97)$$

式中，

$$Q = 2\sigma \cdot \frac{1-\gamma^2}{\rho_t}, \quad \gamma = \sqrt{\frac{\rho_t}{\rho_j}} \quad (1.98)$$

式中，$\gamma$ 为靶板和长杆密度比的平方根。

对式（1.97）进行积分，相对侵彻深度可表述为

$$P/L = \frac{u}{v-u} = \frac{v - \gamma \sqrt{v^2 + Q}}{\gamma \sqrt{v^2 + Q} - \gamma^2 v} \tag{1.99}$$

当撞击速度很大时,可以忽略 $Q$,此时相对侵彻深度可表述为

$$P/L = \frac{1}{\gamma} = \left(\frac{\rho_j}{\rho_t}\right)^{0.5} \tag{1.100}$$

式（1.100）即理想射流侵彻深度公式。

当 $\rho_j = \rho_t = \rho$ 时,得到

$$u = \frac{v}{2} - \frac{\sigma}{\rho_j v} \tag{1.101}$$

相对侵彻深度公式可表述为

$$P/L = \frac{v^2 - 2\sigma/\rho_j}{v^2 + 2\sigma/\rho_j} \tag{1.102}$$

爆炸成型弹丸侵彻实验结果及模型预测曲线如图 1.30 所示。从图中可以看出,除了金杆在高速撞击条件下有较大的误差外,其他实验结果都符合流体力学模型；在高速撞击下,靶板强度对侵彻深度影响不大,通过模型预测的 $P/L$ 与流体动力学极限 $(\rho_j/\rho_t)^{0.5}$ 趋近。

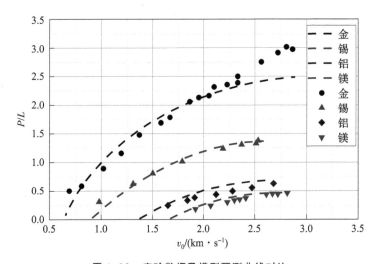

图 1.30　实验数据及模型预测曲线对比

通过实验结果可知,对于给定杆,存在一个临界侵彻速度 $v_c$,当撞击速度大于 $v_c$ 时,杆才开始侵彻。将 $u = 0$ 代入式（1.96）,得到临界侵彻速度为

$$v_c = \sqrt{\frac{2\sigma_t}{\rho_j}} \tag{1.103}$$

式中,$\sigma_t$ 为靶板侵彻阻抗。

当动态撞击压力和靶板侵彻阻抗相等时，侵彻速度即临界侵彻速度。

根据临界侵彻速度，对同等密度靶板的相对侵彻深度公式可改写为

$$P/L = \frac{Z^2-1}{Z^2+1}, \quad Z = \frac{v_0}{v_c} \quad (1.104)$$

由式（1.104）可知，一旦临界侵彻速度确定，就可给出相对侵彻深度（$P/L$）随相对速度（$Z = v_0/v_c$）变化关系。

研究表明，高速金杆侵彻深度相对较大，进一步分析可知，靶板和长杆密度比（$\rho_j/\rho_t$）足够大，且撞击速度大于临界侵彻速度时，反向杆将继续侵彻靶板，即产生二次侵彻现象，导致侵孔深度进一步增大。

为进一步分析二次侵彻效应，人们通过 X 光实验研究了铝杆和钢杆作用不同靶板的侵彻过程，实验中长杆的长径比 $L/D$ 为 0.17~25。实验结果表明，"二次侵彻"阶段从杆被完全侵蚀开始，直至靶后冲击波能量密度不足以克服靶板阻抗为止。实验中还观察到主侵彻和二次侵彻同时存在。但当撞击速度低于 2 km/s 时，长杆未完全发生侵蚀，表明长杆后半部分在侵彻过程中不断减速。以上分析表明，撞击速度较低时，稳态侵彻过程无法完成。

根据实验结果，可建立侵彻深度半经验模型。主侵彻阶段基于稳态流体动力学过程分析，持续至 $L/D = 1$，而长杆剩余部分会额外增加侵彻深度。

增加的侵彻深度取决于剩余长杆速度和靶板强度，靶板强度可通过硬度值 $B_h$ 表示，则总侵彻深度半经验公式可表述为

$$P = (L-D)\left(\frac{\rho_j}{\rho_t}\right)^{\frac{1}{2}} + 2.42D\left(\frac{\rho_j}{\rho_t}\right)^{\frac{2}{3}}\left(\frac{\rho_j v^2}{B_h}\right)^{\frac{1}{3}} \quad (1.105)$$

二次侵彻项可表述为

$$\frac{P_{\text{sec}}}{D} = 2.42\left(\frac{\rho_j}{\rho_t}\right)^{\frac{1}{3}}\left(\frac{\rho_j v^2}{B_h}\right)^{\frac{1}{3}} \quad (1.106)$$

综上所述，爆炸成型弹丸侵彻靶板总侵深可分为两部分，一是弹丸主侵彻深度，二是剩余弹丸（$L/D = 1$）侵彻深度。其中，剩余长杆造成的额外侵彻深度指长杆最后一部分继续侵彻直至杆长减小到零所造成的侵彻深度。

## 1.3.3 杆式射流侵彻理论

杆式射流由特殊形状和厚度的药型罩形成，且与聚能射流、爆炸成型弹丸在形状、速度等方面存在显著差异。杆式射流具有以下 3 方面特征：一是具有一定的长径比，且长径比介于聚能射流和爆炸成型弹丸之间；二是杆式射流截面直径变化显著，与射流典型线型特征存在较大差别；三是杆式射流存在显著速度梯度，且速度梯度介于爆炸成型弹丸与聚能射流之间。

建立杆式射流侵彻模型时，可将杆式射流划分为多个沿轴线分布的变截面微元，各微元轴向速度按一定规律连续变化，侵彻前各微元截面直径仅与轴向坐标有关。侵彻过程可视作非等速变截面杆侵彻过程，杆式射流可等效为由不同速度不同截面半径离散"杆元"组成的侵彻体，如图1.31所示。

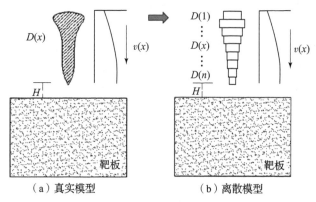

(a) 真实模型　　　　　　　(b) 离散模型

图1.31　杆式射流微元离散

真实模型离散化后，非等速变截面杆模型基本反映了真实杆式射流截面非均匀性、存在速度差的实际特点，如图1.31（b）所示。事实上，直接建立非等速变截面杆侵彻理论模型具有一定困难。但根据杆式射流的特点，非等速变截面杆侵彻理论模型可通过3个步骤建立：首先，建立等速等截面杆侵彻理论模型，如图1.32（a）所示；然后，考虑杆式射流截面直径的变化，建立等速变截面杆侵彻理论模型，如图1.32（b）所示；最后，进一步考虑杆式射流速度的影响，建立非等速变截面杆侵彻理论模型，如图1.32（c）所示。

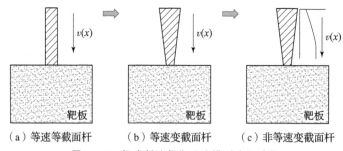

(a) 等速等截面杆　　　（b) 等速变截面杆　　　（c) 非等速变截面杆

图1.32　杆式射流侵彻理论模型建立过程

## 1. 等速等截面杆侵彻模型

杆式射流侵彻靶板时，杆式射流沿长度方向可划分为多个连续微元，各微元长度在侵彻前已知，且各微元内直径和速度相同，如图1.33所示。

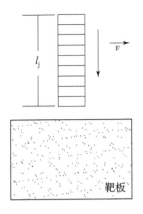

图 1.33 等速等截面杆微元划分

计算时，若忽略"开坑"阶段的能量损失，可认为杆式射流立即达到侵彻速度，杆式射流每一个微元对靶板侵彻，均可看作射流定常侵彻过程。

假设某一微元的长度为 $L_i$，速度为 $v_i$，并假设靶板为均匀各向同性塑性材料。根据射流定常侵彻理论，忽略靶板的强度，则该微元侵彻深度表述为

$$P_i = L_i \sqrt{\frac{\rho_j}{\rho_t}} \tag{1.107}$$

侵彻速度表述为

$$u_i = \frac{v_i}{1 + \sqrt{\frac{\rho_t}{\rho_j}}} \tag{1.108}$$

若考虑靶板强度对侵彻过程的影响，则修正后的伯努利方程表述为

$$\frac{1}{2}\rho_j(v-u)^2 = \frac{1}{2}\rho_t u^2 + R_t \tag{1.109}$$

式中，$R_t$ 为靶板阻力，则杆式射流第 $i$ 个微元对靶板侵彻速度为

$$u_i = \frac{1}{1-\rho_t/\rho_j}\left[v_i - \sqrt{\frac{\rho_t}{\rho_j}v_i^2 + \left(1-\frac{\rho_t}{\rho_j}\right)\frac{2R_t}{\rho_j}}\right] \tag{1.110}$$

因此，考虑靶板强度的微元侵彻深度可表述为

$$P_i = \frac{-\rho_j v_i + \left[\rho_j^2 v_i^2 - 2(\rho_j - \rho_t)\left(\frac{1}{2}\rho_j v_i^2 - R_t\right)\right]^{\frac{1}{2}}}{\rho_j v_i - \left[\rho_j^2 v_i^2 - 2(\rho_j - \rho_t)\left(\frac{1}{2}\rho_j v_i^2 - R_t\right)\right]^{\frac{1}{2}}} l_i \tag{1.111}$$

在侵彻过程中，若杆式射流各微元之间无相互影响，即微元侵彻靶板的先后顺序对侵彻没有影响，则杆式射流对靶板总侵彻深度表述为

$$P = \sum P_i \qquad (1.112)$$

**2. 等速变截面杆侵彻模型**

相对于等速等截面杆，等速变截面杆在轴线方向上存在直径变化，即 $D(x)$ 随 $x$ 变化，但整个杆条速度仍然一致，如图 1.34 所示。

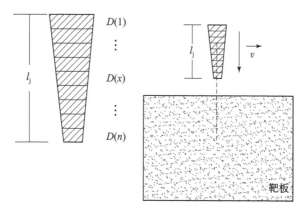

图 1.34 等速变截面杆微元划分

建立等速变截面杆侵彻模型，需对等速等截面杆侵彻模型作如下修正：

（1）将变截面杆延长度方向剖分成 $n$ 段。

（2）将剖分所得"杆元"作为独立侵彻体进行分析，各段"杆元"具有相同的初速和密度，且各段"杆元"长度 $L_i(x)$ 和平均直径 $D_i(x)$ 为变量。"杆元"表征参数为 $(L_i(x), D_i(x), \rho_j, v_i)$，其中 $L_i(x)$ 为"杆元"长度，$D_i(x)$ 为"杆元"平均直径，取 $(D_{i\max} + D_{i\min})/2$，对开孔孔径有直接影响。

（3）将各段"杆元"侵彻深度之和作为杆式射流总侵彻深度。

**3. 非等速变截面杆侵彻模型**

在等速变截面杆侵彻模型的基础上，可进一步建立非等速变截面杆侵彻模型。基于侵蚀杆流体力学不可压缩假设，杆式射流存在轴向速度梯度，在较大炸高条件下，杆式射流在飞行过程中将产生变形，导致其直径变小且长度拉长，进而发生断裂和分离，进而影响"杆元"的侵彻参数。因此必须考虑各"杆元"侵彻前的变形情况，进而对"杆元"参数进行修正，如图 1.35 所示。

各"杆元"初始参数为 $(L_i(x), D_i(x), \rho_j, v_{\max}, v_{\min})$，其中 $v_{\max}$ 和 $v_{\min}$ 分别为"杆元"的最大和最小速度。由于炸高 $H$ 和前导"杆元"侵彻产生的侵彻深度 $P_{jt}$ 存在，"杆元"飞行接触靶板前，存在距离 $L_{st} = H_s + P_{jt}$。

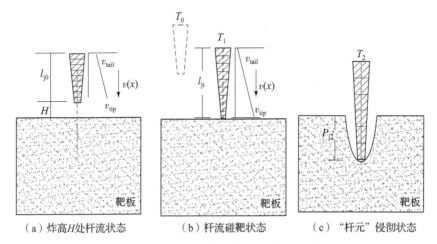

(a) 炸高H处杆流状态　　　(b) 杆流碰靶状态　　　(c) "杆元"侵彻状态

图 1.35　非等速变截面杆侵彻靶板理论模型

假设各"杆元"流体不可压缩,且在长度方向存在速度差,导致"杆元"侵彻前会被拉长,拉伸后"杆元"长度为

$$L'_i(x) = L_i(x) + \frac{(H_s + P_{jt})}{v_{max}} \cdot (v_{max} - v_{min}) \qquad (1.113)$$

"杆元"由于拉长导致直径变小,由于体积不变,杆元直径变为

$$D'_i(x) = D_i(x) \cdot \sqrt{\frac{L_i(x)}{L'_i(x)}} \qquad (1.114)$$

非等速变截面杆侵彻模型及"杆元"变形方程修正时需注意:(1) 将变截面杆沿长度方向等分成 $n$ 段;(2) 将等分得到的各段"杆元"作为独立侵彻体进行分析,各段"杆元"密度相同,同时需考虑速度差导致的"杆元"长度及直径变化,速度取"杆元"最大和最小速度的平均值 $v_i = (v_{imax} + v_{imin})/2$,即修正后"杆元"参数为 $(L'_i(x)、D'_i(x)、\rho_j、v_i)$;(3) 以各段"杆元"独立侵彻深度总和作为杆式射流总侵彻深度。

## 1.4　活性聚能毁伤技术

活性聚能技术的核心在于,通过活性毁伤材料药型罩替代传统惰性金属药型罩,在聚能装药的作用下,形成兼具良好侵彻能力和爆炸毁伤能力的活性聚能侵彻体，基于动能和爆炸化学能时序联合作用机理，通过动能先穿、化学能后爆毁伤模式，大幅提升对不同种类目标的毁伤威力。

### 1.4.1 活性聚能毁伤技术的发展

活性聚能毁伤技术的发展以活性毁伤材料为基础。活性毁伤材料研究始于20世纪90年代末，催生这项研究最直接的原因是海湾战争中美国爱国者-Ⅱ型防空导弹暴露出的严重威力不足问题。战后统计表明，爱国者-Ⅱ型防空导弹有效拦截并引爆飞毛腿导弹战斗部的成功率不足5%。研究局海军水面作战中心进一步评估分析认为，造成爱国者-Ⅱ型防空导弹出现这种"击而不毁"拦截效果的根本原因，是其战斗部赖以杀伤目标的钨合金破片威力不足，特别是引爆导弹战斗部装药的能力严重不足。在这一重大军事需求的牵引下，美军开始着手活性毁伤材料及其应用方面的研究，以期突破现役防空导弹战斗部的"命中而不能完成预定作战任务"设计局限。

2001年，美国海军地面与空中武器技术项目评估报告表明，美国在活性毁伤材料配方、制备工艺、毁伤效能评估、武器化应用等方面取得了显著进展。美国陆军武器研发工程中心提出了一种整体式终点化学能战斗部（Terminal Chemical Energy Unitary Demolition Warheads）的设计概念，采用活性药型罩实现两级串联聚能战斗部侵爆效应的单级聚能装药战斗部，其作用原理是活性药型罩在聚能装药爆轰波加载作用下形成高速活性射流，在侵彻目标的过程中快速释放化学能，产生强烈的爆炸效应。与传统动能侵彻（KEP）和串联随进型（MWS）战斗部比较，它不仅毁伤威力更大，结构更简单，质量更小，且可有效避免战斗部受着速、着角、攻角等因素的影响。

2003年，TACOM-ARDEC研究中心针对这一聚能战斗部技术理念，设计了4种同质量不同材料（金属铝、零氧平衡型、富氧型和缺氧型）药型罩，并进行了聚能战斗部静爆威力验证实验，结果如图1.36所示。实验结果表明，在相同炸高下，活性药型罩聚能战斗部终点威力比传统金属铝药型罩聚能战斗部的毁伤威力大很多，尤其是零氧平衡型活性聚能装药具有最佳毁伤威力，活性药型罩聚能战斗部比采用同质量金属铝药型罩的聚能战斗部的毁伤威力提高了5倍左右。不同炸高对比实验结果如图1.37所示，当炸高为1.0 CD时，活性射流可显著提高对混凝土靶毁伤效应，但当炸高增至2.0 CD时，活性射流的毁伤效应急剧下降，可见活性射流有利炸高较小，为0.5~1.5 CD。

2007年，美国陆军武器研发工程中心再一次公布了活性材料药型罩及聚能装药战斗部技术研究进展。他们将活性药型罩聚能装药的口径增大到216 mm，

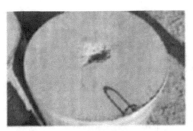

(a)金属铝射流　　　　　　　　(b)缺氧型活性射流

(c)零氧平衡型活性射流　　　　(d)富氧型活性射流

图1.36　不同材料聚能射流对混凝土靶侵彻毁伤效应对比

图1.37　不同炸高下活性聚能装药侵彻混凝土靶实验结果

在1.0 CD炸高下,这种大口径活性聚能战斗部可一举摧毁尺寸为1.5 m×2 m的柱形钢箍混凝土墩靶,如图1.38所示;对标准机场跑道靶标造成的炸坑直径约为1.5 m,如图1.39所示;对尺寸为1.5 m×1.5 m×5.5 m的钢筋混凝土墙侵爆联合毁伤实验结果如图1.40所示。研究人员认为这项聚能-爆破两级串联战斗部毁伤机理的单级聚爆战斗部技术,是迄今为止反混凝土/钢筋混凝土类硬目标最有效的整体爆裂毁伤战斗部,军事应用潜力巨大。

除活性射流技术外,美国于2005年还提出活性毁伤材料爆炸成型弹丸战斗部技术理念,开展了活性材料爆炸成型弹丸成型技术和终点效应实验。结果表明,与惰性金属爆炸成型弹丸相比,活性材料爆炸成型弹丸的毁伤威力显著提高,虽然侵彻能力不如金属爆炸成型弹丸,但侵孔和靶后毁伤范围远大于金属爆炸成型弹丸,毁伤后效可达几十米甚至几百米范围(金属爆炸成型弹丸毁伤范围仅为 1~2 m)。美国已将该项技术率先应用于 SLAM 远程多用途导弹和特种部队地雷等武器平台,如图 1.41 所示。

图 1.38　大口径活性药型罩聚能战斗部侵彻柱形钢箍混凝土墩靶实验结果

图 1.39　大口径活性药型罩聚能战斗部侵彻标准机场跑道靶标实验结果

图 1.40　大口径活性药型罩聚能战斗部对钢筋混凝土墙侵爆联合毁伤实验结果

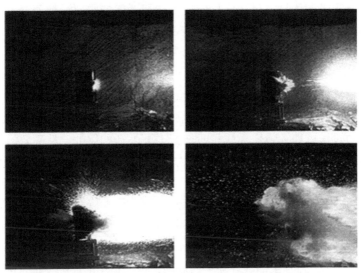

图 1.41 活性材料爆炸成型弹丸战斗部打击油箱威力验证实验

在第 42 届武器系统年会火炮和导弹分会上，Steven N. 等人介绍了包覆式活性材料弹丸增强爆炸成型弹丸技术，其作用原理如图 1.42 所示，活性材料弹丸预制在金属药型罩前，药型罩在聚能装药爆炸的驱动下发生变形，一部分形成爆炸成型弹丸用来破甲，另一部分包裹住活性材料弹丸以较慢的速度在前驱射流后向前飞行，待其碰撞靶板或进入目标内部后，活性材料弹丸发生剧烈爆燃反应，从而提高对靶后目标的毁伤效应，图 1.43 所示为 X 光实验结果。

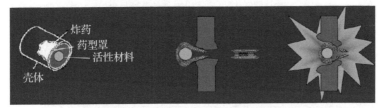

图 1.42 包覆式活性材料弹丸增强爆炸成型弹丸作用原理

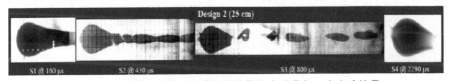

图 1.43 包覆式活性材料弹丸增强爆炸成型弹丸 X 光实验结果

## 1.4.2 活性聚能毁伤机理

利用金属药型罩在聚能装药爆轰作用下形成聚能射流、杆式射流和爆炸成型弹丸等聚能侵彻体打击目标,是现役聚能战斗部的主要设计理念。目前,金属射流破甲能力已达到 8~10 CD 侵彻深度,其不足是对目标造成的破甲孔径较小。爆炸成型弹丸和杆式射流虽可增大侵孔尺寸,但须以牺牲侵彻深度为代价。传统上,聚能战斗部主要用于打击坦克、轻中型装甲战车、水面战舰、潜艇等装甲类目标。但随着现代战场上对高效打击机场跑道、飞机洞库、大型桥梁、大坝水坝、碉堡工事等混凝土/钢筋混凝土类硬目标需求的日趋迫切,聚能战斗部的毁伤机理、毁伤模式和毁伤能力面临新的挑战。从高效毁伤的角度看,打击混凝土/钢筋混凝土类硬目标对战斗部毁伤效能和毁伤模式的要求,更重要的是具有强内爆或大开孔毁伤能力,而惰性金属射流难以满足此要求。活性聚能战斗部技术,为聚能弹药战斗部同时获得大侵孔尺寸和大侵彻深度毁伤效应提供了新的技术途径,受到了国外技术先进国家的高度重视,已成为当前高效毁伤技术领域的重要发展方向。

对于活性药型罩在聚能战斗部上的应用,主要是用活性药型罩全部或部分替代现役聚能装药上的金属药型罩,在主装药爆炸驱动的作用下,可使活性药型罩形成既有良好侵彻能力,又能发生爆炸毁伤的活性聚能侵彻体(活性聚能射流、活性爆炸成型弹丸和活性杆式射流),其不仅可像传统惰性聚能侵彻体一样侵彻/贯穿目标,更重要的是,进入目标内部后可自行发生剧烈爆燃反应,释放大量化学能及气体产物,在目标内部形成很高的超压。为了实现侵彻与内爆双重机理以高效毁伤目标,活性药型罩聚能装药应具备 4 方面的性能,如图 1.44 所示。

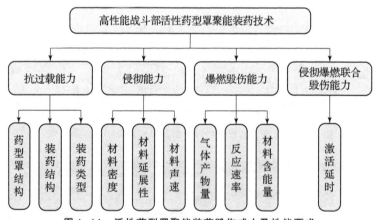

图 1.44 活性药型罩聚能装药毁伤威力及性能要求

(1)抗过载能力。活性药型罩在爆炸载荷驱动作用下应能形成性能良好的活性聚能侵彻体,且在碰撞目标靶之前,应尽量使活性聚能侵彻体不发生化学反应,良好的抗过载性能是活性药型罩武器化应用的关键技术。

(2)侵彻能力。活性药型罩材料应具有一定的密度和延展性,所形成的活性聚能侵彻体尽量具有高密度和高延展性，使之能可靠侵彻一定厚度的目标，这是实现动能侵彻和内爆效应联合毁伤目标的前提。

（3）爆燃毁伤能力。活性聚能侵彻体进入目标内部后应能可靠地发生爆燃化学反应，释放大量化学能，在目标内产生高温气体或爆炸超压等内爆效应，它是活性药型罩所具有毁伤目标的潜能和实现高效毁伤目标的关键。

（4）侵彻爆燃联合毁伤能力。活性药型罩材料应具有一定的激活延时特性，在活性聚能侵彻体成形阶段尽量不发生反应，而侵入目标内适时发生爆燃反应，从而实现动能侵彻和爆燃化学能的双重高效毁伤机理。

活性药型罩的抗过载能力、驱动适应性、侵彻目标能力与活性药型罩结构、装药结构、装药类型、活性材料密度、延展性、声速紧密相关。爆燃毁伤能力则主要取决于活性材料配方设计及制备工艺。配方设计决定了活性材料的密度、声速、延展性、含能量、气体产物量、能量释放速率、激活延时等特性；制备工艺直接关系到活性材料的静、动态机械力学性能等。然而，活性材料的含能量、气体产物量和反应速率主要决定活性聚能侵彻体的爆燃毁伤威力，激活延时主要影响活性聚能侵彻体的侵彻爆燃联合毁伤能力。

活性药型罩及其聚能装药战斗部技术的主要特点是，通过活性聚能侵彻体"动能侵彻"和"内爆效应"双重毁伤机理联合作用，实现对目标结构解体毁伤，从而显著提高聚能战斗部终点毁伤威力。活性聚能侵彻体终点作用原理按作用目标不同，主要分为两类，如图1.45和图1.46所示。

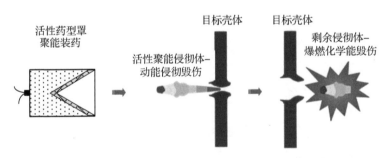

**图1.45　活性聚能侵彻体对防护功能型目标毁伤机理**

这种活性药型罩聚能装药战斗部用于打击机场跑道、飞机洞库、大型油库油罐、集群装甲、大型桥梁等目标，其技术优势主要体现为：

（1）打击机场跑道类目标，适应能力强，毁伤威力大。

打击机场跑道类目标，既能解决现役侵爆型反跑道子弹的威力发挥显著受不同结构强度等级机场跑道和引战配合的制约，又能实现对机场跑道的大爆坑、大隆起、大裂纹、大破坏区域毁伤，特别是在大冲量内爆载荷的作用下，可对跑道混凝土面层以下结构层内造成大洞穴毁伤，大幅提高反封锁修复难度，实现对机场跑道的高效毁伤和封锁。

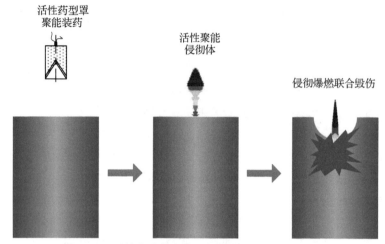

图1.46 活性聚能侵彻体对本体功能型目标毁伤机理

（2）打击机库类目标，开孔大，后效毁伤强。

打击机库类钢筋混凝土目标，应用于两级串联战斗部的前级，可显著增大开孔直径，大幅增大后级随进战斗部装药量，提高毁伤威力；应用于单级战斗部，利用活性射流穿靶后爆炸效应，显著发挥毁伤优势。

（3）打击油库油罐类目标，结构爆裂和引燃能力强。

打击油库油罐类目标，利用动能先穿、化学能后爆毁伤模式，基于活性射流高效动能侵彻-爆炸化学能时序联合作用机理，显著提高对罐壁结构爆裂穿孔毁伤，实现对油料高效引燃，大幅增强摧毁油库油罐类目标的能力。

（4）打击舰船/集群装甲类目标，侵彻能力和后效毁伤强。

打击舰船/集群装甲类目标，利用活性射流高效动能侵彻-爆炸化学能时序联合作用，穿透装甲后，在内爆冲击波、燃烧和高热等效应的作用下，大幅增强对内部技术装备、有生力量的后效毁伤能力。

# 第 2 章
# 活性聚能侵彻体成形行为

## 2.1 数值模拟方法

活性药型罩在聚能装药爆炸的驱动下形成活性聚能侵彻体的过程,是一个相当复杂的力、热、化耦合响应过程。AUTODYN、ANSYS/LS – DYNA 等非线性动力学仿真软件,拉格朗日(Lagrange)算法、欧拉(Euler)算法、欧拉 – 拉格朗日(Euler – Lagrange)耦合算法及 SPH(Smoothed Particle Hydrodynamics)算法的发展,为深入分析活性聚能侵彻体成形行为提供了重要手段。

### 2.1.1 数值算法

**1. 拉格朗日算法**

拉格朗日算法又称为随体法,该方法以物质坐标为基础,在流体运动过程中,追踪流体中各质点,记录质点在运动过程中的各个物理量(如压力 $P$、密度 $\rho$、温度 $T$、流动速度 $u$ 等)随时间变化的规律。拉格朗日算法最主要的特点是将材料附着在网格上,网格与网格内材料为一体,材料不会在网格与网格之间发生流动,如图 2.1 所示。有限元节点即物质点,受外界作用力后,材料连同网格一起移动和变形,质点坐标随材料移动。采用该方法时,结构形状的变化和有限单元网格的变化完全一致。

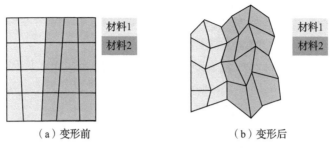

图2.1 拉格朗日网格变形示意

拉格朗日算法在计算时间、材料边界处理和动态力学性质模拟等方面具有两方面显著优势：一是由于网格与材料一起变形，拉格朗日算法易于确定时间历程，可非常精确地描述材料与结构边界运动状态及内部应力应变状态，对模拟固体材料在小变形时的动态行为具有一定优势；二是拉格朗日算法具有单个循环计算时间短、编码简单、材料强度模拟较好、冲击波耗散小的特点。

但基于拉格朗日算法的网格也有一些固有缺点，如网格扭曲严重时会导致计算误差增加、时间步长逐步减小、滑移接触面逻辑关系定义复杂。尤其是当用拉格朗日算法处理大变形问题时，网格缠结会导致计算效率下降，甚至使计算无法执行，在这种情况下则需要重新划分网格。

### 2. 欧拉算法

在欧拉算法中，一个网格单元中可以有不同物质，不同材料在空间网格中可实现物质输送。因此，对于可能产生严重网格扭曲或相互分离材料发生混合的问题，需使用欧拉算法。欧拉算法中，计算网格固定于空间中，不能随物体运动，而材料可在网格中自由流动，如图2.2所示，因此不存在网格畸变问题。各单元体积在计算过程中保持不变，各时刻的速度、压力、密度和温度等物理量均在空间点上进行计算，而非如拉格朗日算法在物质点上计算，因此质量、动量和能量等物理量将跨越单元边界在单元间输运，各单元的质量、动量和能量等不断发生变化。欧拉算法常用于模拟流体、气体及大变形问题。

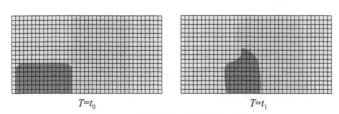

图2.2 欧拉网格材料流动过程

与拉格朗日算法相比，欧拉算法有以下显著特点：

（1）欧拉算法无网格畸变，无须对网格进行重新划分，无须设置侵蚀，适合处理大变形问题，初始状态支持多材料；

（2）欧拉算法只计算质量、动量和能量等物理量在单元间跨越网格边界的输运量，因此难以准确计算材料界面和自由表面位置，因此欧拉算法边界条件的施加比拉格朗日算法更加困难，且精度更低；

（3）欧拉算法中，网格区域需要足够大，以保证有足够的材料流动区域，因此会存在大量空单元（未被材料占据或材料已经流过的单元），而拉格朗日算法只需对物体进行离散，无空单元，如图2.3所示。

（a）拉格朗日网格划分　　　　（b）欧拉网格划分

图2.3　朗格朗日网格与欧拉网格对比

欧拉算法也有其不足，体现为单个循环计算时间长、材料边界不清晰、网格区域过大、冲击波耗散大、强度模拟不精确等。

### 3. 欧拉-拉格朗日耦合算法

欧拉-拉格朗日耦合算法也称为流固耦合算法，可高效、准确地分析流体与固体之间的相互作用。欧拉-拉格朗日耦合算法对爆炸与冲击问题分析优势突出，如计算聚能装药侵彻钢靶，聚能装药采用欧拉网格，靶板采用拉格朗日网格；计算水下爆炸对船体结构破坏效应，水体及炸药采用欧拉算法，船体结构采用拉格朗日算法。

欧拉-拉格朗日耦合算法的特点是，建立几何模型及进行有限元网格划分时，结构与流体的几何区域以及网格可重叠在一起，计算中通过一定约束方法将结构与流体耦合在一起，以实现力学参量的传递，如图2.4所示。

值得注意的是，通过欧拉-拉格朗日耦合算法进行分析时，需要对拉格朗日结构进行约束，并将相关结构参数传递给流体单元。按照算法分类，约束方法包括加速度约束、加速度与速度约束、罚函数约束等。

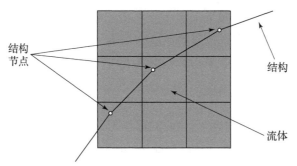

图2.4 欧拉–拉格朗日耦合算法模型

**4. SPH算法**

SPH算法,即光滑粒子流体动力学数值算法,为固体材料大变形,尤其是存在破坏、断裂等极大变形的非线性动力学行为数值模拟提供了新的手段。SPH算法最初是针对求解三维开放空间天体物理学问题而提出的,早期应用主要集中于多变性问题研究领域,如磁流体动力学、传热和传质等。随着SPH算法内涵的逐步清晰和理论框架的日趋完善,时至今日,SPH算法已在众多领域得到了广泛应用,如超高速碰撞数值模拟、弹药战斗部终点效应问题数值模拟、爆炸与强载荷冲击问题数值模拟、计算固体力学问题数值模拟等。

从本质而言,SPH算法是一种无网格拉格朗日算法。与有限元法(FEM)和有限差分法(FDM)等基于网格划分技术的传统数值算法相比,SPH算法通过在计算域中填充具有独立材料性质的SPH粒子来替代网格划分,SPH粒子遵守质量、动量和能量守恒方程。其显著特点主要体现在以下几个方面:

(1) SPH算法通过填充无网格SPH粒子的方法对问题计算域进行描述,计算中无须用预先定义好的网格为SPH粒子之间提供相互连接的信息;

(2) SPH算法的无网格SPH粒子不仅可作为插值近似点,还携带有材料性质并发生运动,使SPH粒子更具灵活性,可与拉格朗日算法和谐结合;

(3) SPH算法守恒方程不受SPH粒子分布状态的影响,可自然处理材料在发生极大变形下的非线性动力学问题,体现了良好的自适应性。

正是SPH算法的无网格SPH粒子特性、拉格朗日算法特性及自适应特性三者的结合,使其在固体大变形非线性动力学问题中得到广泛应用。

## 2.1.2 材料模型

材料模型的选择是非线性动力学数值模拟中的另一个重要环节,在很大程度上决定了分析结果的精度。在非线性动力学仿真过程中,材料运动由质量、动量和能量3个守恒方程来描述,求解这3个方程除了需要正确的初始条件和边界条件外,还需由材料模型来定义各变量之间的关系,包括状态方程、强度模型和失效模型3个方面。按材料性质的不同,失效模型又分为各向同性失效模型、各向异性失效模型和累积失效模型等几种。

## 1. 状态方程

对于活性聚能侵彻体成形行为的数值模拟,常用的状态方程主要有3个,即 Shock 状态方程、JWL 状态方程和理想气体状态方程。

1) Shock 状态方程

Shock 状态方程,即 Mie – Gruneisen 状态方程,是最常用的一种高压固体状态方程。Shock 状态方程是在材料受压密度小于初始密度2倍的小压缩条件下建立的,一般只适用于描述固相材料高压状态,或者说只对遭遇速度在 3 km/s 以下的弹、靶碰撞作用过程有良好的适用性,而基本不适用于对有相变,特别是有气化现象发生的超高速碰撞作用行为的描述。也就是说,在图 2.5 所示 $p-v$ 状态平面内,Shock 状态方程一般只适用于对 I 区状态的描述。

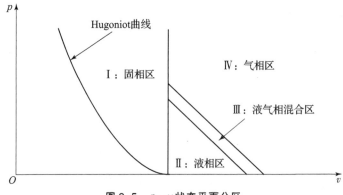

图 2.5 $p-v$ 状态平面分区

在严格的热力学定义上,Mie – Gruneisen 状态方程可表述为

$$\left(\frac{\partial p}{\partial e}\right)_v = \frac{\Gamma(v)}{v} \qquad (2.1)$$

式中,$p$、$v$、$e$ 分别为固体材料的压力、比容及比内能;$\Gamma(v)$ 为 Mie – Gruneisen 系数,并具有以下性质(Mie – Gruneisen 假设条件):

$$\frac{\Gamma(v)}{v} = \frac{\Gamma_0(v_0)}{v_0} \qquad (2.2)$$

式中,$\Gamma_0(v_0)$、$v_0$ 为常态下的 Mie – Gruneisen 系数和比容。

通常,可借助实验测定固体材料压缩特性曲线,如冲击压缩 Hugoniot 曲线、等温压缩曲线、等熵压缩曲线等,来获得式(2.1)的积分形式 Mie –

Gruneisen 状态方程。一般情况下,借助冲击波测量法先获得固体材料的冲击压缩 Hugoniot 曲线,进而得到积分形式的 Mie – Gruneisen 状态方程。

通过状态方程空间曲面(如 $p-v-e$ 或 $p-v-T$)上某种曲线在 $p-v$ 状态平面上的投影,从冲击 Hugoniot 曲线上任选一参考点 $(p_r(v),e_r(v))$,并沿等容线对式(2.1)积分,得到积分形式 Mie – Gruneisen 状态方程:

$$p = p_r(v) + \frac{\Gamma_0(v_0)}{v_0}[e - e_r(v)] \quad (2.3)$$

由于参考点的压力和比内能已知,可建立压力、比容及内能间的关系。

2)JWL 状态方程

JWL 状态方程为高能炸药的爆轰方程,该方程可以很好地描述高能炸药爆轰及爆轰气体膨胀的过程,其表达式为

$$P = A\left(1 - \frac{\omega}{R_1 V}\right)e^{-R_1 V} + B\left(1 - \frac{\omega}{R_2 V}\right)e^{-R_2 V} + \frac{\omega E}{V} \quad (2.4)$$

式中,$p$ 为压力;$e$ 为比内能;$E$ 为爆轰产物的内能;$V$ 为爆轰产物的相对体积;$A$、$B$、$R_1$、$R_2$ 和 $\omega$ 为与炸药有关的常数。

3)理想气体状态方程

最简单的状态方程形式即理想气体状态方程,该方程可从波义尔(Boyle)和吕萨克(Gay – Lussac)定律推导出来,表述为

$$pV = RT \quad (2.5)$$

式中,常数 $R$ 可由通用气体常数 $R_0$ 和气体摩尔质量得到,即

$$R = R_0/M \quad (2.6)$$

理想气体内能仅是温度的函数,可表述为

$$e = c_v T \quad (2.7)$$

式中,常数 $c_v$ 是质量定容热容。

熵的状态方程表述为

$$pV^\gamma = f(S) \quad (2.8)$$

式中,$S$ 为比熵,绝热指数 $\gamma$ 是一个常数。

因为在绝热线上熵是常量,从而具备均匀初始条件的气体状态方程为

$$pV^\gamma = K \quad (2.9)$$

**2. 强度模型**

强度模型是描述材料在冲击载荷作用下,屈服应力与应变、应变率、温度等参量之间复杂关系的数学模型。在活性聚能侵彻体成形数值模拟中,常用材料强度模型有 Johnson – Cook 强度模型、Steinberg – Guinan 强度模型等。

1) Johnson – Cook 强度模型

Johnson – Cook 强度模型是一个能较好地反映材料应变率强化效应与温度软化效应的理想刚塑性强度模型。该模型主要考虑温度和应变率对材料屈服应力的影响,而忽略了外部压力环境的影响。在 Johnson – Cook 模型中,屈服应力 $Y$ 与应变 $\varepsilon$、应变率 $\dot{\varepsilon}$ 和温度 $T$ 之间的关系可表述为

$$Y = (A + B\varepsilon_p^n)\left[1 + C\ln\left(\frac{\dot{\varepsilon}_p}{\dot{\varepsilon}_0}\right)\right]\left[1 - \left(\frac{T - T_0}{T_{melt} - T_0}\right)^m\right] \quad (2.10)$$

式中,$\varepsilon_p$ 为等效塑性应变;$A$ 为准静态下材料屈服强度;$B$、$n$ 为应变硬化影响因子;$C$ 为应变率敏感系数;$m$ 为温度软化指数;相对温度 $T_H = (T - T_0)/(T_{melt} - T_0)$,其中,$T$ 为温度,$T_0$ 为环境室温,$T_{melt}$ 为材料熔点。

在式(2.10)中,右边第一项给出了 $\dot{\varepsilon}_p = 1.0/s$ 和 $T_H = 0$ 时,应力与应变之间的关系;第二和第三项分别描述了应变率和温度对屈服应力的影响。因此,Johnson – Cook 模型可很好地描述材料应变、应变率及温度效应。

2) Steinberg – Guinan 强度模型

Steinberg – Guinan 强度模型的主要特点是,忽略了大应变率下( $>10^5 \, s^{-1}$)对强度影响较小的应变率效应,但考虑高温、高压环境对屈服应力和剪切模量的影响。大应变率条件下,剪切模量 $G$ 和屈服应力 $Y$ 之间的关系可表述为

$$G = G_0\left\{1 + \left(\frac{G'_P}{G_0}\right)\frac{p}{\eta^{1/3}} + \left(\frac{G'_T}{G_0}\right)(T - 300)\right\} \quad (2.11)$$

$$Y = Y_0\left[1 + \left(\frac{Y'_P}{Y_0}\right)\frac{p}{\eta^{1/3}} + \left(\frac{G'_T}{G_0}\right)(t - 300)(1 + \beta\varepsilon)^n\right] \quad (2.12)$$

其中

$$Y_0[1 + \beta\varepsilon]^n \leq Y_{max}$$

式中,$\eta = V_0/V = \rho_0/\rho$,为材料压缩比;$\beta$、$n$ 为硬化功参数;$\varepsilon$ 为有效塑性应变;$G'_P$、$G'_T$ 分别为材料剪切模量的压力系数和温度系数,即剪切模量 $G$ 对压力和温度的一阶偏导数;$G_0$、$Y_0$ 分别为材料在常温下的剪切模量和屈服应力;$Y_{max}$ 为材料屈服极限;其他参数的物理意义同上。

### 3. 失效模型

失效模型为材料在受力作用下发生的失效行为提供了失效准则。按材料性质的不同,失效模型可分为各向同性失效(isotropic failure)、各向异性失效(directional failure)、累积失效(cumulative damage)等几种类型。

对于各向同性材料,如金属、非金属等绝大多数密实材料,由于在各个方向上的力学性能基本相同,不存在明显的方向性,当某些预先设定的参数达到

临界值时即可认为失效，失效行为可以用各向同性失效模型来描述。

对于各向异性材料，如纤维增强复合材料、岩石、混凝土/钢筋混凝土介质等，由于在各个方向上的力学性能存在很大的不同，具有很强的方向性，失效行为需要由能准确判定材料沿各个不同方向发生失效的各向异性失效模型来描述，如 Ortho 模型。但由于这类模型往往比较复杂，有时也常采用累积失效模型近似描述。另外，由于各向异性失效模型无法准确跟踪欧拉网格单元主方向，一般只用于拉格朗日、ALE 网格单元的计算分析。

累积失效模型主要用于描述某些宏观上无明显弹性力学行为的材料失效行为，如陶瓷、混凝土等材料在被压碎瞬间的失效行为。另外，对于材料所受拉应力低于其抗拉极限，但因作用时间足够长而导致材料发生碎裂的失效行为，也可用累积失效模型来描述。比较常用的有 HJC、TCK 等。

另外，还需要说明的是，对于活性聚能侵彻体成形行为及对目标侵彻行为也常通过 SPH 算法进行模拟，计算域通过填充 SPH 粒子实现，因此，使用 SPH 算法时，无须考虑材料失效行为及失效模型问题。

### 2.1.3 算法建模

金属射流成形和侵彻行为数值模拟中，主要采用欧拉算法和欧拉–拉格朗日耦合算法分析。然而，活性聚能侵彻体成形行为具有显著特殊性，主要表现为成形过程中聚能侵彻体的径向膨胀和激活。为了更好地描述该现象，一般采用 SPH 算法，与欧拉算法相比，SPH 算法计算精度更高。本节主要以 AUTO-DYN–3D 为例，介绍活性聚能侵彻体成形行为建模方法。

活性聚能装药主要由活性药型罩、壳体和炸药构成。典型氟聚物基活性材料 PTFE/Al 组分配比为 73.5 wt. % PTFE/26.5 wt. % Al，炸药选择 8701，壳体材料选择 45 钢。聚能装药结构为船尾形，装药口径和长度分别为 48 mm 和 60 mm，壳体厚度为 5 mm，药型罩厚度为 0.1 CD。仿真中，活性药型罩、计算域空气、炸药、壳体所有强度模型、状态方程及失效模型列于表 2.1。

表 2.1 活性聚能装药结构材料模型

| 部件 | 材料 | 状态方程 | 强度模型 | 失效模型 |
| --- | --- | --- | --- | --- |
| 空气 | 空气 | 理想气体 | — | — |
| 药型罩 | PTFE/Al | Shock | Johnson Cook | — |
| 炸药 | 8701 | JWL | — | — |
| 壳体 | 45 钢 | Shock | Johnson Cook | — |

氟聚物基活性材料是一种特殊的含能材料,具有通常条件下惰性钝感、高应变率加载下发生非自持化学反应的特征。对氟聚物基活性材料进行描述,材料模型需包括两部分,一是惰性阶段活性材料的力学行为,二是爆燃反应阶段活性材料的化学能释放行为。此外,还需考虑活性材料反应激活时间等因素,这些因素均增加了活性聚能侵彻体成形行为研究的复杂性。

为了便于分析,仿真中活性药型罩材料采用 Shock 状态方程和 Johnson – Cook 强度模型。45 钢材料的状态方程及强度模型也选用 Shock 状态方程和 Johnson – Cook 强度模型。活性药型罩和 45 钢材料主要参数列于表 2.2。

表 2.2 活性药型罩与 45 钢材料主要参数

| 材料 | $\rho$ /(g·cm$^{-3}$) | $G$ /GPa | $A$ /MPa | $B$ (MPa) | $n$ | $C$ | $m$ | $T_m$ /K | $T_{room}$ /K |
|---|---|---|---|---|---|---|---|---|---|
| 活性药型罩 | 2.27 | 0.67 | 8.04 | 250.6 | 1.8 | 0.4 | 1 | 500 | 294 |
| 45 钢 | 7.83 | 77 | 792 | 510 | 0.26 | 0.014 | 1.03 | 1793 | 300 |

8701 炸药是一种常用混合炸药,爆轰产物通过 JWL 状态方程描述,8701 炸药材料主要参数列于表 2.3,空气材料主要参数列于表 2.4。

表 2.3 8701 炸药材料主要参数

| $\rho$/(g·cm$^{-3}$) | $D$/(km·s$^{-1}$) | $P_{CJ}$/GPa | $e$/GPa | $A$/GPa | $B$/GPa | $R_1$ | $R_2$ | $\omega$ | $v_0$ |
|---|---|---|---|---|---|---|---|---|---|
| 1.71 | 8.315 | 28.6 | 8.499 | 524.23 | 7.678 | 4.2 | 1.1 | 0.34 | 1.00 |

表 2.4 空气材料主要参数

| $\rho$/(g·cm$^{-3}$) | $\gamma$ | $c_p$/[kJ·(kg·K)$^{-1}$] | $c_v$/[kJ·(kg·K)$^{-1}$] | $T$/K | $E_0$/(kJ·kg$^{-1}$) |
|---|---|---|---|---|---|
| 1.225 | 1.4 | 1.005 | 0.718 | 288.2 | $2.068 \times 10^5$ |

活性聚能装药数值模型如图 2.6 所示。

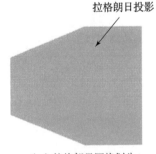 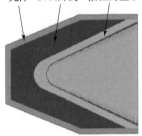

(a) 拉格朗日网格划分　　(b) SPH 粒子填充

图 2.6 活性聚能装药数值模型

## 2.2 类射流活性聚能侵彻体成形行为

锥角较小时，活性药型罩在聚能装药爆炸的驱动下形成类射流活性聚能侵彻体，即活性射流。本节主要通过数值仿真，分析类射流活性聚能侵彻体成形行为、密度分布特性、速度分布特性、温度分布特性及主要影响因素。

### 2.2.1 密度分布特性

密度分布是活性射流的重要特征参数之一，直接决定活性射流成形特性和侵彻能力。活性射流典型成形过程如图 2.7 所示，从图中可以看出，在 $t = 4\ \mu s$ 时，爆轰波到达活性药型罩顶部，顶部密度受爆轰波加载作用快速上升。$t = 10\ \mu s$ 时，活性射流头部初步形成，活性射流头部和活性药型罩外壁面发生了较为明显的膨胀，造成活性射流头部和活性药型罩外壁面密度低于初始密度。与此同时，活性药型罩内壁面密度有所上升，活性射流与杵体交界处活性材料具有最大密度。随着活性药型罩继续运动，活性射流膨胀效应越发明显，$t = 16\ \mu s$ 时，活性射流完全成形，且大部分发生了膨胀，造成密度明显下降。$t = 22\ \mu s$ 时，活性射流头部膨胀效应加剧，粒子特性更加明显，且活性射流整体密度开始下降，活性射流各部分密度差逐渐减小。

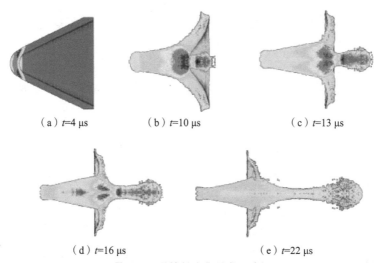

(a) $t=4\ \mu s$ (b) $t=10\ \mu s$ (c) $t=13\ \mu s$

(d) $t=16\ \mu s$ (e) $t=22\ \mu s$

图 2.7 活性射流典型成形过程

典型铜射流成形过程如图 2.8 所示。对比图 2.7 可知，在聚能装药结构相同、药型罩质量相同的条件下，活性射流形态与铜射流形态有明显差异。随着成形时间的增加，活性射流头部不断发散，直径不断增加，出现膨胀效应，表现为不凝聚特性。然而，铜射流在成形过程中不断拉长变细，$t=21$ μs 时，铜射流头部到达 2 倍炸高处，依然具有良好的凝聚性。其主要原因在于，氟聚物基活性材料本质上是一种非金属复合材料，声速一般低于 2 000 m/s，在聚能装药爆炸驱动作用下，罩壁流动速度超过声速时，在碰撞点会产生脱体冲击波，波后活性射流以亚声速流动，导致活性射流沿径向发散，产生不凝聚效应。

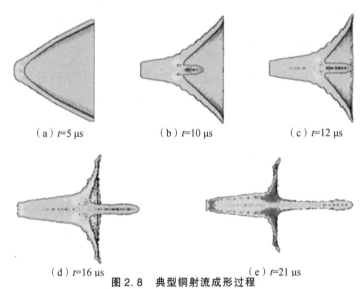

(a) $t=5$ μs　　(b) $t=10$ μs　　(c) $t=12$ μs

(d) $t=16$ μs　　(e) $t=21$ μs

图 2.8　典型铜射流成形过程

由于活性射流和铜射流凝聚性差异较大，因此射流密度差异显著。2 倍炸高处，活性射流与铜射流密度分布对比如图 2.9 所示。可以看出，对于活性射流，在炸高增加的条件下，射流发散，导致射流整体密度明显降低，射流头部到达 2 倍炸高处时，活性射流整体密度均降至 2.0 g/cm³ 以下，头部轴线处密

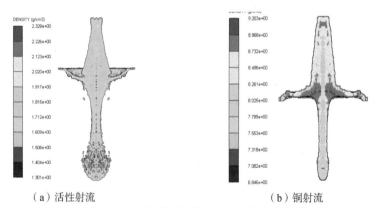

(a) 活性射流　　　　　　　　　　(b) 铜射流

图 2.9　活性射流与铜射流密度分布对比

度甚至降至 1.6 g/cm³ 左右。然而对于铜射流，由于成形过程中保持了较好的凝聚性，射流头部、杵体等不同位置处密度均在 8.0 g/cm³ 以上。

为了进一步分析成形过程中射流密度的变化，在活性药型罩不同位置处分别设置若干观测点，如图 2.10 所示，其中观测点 1~6 位于活性药型罩顶部，观测点 7~13 位于活性药型罩中部，观测点 14~20 位于活性药型罩底部。

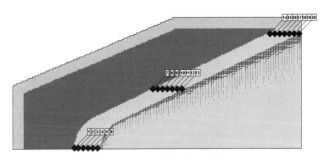

图 2.10 观测点设置

活性药型罩顶部密度随时间的变化如图 2.11 所示。炸药起爆后，爆轰波首先传递至活性药型罩顶部，药型罩顶部受爆轰压力作用而密度迅速增加，并形成第一个密度峰值。随着活性药型罩向轴线位置压垮变形，活性药型罩顶部微元在轴线位置剧烈碰撞，形成第二个密度峰值。随着活性射流头部形成，并沿装药轴线方向运动，活性射流密度迅速下降。而在活性药型罩厚度方向上，活性药型罩内、外层微元密度相较于中间层下降更为显著。

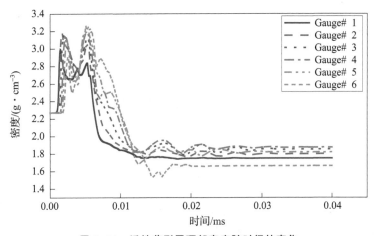

图 2.11 活性药型罩顶部密度随时间的变化

活性药型罩中部及底部密度随时间的变化分别如图 2.12 和图 2.13 所示。活性药型罩中部微元密度的变化与图 2.11 中顶部密度的变化类似，均出现两个波峰,且波峰处活性射流密度值接近。随着活性射流成形,各观测点处微元密度在 1.6~1.8 g/cm³ 范围内,但观测点 6 和观测点 13 处微元密度较低,主要原因在于两个微元均位于活性药型罩内壁,活性射流成形过程中两个微元均位于活性射流头部,由于活性射流头部出现膨胀,因此密度较低。

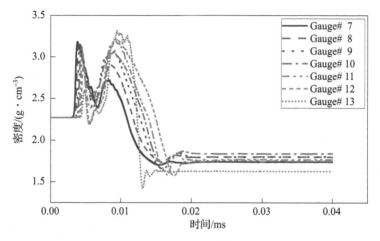

图 2.12 活性药型罩中部密度随时间的变化

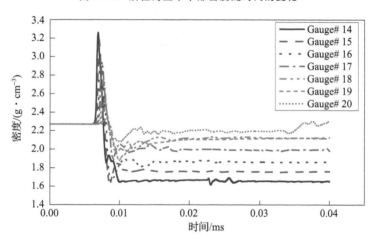

图 2.13 活性药型罩底部密度随时间的变化

活性药型罩顶部、中部、底部微元密度随时间变化的规律差异明显。活性药型罩底部微元在压垮变形和形成活性射流的过程中,仅在爆轰波作用于活性药型罩底部时出现一次波峰,原因在于活性射流成形过程中,活性药型罩底部微元无法彻底向轴线方向压垮闭合,主要形成杵体的侧翼部分,形成活性射流时活性药型罩底部外层比内层微元的密度要低,体现出与图 2.13 中一致的规律。

## 2.2.2 速度分布特性

活性射流与铜射流成形过程中速度分布分别如图 2.14 和图 2.15 所示。与铜药型罩压垮过程类似，活性药型罩内壁速度高，主要形成活性射流；外壁速度低，主要形成杵体。在药型罩质量相同的条件下，活性药型罩因密度较低，射流具有更高的头部速度。而在速度梯度方面，活性射流轴向速度梯度大于铜射流，且活性射流头部具有更大径向速度，导致活性射流头部出现径向膨胀效应。

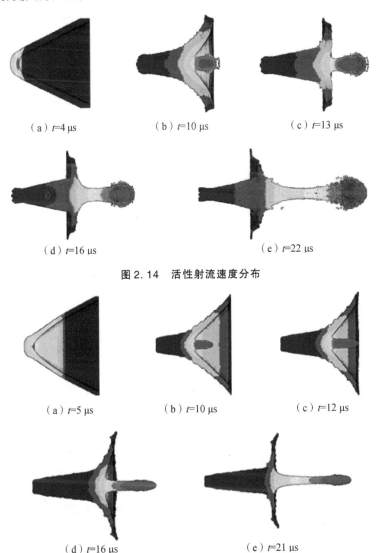

(a) t=4 μs  (b) t=10 μs  (c) t=13 μs

(d) t=16 μs  (e) t=22 μs

图 2.14　活性射流速度分布

(a) t=5 μs  (b) t=10 μs  (c) t=12 μs

(d) t=16 μs  (e) t=21 μs

图 2.15　铜射流速度分布

活性射流头部及杆体速度随时间变化曲线如图 2.16 所示，装药起爆后，活性药型罩受爆轰波作用，向轴线压垮形成高速射流和低速杆体。活性射流头部速度达到 7 800 m/s，杆体速度为 500 m/s。相同装药条件下，铜射流头部速度约为 6 000 m/s，杆体速度约为 300 m/s，表明相较于铜射流，活性射流速度梯度更大。

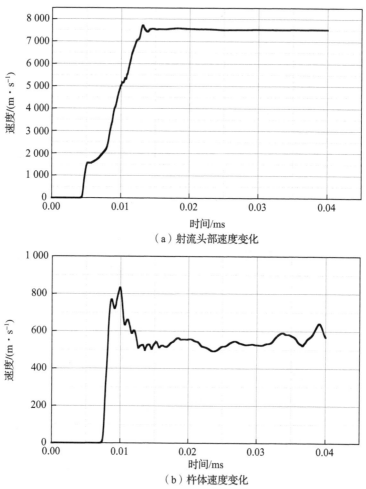

图 2.16 活性射流头部及杆体速度随时间变化曲线

## 2.2.3 温度分布特性

活性药型罩微元在聚能装药爆轰波的作用下，获得压垮和闭合速度，且冲击波会在活性药型罩微元内传播。由于冲击波作用于微元的时序差异，活性药型罩各截面会出现绝热剪切变形，随后罩体材料在速度惯性的作用下相继发生显著挤压剪切及大变形。活性药型罩剪切变形主要包括两部分，一是活性药型罩在冲击波作用下沿垂直表面的绝热剪切变形，二是药型罩在压垮和闭合运动过程中，由于活性射流直径减小而产生的径向挤压剪切变形。

因此，活性射流微元内部温度升高主要由两部分组成，一是冲击波引起的温度升高，二是塑性变形引起的温度升高。而冲击波引起的温度升高与冲击波压力幅值成正比，随冲击波峰值压力的增加而增加。

活性射流成形过程中温度分布数值模拟结果如图 2.17 所示。$t=4~\mu s$ 时，爆轰波到达活性药型罩顶部，造成顶部温度显著上升。在爆炸驱动的作用下，活性药型罩微元继续运动，被压垮并在轴线处发生剧烈碰撞，活性射流头部开始形成，活性射流和杵体交界区域温度最高，如图 2.17（b）和（c）所示。与此同时，可以看出活性药型罩外壁因靠近炸药，温度首先升高，且随着内壁微元在轴线处碰撞，温度也显著升高。活性射流进入自由状态后，头部温度最高，而活性射流与杵体交界区域处温度逐渐下降，如图 2.17（d）和（e）所示。其主要原因在于，在活性射流形成初始阶段，活性射流与杵体界面处微元碰撞十分剧烈，导致交界面部分微元局部温度较高，然而随着微元在轴线处碰撞结束，活性射流和杵体内温度分布趋于稳定。

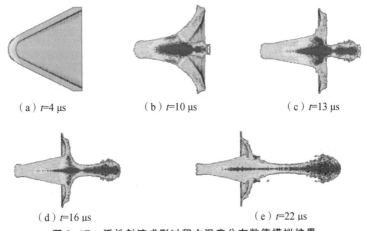

（a）$t=4~\mu s$　　（b）$t=10~\mu s$　　（c）$t=13~\mu s$

（d）$t=16~\mu s$　　（e）$t=22~\mu s$

**图 2.17　活性射流成形过程中温度分布数值模拟结果**

活性药型罩顶部轴线处微元温度随时间的变化如图 2.18 所示。温度峰值首先出现于活性药型罩外壁观测点 1 处，随后，观测点 2～观测点 6 处相继出现温度峰值，且观测点 6 处微元温度峰值最大。这主要是因为装药起爆后，爆轰波首先作用于活性药型罩外壁，再逐渐传至内壁，且内壁在轴线处碰撞较剧烈，从而形成温度峰值。活性药型罩内壁在剧烈碰撞下温度持续上升，该过程持续时间约为 5 μs。装药起爆后约 8 μs 时，活性药型罩内壁温度达到最高值，约为 1 450 K，随后活性药型罩顶部轴线处微元温度逐渐下降并趋于稳定。

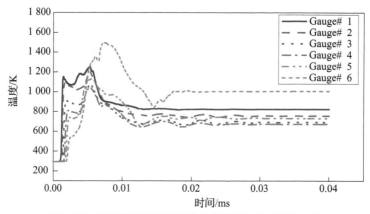

图 2.18　活性药型罩顶部轴线处微元温度随时间的变化

活性药型罩中部微元温度随时间的变化如图 2.19 所示。曲线上存在两处显著温度峰值。第一个温度峰值主要由爆轰波作用于活性药型罩中部使其温度升高造成，第二个峰值则主要由活性药型罩中部被压垮于轴线处发生剧烈碰撞导致，随后温度逐渐下降并趋于稳定。活性药型罩底部微元温度随时间的变化如图 2.20 所示，与活性顶部和中部微元不同，由于底部无法压垮形成活性射流，底部仅在爆轰波作用下产生瞬间温升，随后温度逐渐下降并趋于稳定。

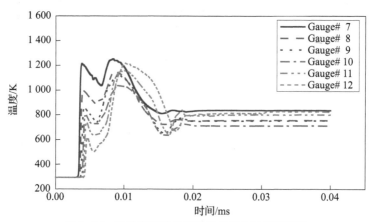

图 2.19　活性药型罩中部微元温度随时间的变化

实际上，与传统金属射流显著不同，活性射流成形过程中不仅受冲击波作用产生温升，同时会被爆轰压力激活，发生一定程度的化学反应，造成温度进一步升高。需要特别说明的是，与炸药、推进剂等显著不同，活性射流的化学反应具有延迟性，即在爆轰波和爆轰产物的共同作用下，材料并不立刻发生化学反应，而是经过一段延迟时间，该延迟时间即活性射流反应弛豫时间。

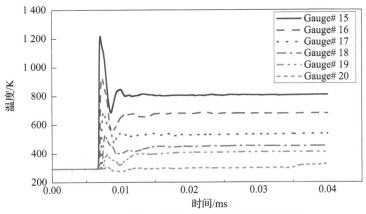

图 2.20 活性药型罩底部微元温度随时间的变化

从机理上分析，在爆炸驱动作用下，活性药型罩材料温升需要一定时间才能导致活性材料聚合物基体发生分解，释放足够多氧化剂后，活性金属粉体才能与氧化剂发生剧烈的化学反应。也就是说，在反应延迟时间之前，活性射流能够发生一定程度的化学反应，但该化学反应仅在局部高温区发生。

同时，活性射流温升也显著影响活性材料化学反应速率。温升越高，化学反应速率越快。可以看出，活性射流成形过程中，局部高温首先出现于杵体与活性射流交界区，活性射流进入自由状态后，头部温度最高，且远高于杵体和侧翼部分，且从活性射流头部至尾部，温度整体呈降低趋势。因此，活性射流头部化学反应速率快，尾部化学反应速率较慢。而该化学反应特性将导致活性射流各部分发生化学反应的时间不同，化学能将分布式时序释放。

## 2.2.4 主要影响因素

活性药型罩聚能装药主要是由活性药型罩、炸药、壳体等结构组成，活性射流成形特性显著受炸药类型、活性药型罩锥角、活性药型罩壁厚影响。

### 1. 炸药类型

在聚能装药中，炸药应满足 4 个方面的要求：一是炸药应具有足够的机械强度，以保证战斗部运输、发射过程中药柱不变形、不破裂；二是主装药应具有合理的爆速和爆压，研究表明，传统惰性金属射流破甲深度一般随炸药爆压增大而提高；三是炸药应具备良好的工艺性和机械感度，成形特性好、密度高、感度低；四是炸药应具有良好的安定性和相容性。

炸药是聚能装药破甲的能量来源，炸药的爆轰压力、密度和形状都会显著影响活性射流成形特性及侵彻能力。随着炸药爆轰压力增加，活性药型罩压垮速度增加，活性射流速度曾高，破甲深度增加。由爆轰理论可知，炸药爆压是炸药爆速和装填密度的函数，对于惰性金属药型罩聚能装药，为提高射流侵彻能力，一般选择高爆速炸药，且通过优化工艺，提高装药密度。然而，对于活性药型罩聚能装药，炸药不仅影响活性射流成形形貌和头部速度，还直接影响活性射流微元温度，进而影响活性材料反应速率与活性射流反应弛豫时间。若炸药爆速与爆压偏低，将导致活性射流头部速度过小，从而影响侵彻威力；反之则会造成活性射流局部微元温度过高，从而加快活性材料化学反应速率，降低活性射流反应弛豫时间，导致活性射流过早发生化学反应，从而降低侵彻威力。

为了研究炸药类型对活性射流成形特性的影响，分别选取 TNT、B 炸药、PBX 和 8701 炸药，炸药类型对活性射流头部速度的影响如图 2.21 所示。从图中可以看出，活性射流头部速度随炸药爆压的增加而增大。主装药为 8701 炸药时，活性射流头部速度最高，可达 8 330 m/s；而主装药为 TNT 时，活性射流头部速度远低于主装药为其他 3 种炸药时，头部速度最高为 6 370 m/s。

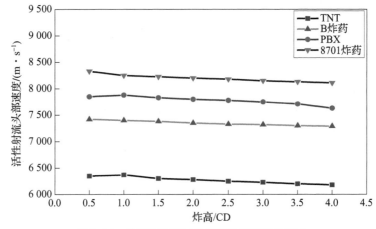

图 2.21　炸药类型对活性射流头部速度的影响

炸高为 1.0 CD 时，炸药类型对活性射流速度分布、温度分布的影响分别如图 2.22 和图 2.23 所示。可以看出，随着炸药爆压增加，活性射流头部发散膨胀程度增加，表明炸药爆压较高不利于活性射流形态良好性。当炸药爆压不断降低时，活性射流的不凝聚问题得到改善，活性射流头部发散程度降低。

从图 2.23 还可看出，装药为 8701 炸药时，活性射流头部至活性射流与杵体交界处大部分微元温度高于 800 K；随着炸药爆压降低，即装药为 B 炸药和 PBX 时，活性射流头部部分微元温度也高于 800 K，但相较于 8701 炸药，温度较高区域有所减小。当装药为 TNT 时，活性射流仅头部轴线处微元温度较高，但未达到 800 K。仅从活性射流形态及温度分布来看，TNT 为较为理想的炸药类型。在实际工程应用中,活性射流头部速度、凝聚性、温度分布等均会显著影响侵彻效应,还需具体结合应用需求,选择合理的炸药类型。

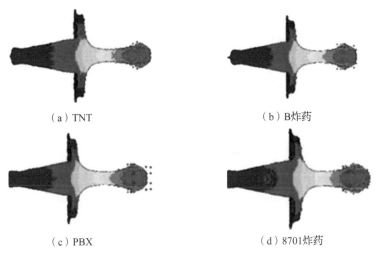

图 2.22 炸药类型对活性射流速度分布的影响

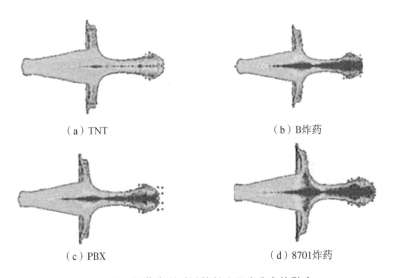

图 2.23 炸药类型对活性射流温度分布的影响

## 2. 活性药型罩锥角

活性药型罩锥角是影响活性射流成形特性的重要参数之一。药型罩锥角较小时,形成的活性射流头部速度较高,但活性射流有效质量较小;药型罩锥角增大时,活性射流头部速度降低,但活性射流有效质量会增加。为了研究活性药型罩锥角对活性射流成形特性的影响,仿真中装药结构其他参数不变,药型罩锥角分别选择45°、50°、55°和60°。活性药型罩锥角对活性射流头部速度的影响如图2.24所示,可以看出,活性射流头部速度随药型罩锥角的增大逐渐减小,药型罩锥角为45°时,活性射流头部速度最高,可以达到8 750 m/s;而药型罩锥角为60°时,活性射流头部速度降低,最高为7 600 m/s。

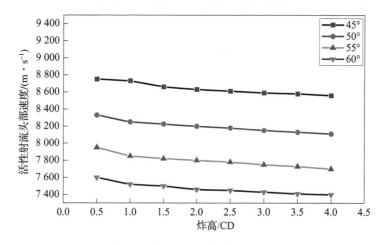

图2.24 活性药型罩锥角对活性射流头部速度的影响

活性药型罩锥角不同时,活性射流速度分布及温度分布数值模拟结果如图2.25和图2.26所示。从图中可以看出,随着活性药型罩锥角的增大,活性射流速度梯度及温度梯度均逐渐减小。更具体地,当活性药型罩锥角为45°时,活性射流高温区分布最广,几乎覆盖整个活性射流头部及活性射流与杆体交界部分;活性药型罩锥角增大至60°时,仅活性射流头部的轴线处及活性射流与杆体交界轴线处有局部区域呈高温分布。

此外,从图2.25和图2.26中还可看出,活性药型罩锥角对活性射流成形形貌也有较大影响。在聚能装药结构和炸药类型给定的条件下,活性药型罩锥角较小时,活性射流头部发散程度较高;随着活性药型罩锥角逐渐增大,活性射流头部膨胀效应减弱,有效质量增加,杆体部分减小。其主要原因在于,活性药型罩锥角的增加可降低活性射流速度梯度,从而提高活性射流的凝聚性以及连续性。但当活性药型罩锥角过大时,活性射流头部速度又会降低,从而影响活性射流的侵彻性能。由此可见,在活性药型罩聚能装药结构设计中,选择合适的活性药型罩锥角对发挥活性射流的毁伤威力至关重要。

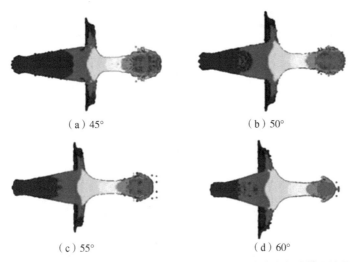

(a) 45°　　　　　　　　(b) 50°

(c) 55°　　　　　　　　(d) 60°

图 2.25　不同活性药型罩锥角下活性射流速度梯度分布数值模拟结果

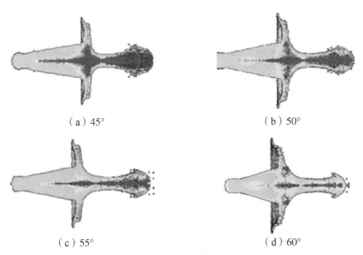

(a) 45°　　　　　　　　(b) 50°

(c) 55°　　　　　　　　(d) 60°

图 2.26　不同活性药型罩锥角下活性射流温度梯度分布数值模拟结果

### 3. 活性药型罩壁厚

活性药型罩最佳壁厚与罩体材料密度、锥角、装药直径和壳体紧密相关。为了研究活性药型罩壁厚对活性射流成形特性的影响，仿真中保持聚能装药的其他参数不变，活性药型罩壁厚分别选择 0.08 CD、0.10 CD 和 0.12 CD。活性药型罩壁厚对活性射流头部速度的影响如图 2.27 所示，从图中可以看出，随着活性药型罩壁厚的增加，活性射流头部速度逐渐下降。活性药型罩壁厚为 0.08 CD 时，射流头部速度最高可达 9 025 m/s；活性药型罩壁厚增加至 0.10 CD 时，活性射流头部速度最高为 8 330 m/s；活性药型罩壁厚进一步增加至 0.12 CD，活性射流头部最高速度下降为 8 000 m/s。从图中还可看出，活性药型罩壁厚增加，活性射流头部速度随着炸高的减小，下降速度逐渐减小。

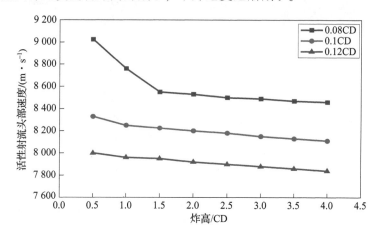

图 2.27　活性药型罩壁厚对活性射流头部速度的影响

不同活性药型罩壁厚条件下，炸高为 1 CD 处活性射流速度梯度与温度分布的影响如图 2.28 和图 2.29 所示。可以看出，活性药型罩壁厚对活性射流速度梯度分布的影响较小。但从活性射流温度分布特性可以看出，随着活性药型罩壁厚的增加，活性射流高温区分布逐渐减少；活性药型罩壁厚为 0.08 CD 时，活性射流高温区几乎遍布整个活性射流头部及活性射流头部与杵体交界区；活性药型罩壁厚为 0.12 CD 时，活性射流高温区约占活性射流头部及杵体交界处一半左右。从活性射流形态的角度分析，不同活性药型罩壁厚所形成的活性射流依然存在不凝聚现象，但活性射流头部发散程度较为相似。

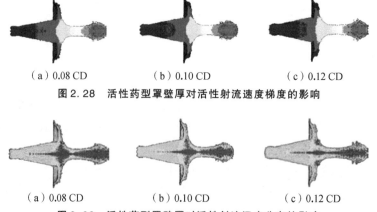

（a）0.08 CD　　　　（b）0.10 CD　　　　（c）0.12 CD

图 2.28　活性药型罩壁厚对活性射流速度梯度的影响

（a）0.08 CD　　　　（b）0.10 CD　　　　（c）0.12 CD

图 2.29　活性药型罩壁厚对活性射流温度分布的影响

## 2.3 类弹丸活性聚能侵彻体成形行为

锥角及曲率半径较大时，活性药型罩在聚能装药爆炸驱动下形成具有较高质心速度和一定结构形状的类弹丸活性侵彻体。本节主要通过数值仿真，分析类弹丸活性侵彻体成形行为，密度、速度、温度的分布特性及主要影响因素。

### 2.3.1 密度分布特性

类弹丸活性聚能侵彻体成形行为通过 SPH 算法进行分析，计算模型如图 2.30 所示。装药口径为 48 mm，长度为 60 mm，装药类型为 8701 炸药，药型罩为球缺形，厚度为 0.1 CD，曲率半径为 70 mm。

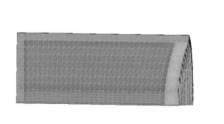

**图 2.30 类弹丸活性聚能侵彻体计算模型**

活性爆炸成型弹丸成形过程如图 2.31 所示。主装药起爆后约 4 μs，爆轰波到达活性药型罩，活性药型罩顶部在爆轰波的作用下开始发生变形，密度增大。$t = 8$ μs 时，爆轰波完全扫过活性药型罩，活性药型罩整体密度进一步增大。$t = 13$ μs 时，活性药型罩顶部发生明显形变，在轴线处发生翻转，在爆轰波和爆轰产物共同作用下，活性药型罩与底部平齐，局部密度开始下降。$t = 20$ μs 时，活性药型罩完全翻转，形成活性爆炸成型弹丸，与此同时，活性药型罩底部开始发生断裂，密度最高处集中于活性药型罩内壁反转形成的侵彻体外部边缘。$t = 33$ μs 时，活性爆炸成型弹丸达到 2 CD 炸高处，活性爆炸成型弹丸底部与主体发生脱离，长径比接近 1。$t = 44$ μs 时，活性爆炸成型弹丸达到 3 CD 炸高处，成形基本完成，形成的活性爆炸成型弹丸呈现短粗、中空特性，密度沿弹丸厚度方向从外到内逐渐下降。

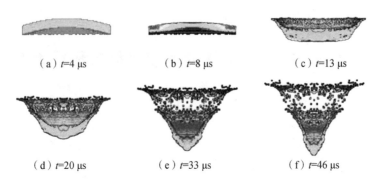

图 2.31 活性爆炸成型弹丸成形过程

在活性爆炸成型弹丸成形过程中,轴线处各观测点的密度随时间的变化如图 2.32 所示。爆轰波作用后,活性药型罩密度迅速上升,且沿轴线内壁处密度最高。与活性射流不同,活性药型罩翻转形成爆炸成型弹丸时,不在轴线处闭合,因此密度曲线不存在由粒子碰撞所形成的二次波峰现象,仅有粒子高速运动及相互干扰引起的波动。随着成形时间推移,爆炸成型弹丸整体密度不断下降并趋于稳定,且在大炸高条件下,头部未出现明显的粒子飞散现象。

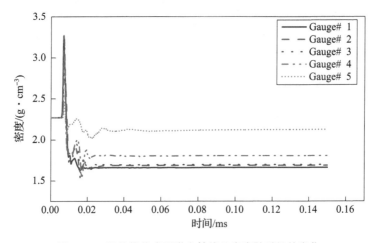

图 2.32 活性爆炸成型弹丸轴线处密度随时间的变化

### 2.3.2 速度分布特性

活性爆炸成型弹丸速度分布如图 2.33 所示。在 $t = 8\ \mu s$ 时,爆轰波完全扫过活性药型罩,药型罩内壁速度逐渐升高。$t = 20\ \mu s$ 时,药型罩发生明显形变并翻转，活性爆炸成型弹丸获得最大速度，由活性药型罩内壁轴线向边沿部分速度逐渐下降，爆炸成型弹丸头部和尾部速度分别约为 3 700 m/s 和 2 400 m/s，相差 1 300 m/s。随着成形时间增加，爆炸成型弹丸头、尾速度较稳定，整体速度较低且速度梯度较小，随着炸高的增大，活性爆炸成型弹丸拉伸并不显著。

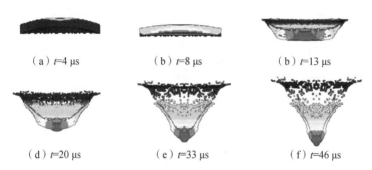

图 2.33　活性爆炸成型弹丸速度分布

轴线处各观测点的速度随时间的变化如图 2.34 所示。在 8～13 μs，装药起爆后，化学能转化为活性爆炸成型弹丸动能，轴线处粒子完全集中于弹丸头部，且速度差很小。随着活性爆炸成型弹丸在空气中翻转成形，头部速度开始下降，最后趋于稳定，活性爆炸成型弹丸轴线处粒子速度约为 3 650 m/s。

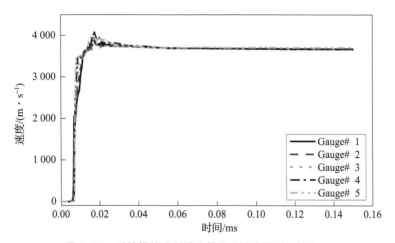

图 2.34　活性爆炸成型弹丸轴线处速度随时间的变化

## 2.3.3　温度分布特性

活性爆炸成型弹丸温度分布如图 2.35 所示。在 $t = 4$ μs 时，爆轰波传至药型罩顶部，药型罩温度尚无显著变化，整体温度仍与室温相同。$t = 8~\mu s$ 时，随着爆轰波扫过活性药型罩，药型罩外壁至内壁温度逐渐降低；随着药型罩发生翻转，从活性爆炸成型弹丸头部至尾部温度逐渐升高，且高温区主要集中于活性爆炸成型弹丸尾部、药型罩底部和断裂飞散区。

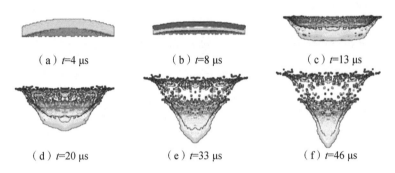

(a) $t=4~\mu s$   (b) $t=8~\mu s$   (c) $t=13~\mu s$

(d) $t=20~\mu s$   (e) $t=33~\mu s$   (f) $t=46~\mu s$

图 2.35　活性爆炸成型弹丸温度分布

活性药型罩轴线处观测点的温度随时间的变化如图 2.36 所示。$t = 8~\mu s$ 时，爆轰波扫过活性药型罩，活性药型罩微元开始迅速升温，观测点距离装药越近，温度越高，观测点 1 处最高温度达到 1 750 K，且距离装药最远的活性药型罩内壁处观测点 5 温度最高，为 400 K。随着活性爆炸成型弹丸在空气中继续向前飞行，温度逐渐下降并趋于稳定，轴线处的温度差约为 600 K。

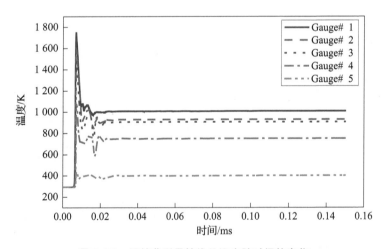

图 2.36　活性药型罩轴线处温度随时间的变化

## 2.3.4 主要影响因素

**1. 炸药类型**

在分析中,维持活性药型罩聚能装药的装药口径为 48 mm,装药长度为 60 mm,活性药型罩厚度为 0.1 CD,活性药型罩曲率半径为 70 mm 不变,分别选择 TNT、B 炸药、PBX 和 8701 炸药作为主装药。炸药类型对活性爆炸成型弹丸头部速度的影响如图 2.37 所示。从图中可以看出,在不同装药条件下,由于炸药爆压不同,活性爆炸成型弹丸头部速度有显著区别,但随炸高的变化趋势相同。4 种炸药所形成的活性爆炸成型弹丸头部速度均在炸高为 1 CD 处达到最大,随着炸高的增大而逐渐降低。装药为 8701 炸药时,活性爆炸成型弹丸头部速度最高,达到 3 900 m/s;装药为 TNT 时,活性爆炸成型弹丸头部速度最低,为 2 870 m/s;PBX 和 B 炸药所形成的活性爆炸成型弹丸,在炸高为 1 CD 处,头部速度分别为 3 610 m/s 和 3 480 m/s。

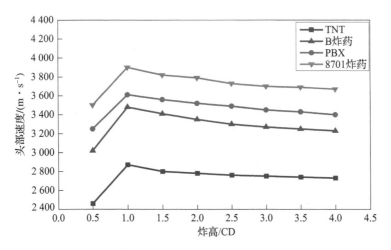

图 2.37 炸药类型对活性爆炸成型弹丸头部速度的影响

在不同装药条件下,活性爆炸成型弹丸在炸高为 3 CD 处的粒子云图、速度分布和温度分布分别如图 2.38 ~ 图 2.40 所示。从粒子云图来看,装药条件主要影响活性爆炸成型弹丸在成形过程中的粒子凝聚性和弹丸长径比。8701 炸药所形成的活性爆炸成型弹丸头部凝聚性最好,而 TNT 形成的活性爆炸成型弹丸头部凝聚性最差,成形较疏松,膨胀效应显著。从活性爆炸成型弹丸速度分布来看,8701 炸药形成的活性爆炸成型弹丸头部和尾部速度差最大,TNT 形成的活性爆炸成型弹丸整体速度差较小。从活性爆炸成型弹丸温度分布来看，装药为 8701 炸药时，活性爆炸成型弹丸整体温度较高，部分微元温度可达 1 000 K；而装药为 TNT、B 炸药和 PBX 时，所形成的活性爆炸成型弹丸头部和尾部温度差较小，且微元温度大都在 600 K 左右。

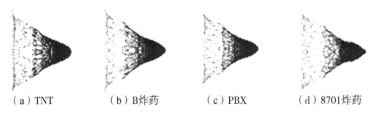

（a）TNT　　　（b）B炸药　　　（c）PBX　　　（d）8701炸药

图 2.38　炸药类型对活性爆炸成型弹丸粒子分布的影响

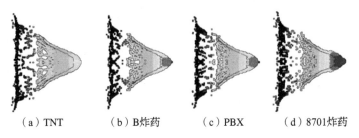

（a）TNT　　　（b）B炸药　　　（c）PBX　　　（d）8701炸药

图 2.39　炸药类型对活性爆炸成型弹丸速度分布的影响

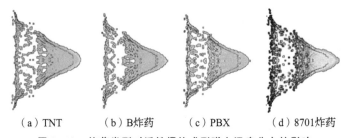

（a）TNT　　　（b）B炸药　　　（c）PBX　　　（d）8701炸药

图 2.40　炸药类型对活性爆炸成型弹丸温度分布的影响

## 2. 活性药型罩曲率半径

保持活性药型罩聚能装药口径为 48 mm，装药长度为 60 mm，装药为 8701 炸药，药型罩壁厚为 0.10 CD 不变，药型罩曲率半径分别取 60 mm、70 mm 和 80 mm，以对比分析药型罩曲率半径对活性爆炸成型弹丸成形行为的影响，计算结果如图 2.41 所示。从图中可以看出，活性爆炸成型弹丸头部速度随罩曲率半径的增大而逐渐降低；曲率半径为 60 mm 时，活性爆炸成型弹丸头部速度最高，在炸高为 1 CD 处，活性爆炸成型弹丸头部速度约为 3 950 m/s；曲率半径增加至 70 mm 和 80 mm 时，活性爆炸成型弹丸头部速度略有下降，在炸高为

1 CD 处,活性爆炸成型弹丸头部速度分别约为 3 900 m/s 和 3 850 m/s。

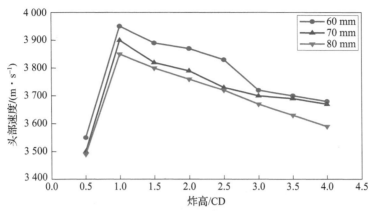

图 2.41　活性药型罩曲率半径对活性爆炸成型弹丸头部速度的影响

在不同活性药型罩曲率半径下,活性爆炸成型弹丸在炸高为 3 CD 处的粒子云图、速度分布和温度分布如图 2.42~图 2.44 所示。活性药型罩曲率半径主要影响活性爆炸成型弹丸长径比,随着曲率半径增大,活性爆炸成型弹丸长径比逐渐减小,形状较短粗;当曲率半径减小至一定程度时,活性爆炸成型弹丸将会向杆式射流,进而向射流过渡。

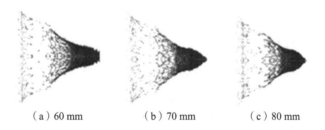

(a) 60 mm　　　(b) 70 mm　　　(c) 80 mm

图 2.42　药型罩曲率半径对活性爆炸成型弹丸粒子分布的影响

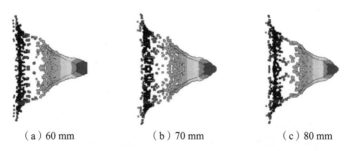

(a) 60 mm　　　(b) 70 mm　　　(c) 80 mm

图 2.43　药型罩曲率半径对活性爆炸成型弹丸速度分布的影响

(a) 60 mm　　　　　(b) 70 mm　　　　　(c) 80 mm

图 2.44　药型罩曲率半径对活性爆炸成型弹丸温度分布的影响

可以看出，在炸高为 3 CD 处，曲率半径为 60 mm 活性药型罩所形成的活性爆炸成型弹丸头部速度约为 3 720 m/s，活性爆炸成型弹丸头、尾部速度差约为 2 150 m/s；曲率半径为 70 mm 的活性药型罩所形成的活性爆炸成型弹丸头部速度约为 3 700 m/s，活性爆炸成型弹丸头、尾部速度差约为 2 130 m/s；曲率半径为 80 mm 的活性药型罩所形成的活性爆炸成型弹丸头部速度约为 3 670 m/s，活性爆炸成型弹丸头、尾部速度差约为 2 110 m/s。

由此可见，活性药型罩曲率半径对活性爆炸成型弹丸头部速度及速度梯度的影响均较小。从活性爆炸成型弹丸温度分布图可以看出，在 3 种曲率半径下，活性爆炸成型弹丸温度分布区别不是很明显，活性爆炸成型弹丸头、尾部温度差也差不多大，可见活性药型罩曲率半径对活性爆炸成型弹丸温度影响不显著。

### 3. 活性药型罩壁厚

保持活性药型罩聚能装药口径为 48 mm，装药长度为 60 mm，装药为 8701 炸药，活性药型罩曲率半径为 70 mm 不变，活性药型罩壁厚分别取 0.08 CD、0.1 CD 和 0.12 CD，以对比分析活性药型罩壁厚对活性爆炸成型弹丸成形行为的影响。

在不同活性药型罩壁厚条件下，活性爆炸成型弹丸头部速度变化规律如图 2.45 所示。可以看出，活性爆炸成型弹丸头部速度随活性药型罩壁厚增大而明显减小。活性药型罩壁厚为 0.08 CD 时，活性爆炸成型弹丸头部速度最高，在炸高为 1 CD 处头部速度约为 4 240 m/s；壁厚为 0.10 CD 和 0.12 CD 的活性药型罩所形成的活性爆炸成型弹丸头部速度大幅下降，在炸高为 1 CD 处，活性爆炸成型弹丸头部速度分别约为 3 900 m/s 和 3 650 m/s。

在不同活性药型罩壁厚下，活性爆炸成型弹丸在炸高为 3 CD 处的粒子云图、速度分布和温度分布如图 2.46 ~ 图 2.48 所示。从图 2.46 可以看出，随着活性药型罩壁厚的增加，活性爆炸成型弹丸头部越密实，尾部透光度越低，且活性爆炸成型弹丸的长径比逐渐增大。从速度分布和温度分布可以看出，活性药型罩壁厚对所形成的活性爆炸成型弹丸速度梯度和温度梯度影响不显著。

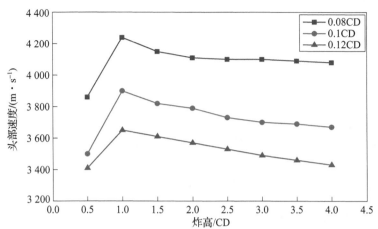

图 2.45　药型罩壁厚对活性爆炸成型弹丸头部速度的影响

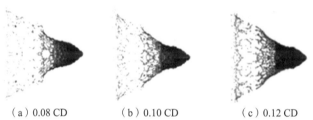

图 2.46　药型罩壁厚对活性爆炸成型弹丸粒子分布的影响

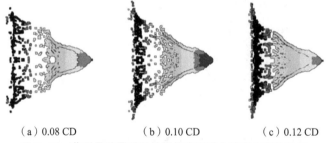

图 2.47　药型罩壁厚对活性爆炸成型弹丸速度分布的影响

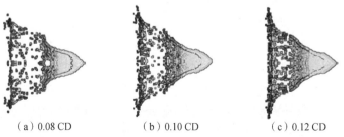

图 2.48　药型罩壁厚对活性爆炸成型弹丸温度分布的影响

## 2.4 类杆流活性聚能侵彻体成形行为

大锥角或扁球壳活性药型罩在聚能装药爆炸驱动下,形成速度高、直径大、速度梯度小的类杆流活性聚能侵彻体。相比于普通射流及爆炸成型弹丸,类杆流活性聚能侵彻体的侵彻能力更强。本节主要通过数值仿真,分析类杆流活性侵彻体成形行为,密度、速度、温度分布特性及主要影响因素。

### 2.4.1 密度分布特性

为了研究类杆流活性聚能侵彻体成形特性,采用 SPH 算法建立活性球缺罩聚能装药计算模型,如图 2.49(a)所示,装药口径为 48 mm,装药长度为 60 mm,装药为 8701 炸药,活性球缺罩厚度为 0.1 CD,活性球缺罩曲率半径为 40 mm,活性球缺罩上观测点设置如图 2.49(b)所示。

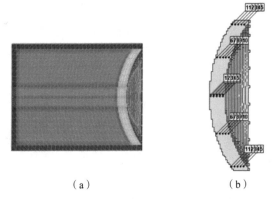

(a)　　　　　　　(b)

图 2.49　类杆流活性聚能侵彻体计算模型及观测点设置

活性杆式射流成形过程及密度随时间的变化如图 2.50 所示。$t = 4$ μs 时,爆轰波到达活性球缺罩顶部,罩顶部受爆轰波作用开始发生变形,密度增大。在 8~10 μs,爆轰波完全扫过药型罩,罩顶部开始发生明显形变,在轴线处翻转,药型罩整体密度增大。随着成形时间增至 12 μs,药型罩底部局部密度开始下降。$t = 20$ μs 时,活性球缺罩完全翻转,聚能侵彻体形状类似爆炸成型弹丸,药型罩底部发生断裂,射流主体发生脱离,活性杆式射流密度最高处集中于药型罩内壁反转形成的射流头部外边缘。随着活性杆式射流分别到达炸高为 2 CD、3 CD 和 4 CD 处,侵彻体逐渐形成,整体密度降低,密度最高处仍集中于活性杆式射流头部外边缘,且由外至内、由头部至尾部,密度均逐渐下降。

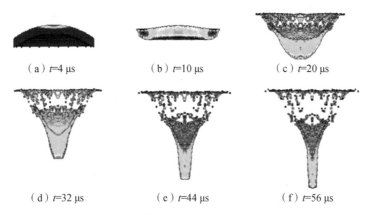

(a) $t=4$ μs       (b) $t=10$ μs       (c) $t=20$ μs

(d) $t=32$ μs      (e) $t=44$ μs       (f) $t=56$ μs

图 2.50　活性杆式射流成形过程密度分布

在炸高为 4 CD 处,活性杆式射流粒子分布如图 2.51 所示。可以看出,活性球缺罩轴线处观测点 1~5 在活性杆式射流尾部至头部均匀分布,活性球缺罩内壁观测点 5 位于活性杆式射流头部。活性球缺罩轴线处的密度随时间的变化如图 2.52 所示,爆轰波作用于活性球缺罩后,密度迅速上升,在入射波及反射波的作用下,活性球缺罩轴线内壁处密度最高。与活性爆炸成型弹丸成形过程类似,活性杆式射流成形过程中,活性球缺罩被压垮翻转形成活性杆式射流,而非在轴线处碰撞、闭合、挤压,因此无密度二次升高现象。随着成形时间的推移,活性杆式射流整体密度不断下降,最终趋于稳定,除头部局部密度较高外,其余观测点所在部位密度为 $1.6 \text{ g/cm}^3 \sim 1.7 \text{ g/cm}^3$。

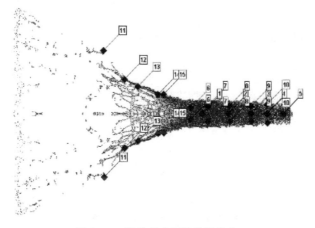

图 2.51　活性杆式射流粒子分布

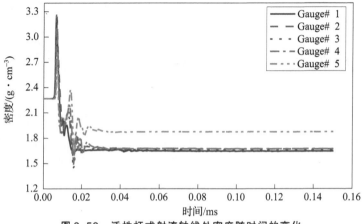

图 2.52 活性杆式射流轴线处密度随时间的变化

## 2.4.2 速度分布特性

活性杆式射流速度分布如图 2.53 所示。在爆轰波到达活性球缺罩顶部至完全扫过药型罩的过程中，罩外壁至内壁速度逐渐升高。$t=12~\mu s$ 时，药型罩内壁速度逐渐升至最高。随着成形时间增至 $20~\mu s$，活性杆式射流出现明显速度梯度，速度由药型罩内壁轴线向边沿部分逐渐下降，活性杆式射流头部至尾部速度也逐渐下降，此时头部速度约为 $4~110~m/s$，尾部速度约为 $3~000~m/s$。随着成形时间继续增加，活性杆式射流逐渐拉长，头部速度逐渐下降，尾部速度略有上升，最后在一定时间内达到稳定平衡，头、尾部速度差约为 $900~m/s$。

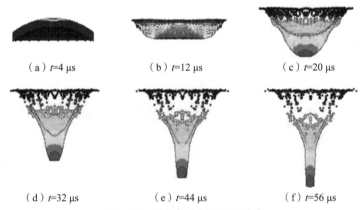

(a) $t=4~\mu s$　　(b) $t=12~\mu s$　　(c) $t=20~\mu s$

(d) $t=32~\mu s$　　(e) $t=44~\mu s$　　(f) $t=56~\mu s$

图 2.53 活性杆式射流速度分布

活性球缺罩轴线处观测点的速度随时间的变化如图 2.54 所示。结合图 2.51，观测点 1~5 均匀分布于活性杆式射流的尾部至头部。从图中可以看出，在初始阶段,各观测点速度保持一致,上升速率基本相同。随着活性杆式射流逐渐形成,各观测点速度差异逐渐增加,且从观测点 1~5,速度逐渐下降。但随着活性杆式射流继续拉伸成形,各观测点速度最终保持恒定。

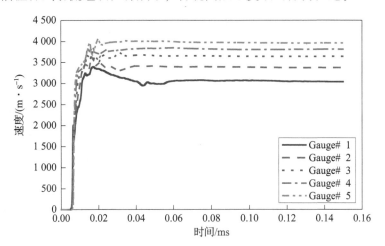

图 2.54　活性杆式射流轴线处速度随时间的变化

## 2.4.3　温度分布特性

活性杆式射流温度随时间的变化如图 2.55 所示。$t = 4~\mu s$ 时,爆轰波刚接触到活性球缺罩顶部,药型罩温度尚未出现变化,整体温度与室温相同。$t = 8~\mu s$ 时,爆轰波扫过药型罩,药型罩外壁温度开始上升,并由内壁向外壁传递。随着活性杆式射流成形并进入自由状态,活性杆式射流从头部向尾部温度逐渐升高,且高温区主要集中于活性杆式射流尾部及断裂飞散区。

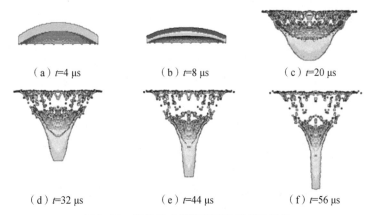

(a) $t=4~\mu s$　　(b) $t=8~\mu s$　　(c) $t=20~\mu s$

(d) $t=32~\mu s$　　(e) $t=44~\mu s$　　(f) $t=56~\mu s$

图 2.55　活性杆式射流温度随时间的变化

活性球缺罩轴线处观测点温度随时间的变化如图 2.56 所示。从图中可以看出，靠近活性球缺罩外壁轴线处的观测点 1 最高温度可达 1 650 K，而距装药最远的活性球缺罩内壁观测点 5 最高温度仅为 800 K。高温区主要集中于活性杆式射流尾部及断裂飞散区，而活性杆式射流头部温度相对较低，这与活性射流温度分布特征显著不同。$t = 56\ \mu s$ 时，活性杆式射流头部与尾部温度分别约为 650 K，头、尾部温差约为 400 K。

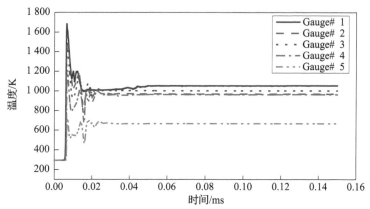

图 2.56　活性杆式射流轴线处温度随时间的变化

### 2.4.4　主要影响因素

**1. 炸药类型**

分别选取 TNT、B 炸药、PBX 和 8701 炸药作为主装药，通过数值模拟获得杆式射流头部速度变化规律，如图 2.57 所示。炸药类型对活性杆式射流头部速度影响显著，随着炸药爆压的增加，杆式射流头部速度逐渐增大。装药为 8701 炸药时，杆式射流头部速度最高，可达 4 300 m/s。相比之下，装药为 PBX 和 B 炸药时，杆式射流头部最高速度分别为 4 000 m/s 和 3 800 m/s。装药为 TNT 时，杆式射流头部速度远低于其他装药，最高速度仅为 3 200 m/s。

不同炸药类型条件下，活性杆式射流在炸高为 4 CD 处的粒子云图、速度分布和温度分布如图 2.58 ~ 图 2.60 所示。从杆式射流粒子云图来看，炸药类型主要影响射流在成形过程中的凝聚性，8701 炸药和 PBX 所形成的杆式射流粒子凝聚性最好；而 TNT 所形成的杆式射流粒子凝聚性较差，成形最为散乱，尾部断裂严重，中空部分占比较大，导致杆式射流有效长径比减小。

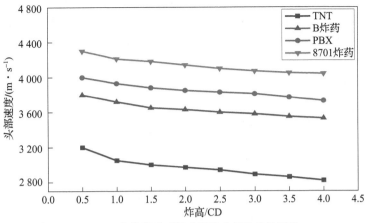

图 2.57　炸药类型对杆式射流头部速度的影响

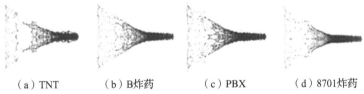

（a）TNT　　　（b）B炸药　　　（c）PBX　　　（d）8701炸药

图 2.58　炸药类型对杆式射流粒子分布的影响

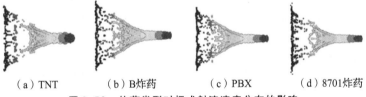

（a）TNT　　　（b）B炸药　　　（c）PBX　　　（d）8701炸药

图 2.59　炸药类型对杆式射流速度分布的影响

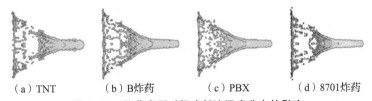

（a）TNT　　　（b）B炸药　　　（c）PBX　　　（d）8701炸药

图 2.60　炸药类型对杆式射流温度分布的影响

从杆式射流速度分布来看，随着炸药爆压的增加，杆式射流头部至尾部速度差逐渐减小。这主要是因为，在炸高为 4 CD 处，杆式射流尾部速度差别不是很大，但 TNT 所形成的杆式射流头部速度降至 2 820 m/s，而 8701 炸药所形成的杆式射流头部速度高达 4 040 m/s。

从杆式射流温度分布来看,炸药类型对杆式射流温度分布的影响与对活性爆炸成型弹丸的影响类似,但与对射流的影响有显著差异。在这种杆式聚能装药结构下,装药为8701炸药时,所形成的杆式射流整体温度较高,杆式射流尾部部分微元温度在1 000 K以上;而装药为TNT、B炸药和PBX时,所形成的杆式射流整体温度均较低,杆式射流头、尾部温度差也较小。

### 2. 活性球缺罩曲率半径

选取曲率半径分别为30 mm、40 mm和50 mm的活性球缺罩,通过数值模拟,不同曲率半径下活性杆式射流头部速度变化规律如图2.61所示。可以看出,随着活性球缺罩曲率半径的增大,活性杆式射流头部速度逐渐下降。曲率半径为30 mm时,活性杆式射流头部速度最高,可达5 100 m/s。曲率半径为40 mm和50 mm时,活性杆式射流头部最高速度分别为4 300 m/s和4 100 m/s。

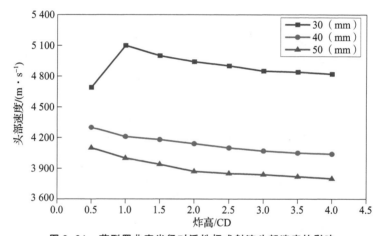

图2.61 药型罩曲率半径对活性杆式射流头部速度的影响

在不同活性球缺罩曲率半径下,活性杆式射流在炸高4 CD处的粒子云图、速度分布和温度分布如图2.62~图2.64所示。可以看出,随着药型罩曲率半径的增大,活性杆式射流有效长径比减小,活性杆式射流逐渐向活性爆炸成型弹丸过渡。

随着活性球缺罩曲率半径的增大,活性杆式射流头部速度逐渐减小,尾部速度逐渐增加,导致活性杆式射流头、尾部速度差逐渐减小,在炸高为4 CD处,活性球缺罩曲率半径为30 mm时所形成的活性杆式射流头、尾部速度差约为3 800 m/s,而药型罩曲率半径为50 mm时所形成的活性杆式射流头、尾部速度差降为2 500 m/s。

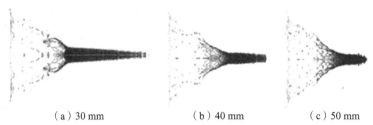

(a) 30 mm　　　　　(b) 40 mm　　　　　(c) 50 mm

**图 2.62　药型罩曲率半径对活性杆式射流粒子分布的影响**

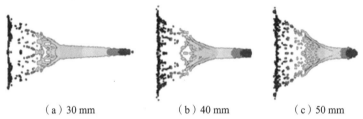

(a) 30 mm　　　　　(b) 40 mm　　　　　(c) 50 mm

**图 2.63　药型罩曲率半径对活性杆式射流速度分布的影响**

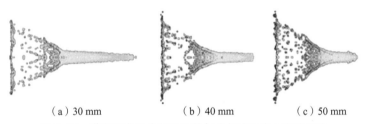

(a) 30 mm　　　　　(b) 40 mm　　　　　(c) 50 mm

**图 2.64　药型罩曲率半径对活性杆式射流温度分布的影响**

从活性杆式射流温度分布来看，活性球缺罩曲率半径对射流温度分布影响显著。活性球缺罩曲率半径为 30 mm 时所形成的活性杆式射流整体温度较低，仅在活性杆式射流尾部出现局部高温区，活性杆式射流头、尾部温差较小；随着活性球缺罩曲率半径增大至 40 mm 和 50 mm，所形成的活性杆式射流整体温度较高，尤其是断裂区温度达到 1 000 K 以上，活性杆式射流尾部高温区随着活性球缺罩曲率半径的增大而显著增加，即活性杆式射流头部低温区占比逐渐减小。

### 3. 药型罩壁厚

选取壁厚分别为 0.08 CD、0.10 CD 和 0.12 CD 的 3 种活性球缺罩，保持聚能装药的其他参数不变，不同壁厚的活性球缺罩所形成的活性杆式射流头部速度随炸高的变化规律如图 2.65 所示。随着活性球缺罩壁厚增大，活性杆式射流头部速度逐渐降低，该变化规律与活性射流和活性爆炸成型弹丸一致。活性球缺罩壁厚为 0.08 CD 时，活性杆式射流头部速度最高，可达 4 430 m/s，而活性球缺罩壁厚为 0.10 CD 和 0.12 CD 时，活性杆式射流头部最高速度分别为 4 300 m/s 和 4 200 m/s。

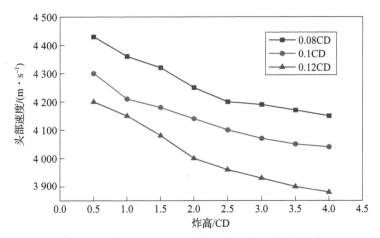

图 2.65　药型罩壁厚对活性杆式射流头部速度的影响

此外，在炸高范围 0.5 CD ~ 1.5 CD 内，壁厚为 0.10 CD 和 0.08 CD 的活性球缺罩所形成的活性杆式射流头部速度差，比壁厚为 0.12 CD 和 0.10 CD 的活性球缺罩所形成的活性杆式射流差值大。然而，当炸高增加至 2.0 CD 后，壁厚为 0.12 CD 和 0.10 CD 的活性球缺罩所形成的活性杆式射流头部速度差比壁厚为 0.10 CD 和 0.08 CD 时的差值大。这表明，采用较厚的活性球缺罩时，不仅形成的活性杆式射流头部速度更低，射流存速能力也更差。事实上，活性球缺罩壁厚对活性杆式射流质量有较大影响，活性球缺罩壁厚越大，活性杆式射流侵彻时形成的后效毁伤更显著，因此在应用时还需综合速度和质量，确定活性球缺罩壁厚。

不同壁厚的活性球缺罩所形成的活性杆式射流在炸高为 4 CD 处的粒子云图、速度分布和温度分布如图 2.66 ~ 图 2.68 所示。在活性杆式射流形貌方面，活性球缺罩壁厚主要影响活性杆式射流的直径和长径比，随着活性球缺罩壁厚增加，活性杆式射流直径变大，但长度变化较小，导致活性杆式射流长径比减小。从活性杆式射流速度分布来看，活性球缺罩壁厚对活性杆式射流速度梯度影响不显著。从活性杆式射流温度分布来看，活性球缺罩壁厚对活性杆式射流温度分布有一定影响，活性球缺罩壁厚较小时，活性杆式射流整体温度较高，尤其是断裂区和活性杆式射流尾部；随着活性球缺罩壁厚增加，活性杆式射流整体温度降低，活性杆式射流头部低温区占比逐渐增大。

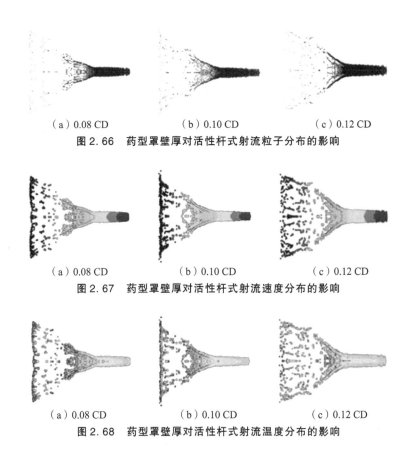

(a) 0.08 CD　　　　　　　(b) 0.10 CD　　　　　　　(c) 0.12 CD

图 2.66　药型罩壁厚对活性杆式射流粒子分布的影响

(a) 0.08 CD　　　　　　　(b) 0.10 CD　　　　　　　(c) 0.12 CD

图 2.67　药型罩壁厚对活性杆式射流速度分布的影响

(a) 0.08 CD　　　　　　　(b) 0.10 CD　　　　　　　(c) 0.12 CD

图 2.68　药型罩壁厚对活性杆式射流温度分布的影响

## 2.5　活性聚能侵彻体成形实验

不同于传统惰性金属药型罩，活性毁伤材料药型罩在成型装药高应变率爆炸载荷作用下，除形成聚能侵彻体外，还可能被激活并发生化学反应，从而影响活性聚能侵彻体成形行为。本节主要介绍活性毁伤材料药型罩制备方法、成型脉冲 X 光实验方法及活性药型罩聚能装药结构设计方法。

### 2.5.1　活性药型罩制备

活性药型罩材料的显著技术特点是，既有类金属材料的机械力学性能，又有类含能材料的冲击爆炸性能。因此，对活性药型罩材料的性能要求，除密度、强度、声速、延展性外，还体现在含能量、气体产物量、激活延时、反应速率等方面。密度主要影响活性聚能侵彻体的侵彻能力，含能量、气体产物量和反应速度主要决定活性聚能侵彻体的爆炸威力性能，激活延时主要影响活性聚能侵彻体侵爆联合毁伤能力，而声速、强度和延展性则主要影响活性聚能侵彻体的形貌和速度分布。如何兼顾诸多性能要求，是高性能弹用活性药型罩材料技术研究难点。从研究工作看，活性药型罩设计方法可分为活性药型罩材料配方设计、活性药型罩制备工艺及力学性能测试 3 个方面，如图 2.69 所示。

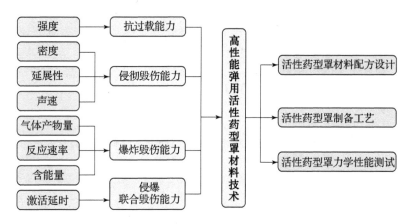

图 2.69　活性药型罩设计方法

## 1. 活性药型罩材料配方设计

配方设计研究需要解决的关键问题是组分筛选和配比设计，其直接决定了活性药型罩材料的含能量、气体产物量、激活延时、反应速率、音速和材料密度等性能。从配方体系上看，可分为高分子聚合物基体粉体和填充活性金属粉体两类组分，国内外采用较多的典型基础配方体系是含氟高分子聚合物/铝粉。为了提高活性药型罩材料密度，增强聚能毁伤元的侵彻能力，往往需要在基础配方体系中添加一定量高密度金属粉体，但这会降低活性混合体系的含能量，并致使粉体模压成型难以致密，导致活性药型罩材料实际密度下降。

活性金属粉体形状，特别是粒度大小，会对活性药型罩材料的激活时间、能量释放速率和聚爆联合毁伤效应产生显著影响。粉体粒度越小，比表面积越大，点火弛豫时间越短，反应速率越快，导致炸高减小。为了使聚能毁伤元在成形过程中保持足够长的延时，不被激活发生爆炸，粉体粒度选择十分关键。

在活性药型罩材料设计方法方面，一般通过反应动力学、爆炸力学和颗粒表面点火反应分析，实现对活性粉体混合体系含能量、气体产物量、激活延时、反应速率、材料密度等性能的优化，从而实现对能量释放激活延时的有效控制。

## 2. 活性药型罩制备工艺

活性药型罩力学性能主要取决于其制备工艺。通过预混合、模压成型和烧结硬化工艺，可以制备出强度、致密性、收缩率满足要求的活性药型罩。

聚合物基体材料一般为结构松散、易结块的高分子聚合物粉体，由于其表面能较低，因此难以和填充粉体均匀混合。聚合物基体材料预处理方法主要包括干燥、碎化、过筛等步骤，在预处理过程中，应严格按照各工艺环节的温度、湿度、时间要求，最终获得无团聚、粒度均匀、流散性良好的基体材料。

对于含能填充粉体，预处理前需保证粉体材料密封完好、干燥、未被氧化，其质量根据活性药型罩材料配方确定。称重完成的聚合物基体与含能粉体通过 V 筒混料机、剪切混合机等设备，在惰性气氛保护下实现均匀混合。

模压成型即通过特定模具，在一定压制压力、压制时间、压制方式条件下，将活性毁伤材料粉体压制成特定形状、密度的活性药型罩的过程。

模压成型中，模具一般由顶模、外模和底模 3 部分组成。模压成型基本流程为：首先，按照单个活性药型罩的质量，称取所需要活性毁伤材料粉体，并均匀装填于模腔内；然后，设定压制压力、压制时间、压制方式，通过防爆压机对混合粉体进行压制；最后，通过退模，获得压制成型的活性药型罩。

需要特别说明的是，压制压力、压制时间、压制方式等由活性毁伤材料配方、活性药型罩几何形状、活性药型罩密度要求等决定。压制压力过低，活性药型罩孔隙率较大，实际密度较低，影响聚能侵彻体成形行为及破甲效应；压制压力过高，易导致活性药型罩开裂。除压制压力外，在模压过程中还应注意压制速度，保证顶模下降速度不要过快。均匀而缓慢地增加压力至规定值后，根据活性药型罩质量的不同，还应保压一定的时间，以完成压力的传递；保压过程完成后，将成型的活性药型罩退出模腔，模压成形工艺完成。

为进一步提升模压成型活性药型罩机械强度，还需对活性药型罩进行烧结硬化。烧结硬化一般分为升温、保温、降温等阶段。升温阶段是对聚合物基体相变行为的调控过程。在升温过程中，活性毁伤材料粉体吸收热量，温度逐渐上升，达到聚合物基体熔点时，其晶体结构转变为无定形结构。熔化后聚合物基体受表面张力作用，发生黏性流动和凝聚融合，使聚合物基体与含能粉体不断扩散和混合，从而形成良好结合。因此，调控升温阶段温度历程，控制基体从晶体态向无定形态转变，是实现活性毁伤材料试样组分之间良好结合的关键。

在保温过程中，聚合物分子运动加剧，颗粒间的界面消失，成为密实、连续的整体，同时含能粉体不断在熔融态基体中运动、分散，并与黏性基体材料充分结合。保温时间主要由活性药型罩的几何特性决定，对于尺寸、厚度较大的活性药型罩，一般应设定较长的保温时间，以保证罩体由表及里充分完成热交换。

在冷却硬化阶段，活性药型罩整体温度下降，聚合物基体由表及里从无定形态向重结晶态转变，熔融态聚合物基体停止流动，含能粉体组分充分嵌入和包覆，组分间强度增加，显著提高了活性药型罩的力学强度。活性药型罩制备工艺流程如图 2.70 所示。制备得到的活性药型罩样品如图 2.71 所示。

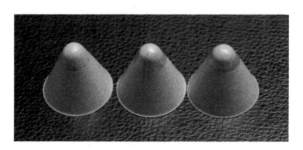

图 2.70 活性药型罩制备工艺流程

图 2.71 活性药型罩样品

## 2.5.2 脉冲 X 光实验

活性药型罩聚能装药主要由电雷管、起爆药、主装药和活性药型罩组成。活性聚能侵彻体成形行为通过脉冲 X 光实验进行分析。基本实验原理如图 2.72（a）所示，在两个 X 射线管轴线交点处，设置炸高支架并放置活性药型罩聚能装药。通过电雷管起爆主装药后，活性药型罩形成活性聚能侵彻体。为两个成一定角度的 X 射线管设置不同的触发延迟时间，可获得活性聚能侵彻体成形过程中两个不同时刻的形貌，从而为活性聚能侵彻体成形行为分析提供支撑。实验现场布置如图 2.72（b）所示。

以聚能装药开始爆轰为零时刻，X 光拍摄时间分别为 $t_1 = 18$ μs 和 $t_2 = 24$ μs。不同时刻活性聚能侵彻体形貌如图 2.73 所示，两个时刻所形成的活性聚能侵彻体头部到达位置分别约在炸高为 1 CD 和 2 CD 处，活性聚能侵彻体头部速度分别约为 7 300 m/s 和 7 230 m/s，且在 $t_1$ 和 $t_2$ 时刻，活性聚能侵彻体头部均呈现出不同程度的发散和膨胀效应。在 $t_1$ 时刻，活性聚能侵彻体外形轮廓及头、尾形状均较清晰,能够明确区分射流与杵体部分,整个侵彻体的连续性和对称性均较好,并有较高的同轴性。在 $t_2$ 时刻,活性聚能侵彻体的连续性、对称性和同轴性良好,但轮廓模糊,尤其是射流部分,头部难以观察到明显边界。与 $t_1$ 时刻相比,在 $t_2$ 时刻聚能侵彻体直径加粗,体积变大,密度变小。

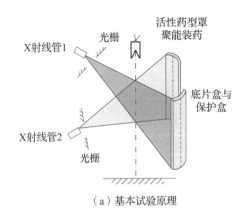

(a)基本试验原理　　　　　　　　(b)试验现场布置

图 2.72　脉冲 X 光实验原理及现场布置

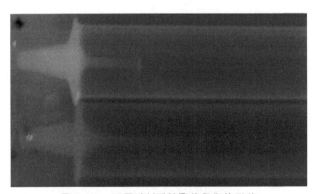

图 2.73　不同时刻活性聚能侵彻体形貌

事实上,聚能装药爆炸载荷强度瞬间可达 20 GPa 以上,作用于活性药型罩,超过活性材料激活阈值,将导致活性药型罩形成射流过程中发生化学反应。但是需要注意的是,活性药型罩轴向和径向的尺寸都较大,爆炸驱动过程中罩体各处受到的激活压力和载荷有所不同,导致活性聚能侵彻体化学反应及能量释放并不同时发生。通过数值模拟可知,射流头部温度最高,在成形过程中最先发生化学反应,且随着时间的推移,反应程度逐渐增加。X 光实验结果也很好地验证了活性聚能侵彻体成形过程中的这一反应特性。对比脉冲 X 光实验及数值仿真结果,数值模拟中虽未引入活性材料爆燃反应,但从活性聚能侵彻体成形形貌、头部速度、射流长度等方面来看,其仍具有重要参考性。

### 2.5.3 活性药型罩聚能装药结构设计

**1. 活性射流凝聚性条件**

数值模拟与成形实验表明，在活性药型罩形成活性射流的过程中，头部易出现发散膨胀效应。为获得活性射流凝聚性条件，现基于惰性金属射流成形条件、凝聚性条件及 PER 理论，分析活性射流凝聚性条件。

PER 理论计算模型如图 2.74 所示，图中 $\alpha$ 为活性药型罩半锥角，$\delta$ 为变形角，$\beta$ 为压垮角，$v_0$ 为压垮速度，$v_1$ 为碰撞点运动速度，$v_2$ 为活性药型罩相对流动速度。在 $\triangle PAB$ 中，$\angle PBA = \dfrac{\pi}{2} - \alpha - \delta$，通过正弦定理可得

$$\frac{v_0}{\sin\beta} = \frac{v_1}{\sin\left(\dfrac{\pi}{2} - \beta + \alpha + \delta\right)} \tag{2.13}$$

$$\frac{v_0}{\sin\beta} = \frac{v_2}{\sin\left(\dfrac{\pi}{2} - \alpha - \delta\right)} \tag{2.14}$$

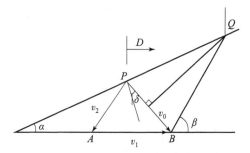

图 2.74　PER 理论计算模型

根据几何关系，又有

$$\sin\delta = \frac{v_0}{2U} \tag{2.15}$$

式中，$U$ 为爆轰波沿 $PQ$ 扫过活性药型罩表面的速度，可表述为

$$U = \frac{D}{\cos\alpha} \tag{2.16}$$

式中，$D$ 为炸药爆速。

联立式（2.15）和式（2.16），可得

$$v_0 = \frac{2D\sin\delta}{\cos\alpha} \tag{2.17}$$

通过式（2.17），可将压垮速度 $v_0$ 与炸药爆速 $D$ 进行联系。

将式（2.17）代入式（2.13）与式（2.14），可得

$$v_1 = \frac{2D\sin\delta\cos(\beta-\alpha-\delta)}{\sin\beta\cos\alpha} \tag{2.18}$$

$$v_2 = \frac{2D\sin\delta\cos(\alpha+\delta)}{\sin\beta\cos\alpha} \tag{2.19}$$

在静止坐标系中，活性射流速度 $v_j$ 可表述为

$$v_j = v_1 + v_2 = \frac{2D\sin\delta\cos\left(\dfrac{\beta}{2}-\alpha-\delta\right)}{\sin\dfrac{\beta}{2}\cos\alpha} \tag{2.20}$$

研究表明，活性射流凝聚性与活性药型罩相对流动速度 $v_2$ 和活性药型罩材料声速 $c$ 有关。$v_2 < c$，活性药型罩相对流动速度为亚声速，将形成密实、凝聚的活性射流；$v_2 > c$，活性药型罩相对流动速度为超声速，碰撞点产生冲击波，冲击波后射流又以亚声速碰撞，这种情况将不会形成凝聚性活性射流。由此可见，活性射流凝聚性在很大程度上取决于活性药型罩材料声速。活性药型罩材料声速较高，将有利于形成凝聚性活性射流。

一般来讲，活性药型罩材料声速 $c$ 远低于普通惰性金属材料，因此适用于惰性金属药型罩聚能装药的一些设计原则，将不适用于活性药型罩聚能装药设计。按射流最大头部速度设计原则，易使活性药型罩相对流动速度 $v_2$ 大于材料声速，导致活性射流出现不凝聚现象。然而，活性药型罩相对流动速度 $v_2$ 也不能过小，否则会影响活性射流头部速度，尤其是当 $v_2$ 过小时，活性药型罩将无法形成活性射流。通过数值仿真可知，对于给定的聚能装药结构，通过改变活性药型罩结构或装药类型，如活性药型罩锥角增大或炸药爆速减小，均可以有效改善活性射流头部发散程度，从而提高活性射流能量及利用率。

**2. 炸药爆速与活性药型罩锥角的匹配性**

活性药型罩相对流动速度 $v_2$ 与活性药型罩半锥角 $\alpha$、炸药爆速 $D$、压垮角 $\beta$、变形角 $\delta$ 有关。射流形成定常成形理论下，$\beta$、$\delta$ 为常数，$v_2$ 只与 $\alpha$、$D$ 有关，即活性射流凝聚性与活性药型罩锥角及炸药爆速相关。从式（2.20）可以看出，活性药型罩半锥角 $\alpha$ 和炸药爆速 $D$ 则同时决定活性射流头部速度。当活性药型罩材料确定时，在保证活性射流形貌良好的同时，应使活性射流具有较大的头部速度，可对活性药型罩半锥角 $\alpha$ 及炸药爆速 $D$ 进行匹配设计。

令式（2.19）中的 $v_2 = c$，当变形角 $\delta$ 为 10°时，取活性材料声速 $c$ 为 1 500 m/s、2 000 m/s、2 500 m/s 三种，可得到炸药爆速与活性药型罩锥角的

关系，如图 2.75 所示。从图中可以看出，给定活性药型罩材料声速时，曲线上各点描述在一定活性药型罩锥角下，活性射流凝聚时所能承受的最大炸药爆速，或在该炸药爆速下，活性射流凝聚时所最对应的最小活性药型罩锥角。从曲线形态上来看，炸药爆速与活性药型罩锥角之间呈近似线性关系，对某给定材料的活性药型罩，当活性药型罩锥角与炸药爆速对应位置位于曲线下方时，表明该活性药型罩聚能装药会形成凝聚态活性射流；若位于曲线上方，则表明形成的活性射流会呈现非凝聚特征。

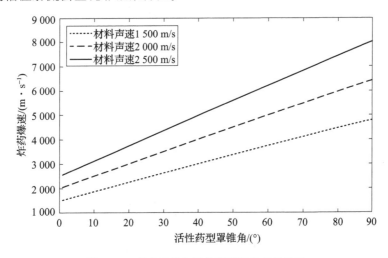

图 2.75　炸药爆速与活性药型罩锥角的关系

当活性药型罩材料给定时，随着活性药型罩锥角的增大，活性药型罩在形成凝聚态活性射流时所需要的最大炸药爆速也不断增加。例如，当活性材料声速为 2 000 m/s 时，活性药型罩锥角为 60° 时，对应的最大临界炸药爆速为 4 987 m/s，也就是说，当所用炸药爆速高于这个临界值，所形成的活性射流就会出现不凝聚现象，且随着炸药爆速的进一步提高，活性射流不凝聚现象更严重。

然而，当活性药型罩锥角为 80° 时，对应的最大临界炸药爆速增至 5 944 m/s，临界炸药爆速的增加会大幅提升活性射流头部速度，且可选择的炸药种类也会增加。由此可见，最大炸药爆速与活性药型罩锥角之间的关系曲线对活性药型罩聚能装药结构设计具有重要的意义，通过调整活性药型罩锥角及与之对应的炸药类型，就可有效改善活性射流凝聚性问题。

对于给定的药型罩结构，提高活性材料声速时，最大临界炸药爆速也会大幅提高。具体表现为，活性材料声速从 1 500 m/s 增加到 2 000 m/s 及 2 500 m/s 时，活性药型罩锥角为 60°，对应临界炸药爆速从 3 740 m/s 提高到 4 987 m/s 及 6 234 m/s，这表明活性材料声速每提高 500 m/s，临界炸药爆速提高 25% ~

33%。对于给定的聚能装药结构,除了改变活性药型罩锥角和炸药类型外,还可通过改良活性材料配方或制备工艺,提高活性药型罩材料声速。

**3. 凝聚性条件下活性射流头部速度**

根据射流成形准定常理论,改变活性药型罩锥角或炸药爆速均会直接影响活性射流头部速度,从而进一步影响活性射流侵彻效应。在活性射流凝聚的前提下,可得到活性射流头部速度和活性药型罩锥角之间的关系,如图 2.76 所示。从图中可以看出,活性射流头部速度随活性药型罩锥角的增大而不断增加,即当所形成的活性射流为凝聚态时,活性药型罩锥角越大,所形成的凝聚态活性射流头部速度越高。这一点与惰性金属射流的成形规律有所不同。

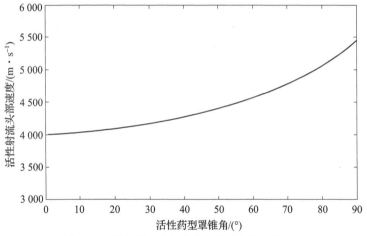

图 2.76 活性射流头部速度与药型罩锥角的关系

一般来讲,金属射流头部速度与药型罩锥角成反比。活性药型罩材料确定时,随着活性药型罩锥角的增加,形成凝聚态活性射流所需的临界炸药爆速增大,且临界炸药爆速与活性射流头部速度成正比。由此可见,在活性药型罩聚能装药结构设计中,需对活性药型罩锥角和临界炸药爆速进行匹配性设计,综合考虑活性射流头部速度和凝聚性。换句话说,聚能装药结构、活性药型罩材料和锥角给定时,并非炸药爆速越高,活性射流侵彻效应就会越好,而是要根据着活性药型罩锥角选择合适的炸药类型。

活性材料声速不同时,活性射流头部速度与活性药型罩锥角之间的关系如图 2.77 所示。从图中可以看出,活性药型罩锥角给定时,活性射流头部速度随着活性材料声速的增加而不断增加。这主要是因为,活性材料声速较高时,形成凝聚态活性射流所需的临界炸药爆速越大,相同活性药型罩锥角下,炸药爆速的提高会使活性射流头部速度显著提高。具体表现为，活性药型罩锥角为60°、活性材料声速分别为1 500 m/s、2 000 m/s和2 500 m/s时，形成凝聚态活性射流所需的最大临界炸药爆速分别约为3 740 m/s、4 987 m/s和6 234 m/s，所对应的凝聚态活性射流头部最大速度分别为3 428 m/s、4 571 m/s和5 714 m/s，即活性材料声速提高500 m/s，凝聚态活性射流头部最大速度约提高1 143 m/s。结合图2.75，对于给定的活性药型罩结构，通过提高活性材料声速，可以选择炸药爆速较高的炸药类型，从而保证活性射流头部速度。

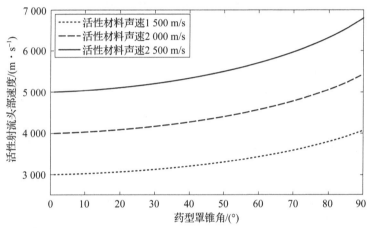

图2.77 不同活性材料声速下活性射流头部速度与药型罩锥角的关系

当活性药型罩锥角为80°，活性材料声速为1 500 m/s、2 000 m/s和2 500 m/s时，形成凝聚态活性射流所需最大临界炸药爆速分别约为4 458 m/s、5 944 m/s和7 429 m/s，对应凝聚态活性射流头部最大速度分别为3 798 m/s、5 064 m/s和6 360 m/s，活性射流头部速度约提高1 260 m/s。活性药型罩锥角越大，材料声速每提高500 m/s，凝聚态活性射流头部最大速度增幅越大。其主要原因在于，对于给定的活性药型罩锥角，活性材料声速提高时，凝聚态活性射流成形对应的临界炸药爆速显著增加，使活性射流头部速度显著提高。

# 第 3 章
# 活性聚能侵彻体化学能释放行为

# 3.1 化学能分布式释放模型

在成型装药爆炸驱动下,活性药型罩形成聚能侵彻体,不但可以对目标产生类似惰性聚能侵彻体的机械贯穿毁伤,还可以通过活性聚能侵彻体的化学能分布式释放特性,实现对目标的高效侵爆联合毁伤。本节主要介绍类射流、类弹丸、类杆流3类活性聚能侵彻体化学能分布式释放模型。

## 3.1.1 类射流活性聚能侵彻体释能模型

数值模拟结果表明,爆炸载荷加载下,活性药型罩及聚能侵彻体结构产生了复杂的应力、温度、变形场。由于类射流、类弹丸、类杆流聚能侵彻体成形特性不同,活性材料冲击激活及化学能分布式释放效应差异显著。

类射流活性聚能侵彻体化学能分布式释放行为如图3.1所示,主要包括活性药型罩爆炸加载、活性射流激活弛豫及化学能分布式释放3个阶段。

第一阶段,成型装药爆炸产生载荷作用于活性药型罩。在高幅值爆炸载荷作用下,活性药型罩结构产生复杂的压力、温度、速度场,导致活性药型罩被压垮,开始形成活性聚能侵彻体。在爆炸载荷加载过程中,活性药型罩顶部所受爆轰加载时间最早,顶部内层受到的冲击压力最大,且持续加载时间最长;随着爆轰波传至活性药型罩底部,冲击波压力不断衰减,使活性药型罩底部受到的冲击波压力减小;与活性药型罩外层相比,由于远离炸药,活性药型罩内层材料受到的冲击波压力更小。在以上活性药型罩结构不同位置处载荷及变形状态作用下，活性射流开始形成，长度为 $L_1$。

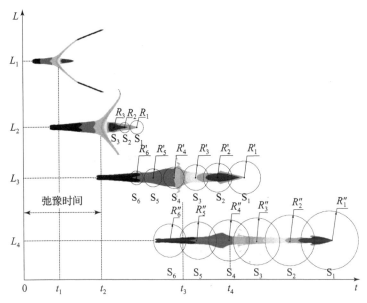

图 3.1　类射流活性聚能侵彻体化学能分布式释放行为

第二阶段，经爆炸冲击波加载，活性药型罩整体温度升高，随着药型罩压合，罩微元在轴线处高速碰撞，导致对称轴附近微元温度进一步升高，且在射流拉伸过程中，由于塑性变形，温度进一步升高，此时活性侵彻体前端活性材料被激活，直至 $t_2$ 时刻，达到活性材料激活弛豫时间。此时，活性聚能侵彻体长度为 $L_2$，前端活性材料发生爆燃反应，产生初始化学能分布式释放效应，依次产生冲击波 $S_1$、$S_2$、$S_3$，对应冲击波传播半径分别为 $R_1$、$R_2$、$R_3$。由于各反应点反应时序差异，$R_1 > R_2 > R_3$。与此同时，活性聚能侵彻体后部杵体形成，变形过程中温度继续升高，由于未到达激活弛豫时间，未发生反应。

第三阶段，由于沿轴线方向存在速度梯度，活性聚能侵彻体不断拉伸、变长，在 $t_3$ 时刻，长度为 $L_3$。除前端活性材料持续发生爆燃反应，冲击波半径分别增加至 $R_1'$、$R_2'$、$R_3'$ 外，活性聚能侵彻体后端活性材料达到激活弛豫时间，开始发生爆燃反应，产生冲击波 $S_4$、$S_5$、$S_6$，对应冲击波传播半径分别为 $R_4'$、$R_5'$、$R_6'$。随着活性侵彻体继续拉伸变形及运动，各反应点持续爆燃，冲击波传播半径进一步增加至 $R_1'' \sim R_6''$，完成整个化学能分布式释放过程。

需要特别说明的是，活性材料反应的剧烈程度与其密度、尺寸密切相关。密度和尺寸增大，反应速率减小。因此对活性聚能侵彻体而言，其化学能分布式释放行为显著受成形过程中的压力场、温度场、速度场、密度场和质量场分布影响，在研究其化学能分布式释放行为时，需综合考虑以上因素。

基于以上类射流活性聚能侵彻体成形及化学能分布式释放过程，建立类射流活性聚能侵彻体释能模型，为了便于问题分析，作如下假设：

（1）类射流活性聚能侵彻体头部和杆体均近似锥形；
（2）类射流活性聚能侵彻体可划分为多个微元，各微元互不干扰；
（3）各微元为均为圆柱形，连续分布；
（4）类射流活性聚能侵彻体成形过程中，总质量不变。

基于以上假设，以活性射流前部与杆体分界面中点为原点，建立二维平面物质坐标系，类射流活性聚能侵彻体化学能分布式释放计算模型如图3.2所示。

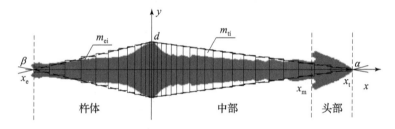

图 3.2　类射流活性聚能侵彻体化学能分布式释放计算模型

根据类射流活性聚能侵彻体的形状，其可分为头部、中部及杆体3部分。各部分母线可分别通过函数 $f_t(x)$、$f_m(x)$、$f_e(x)$ 进行描述。

类射流活性聚能侵彻体头部、中部、杆体部分质量可分别表述为

$$M_t = \rho_t \int_{x_m}^{x_t} f_t(x) \, dx \quad (3.1)$$

$$M_m = \rho_m \int_0^{x_m} f_m(x) \, dx \quad (3.2)$$

$$M_e = \rho_e \int_{x_e}^{0} f_e(x) \, dx \quad (3.3)$$

式中，$x_t$、$x_m$、$x_e$ 为类射流活性聚能侵彻体头部、中部及杆体坐标，可通过脉冲 X 光实验获得；$\rho_t$、$\rho_m$、$\rho_e$ 分别为侵彻体头部、中部及杆体平均密度，对于惰性金属侵彻体，可取药型罩材料密度，对于活性侵彻体，一般通过仿真获得。

侵彻体总质量可表述为

$$M = M_t + M_m + M_e \quad (3.4)$$

更一般地，以坐标原点为分界线，可将类射流活性聚能侵彻体分为射流前部和杆体，两部分均可等效为锥体，前、后部锥体的锥角分别为 $\alpha$、$\beta$。

类射流活性聚能侵彻体前部划分为 $n_t$ 个微元，各微元编号 $i$ 为 1，2，

$3, \cdots, n_t$,各微元质量为 $m_{ti}$,类射流活性聚能侵彻体前部总质量表述为

$$M_t = \sum_{i=1}^{n_t} m_{ti} \tag{3.5}$$

类射流活性聚能侵彻体后部划分为 $n_e$ 个微元,各微元编号 $i$ 为 $1、2、3, \cdots, n_e$,各微元质量为 $m_{ei}$,类射流活性聚能侵彻体后部总质量表述为

$$M_e = \sum_{i=1}^{n_e} m_{ei} \tag{3.6}$$

此时,类射流活性聚能侵彻体总质量可表述为

$$M = \sum_{i=1}^{n_t} m_{ti} + \sum_{i=1}^{n_e} m_{ei} \tag{3.7}$$

根据准定常射流成形理论,射流微元速度可表述为

$$v = v_0 \frac{1}{\sqrt{\left(y_2^2 - \dfrac{\mu}{m_i}\right)\ln\dfrac{y_2^2}{y_2^2 - 1}}} \tag{3.8}$$

式中,$v_0$ 为药型罩平均压合速度,$m_i$ 为微元质量,$\mu$ 为内、外层之间微元质量,$y_2$ 为外层与内层微元质量之比。

药型罩外层、内层微元运动速度可分别表述为

$$v_2 = v_0 \frac{1}{\sqrt{y_2^2 \ln \dfrac{y_2^2}{y_2^2 - 1}}} \tag{3.9}$$

$$v_3 = v_0 \frac{1}{\sqrt{(y_2^2 - 1) \ln \dfrac{y_2^2}{y_2^2 - 1}}} \tag{3.10}$$

药型罩外层形成杵体部分,内层形成射流前部,则图 3.2 中,射流后部和前部平均速度分别为 $v_2$ 和 $v_3$。

射流前部、后部长度分别为 $x_t$、$x_e$,在 $t$ 时刻,根据质量守恒定律,有

$$x_t = v_3 t \tag{3.11}$$

$$x_e = v_2 t \tag{3.12}$$

在化学能分布式释放过程中,爆燃波从侵彻体前端向尾部传播。假设爆炸加载下,冲击波传播速度为 $D_s$,在 $t$ 时刻,冲击波传播距离可表述为

$$x_t = D_s t \tag{3.13}$$

被激活的类射流活性聚能侵彻体质量为

$$\sum_{i=1}^{n_{ti}} m_{ti} = \frac{1}{2} x_t^2 \tan\frac{\alpha}{2} \rho_t \tag{3.14}$$

活性材料激活弛豫时间为 $\tau$ 时,爆炸冲击波在 $t - \tau$ 时刻之前传播过的类

射流活性聚能侵彻体完全反应，释放全部化学能，总释放能量可表述为

$$E(t) = \frac{v_3(t-\tau)}{D_s} \cdot v_3(t-\tau) \tan\frac{\alpha}{2} \rho_t E_0 \qquad (3.15)$$

式中，$E_0$ 为单位质量活性材料理论含能量。式（3.15）即类射流活性聚能侵彻体化学能随时间分布释放模型。

在空间尺度上，类射流活性聚能侵彻体不断拉伸、运动。在物质坐标系 $xoy$ 的基础上，建立空间坐标系 $x'o'y'$，在 $t$ 时刻，类射流活性聚能侵彻体运动至位置

$$x' = \frac{\sum_{i=1}^{n_t} v_3 + \sum_{i=1}^{n_e} v_2}{n_t + n_e} t = \frac{\sum_{i=1}^{n_t} \frac{x_t}{t} + \sum_{i=1}^{n_e} \frac{x_e}{t}}{n_t + n_e} t \qquad (3.16)$$

类似地，活性材料激活弛豫时间为 $\tau$ 时，在 $x'$ 处，总释放能量可表述为

$$E(x') = \frac{\frac{x_t}{t}(t-\tau)}{D_s} \cdot \frac{x_t}{t}(t-\tau) \tan\frac{\alpha}{2} \rho_t E_0 \qquad (3.17)$$

式（3.15）即类射流活性聚能侵彻体化学能随空间分布释放模型。

## 3.1.2　类弹丸活性聚能侵彻体释能模型

类弹丸活性聚能侵彻体化学能分布式释放过程如图 3.3 所示。在 $t_1$ 时刻，主装药起爆后，活性药型罩顶部在爆轰波作用下开始发生变形，密度增大，温度升高。爆轰波完全扫过活性药型罩后，罩体内压力及温度进一步升高，活性药型罩顶部发生明显形变，在轴线处发生翻转，形成类弹丸活性聚能侵彻体头部。

在 $t_2$ 时刻，活性药型罩继续翻转、拉伸，顶部形成侵彻体头部的同时，活性药型罩底部开始形成侵彻体尾裙，侵彻体长度增加至 $L_2$。由于侵彻体头部中心位置的压力、温度最高，活性材料首先发生激活。达到激活弛豫时间后，首先在激活点发生化学反应，依次产生冲击波 $S_1$、$S_2$，对应冲击波传播半径分别为 $R_1$、$R_2$，且 $R_1 > R_2$。与此同时，侵彻体继续运动拉伸，变形进一步加剧，温度进一步升高，侵彻体后部材料未到达激活弛豫时间，未开始反应释能。

在 $t_3$ 时刻，尾裙部分已基本成形，侵彻体长度为 $L_3$，高温区域进一步扩大，除冲击波 $S_1$、$S_2$ 的传播半径增加至 $R'_1$、$R'_2$ 外，活性材料反应产生冲击波 $S_3$，对应传播半径为 $R'_3$，由于反应时序差异，此时，$R'_1 > R'_2 > R'_3$。

在 $t_4$ 时刻，侵彻体基本成形，长度为 $L_4$，尾部材料激活之后，继续反应释放化学能，产生冲击波 $S_4$、$S_5$，此时冲击波传播半径进一步增加至 $R''_1 \sim R''_5$，直至最终时刻所有材料发生化学反应，释放全部化学能。

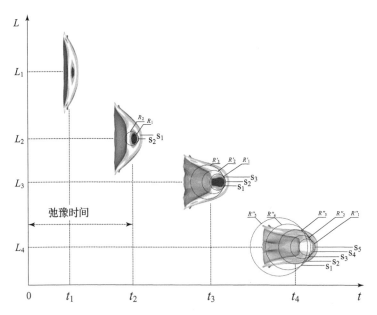

**图 3.3 类弹丸活性聚能侵彻体化学能分布式释放过程**

需要特别说明的是,与类射流活性聚能侵彻体不同,类弹丸活性聚能侵彻体长径比较小,各微元间速度梯度较小,活性材料激活及化学反应呈一定时序分布特性,但化学能分布式释放效应并不显著。

基于类弹丸活性聚能侵彻体成形及化学能分布式释放过程,建立类弹丸活性聚能侵彻体释能模型,为了便于分析问题,作如下假设:

(1) 类弹丸活性聚能侵彻体沿活性药型罩轴向线性分布;
(2) 类弹丸活性聚能侵彻体可划分为多个微元,各微元互不干扰;
(3) 各微元均为截锥体,微元之间无速度梯度;
(4) 类弹丸活性聚能侵彻体在成形过程中总质量不变。

基于以上假设,以侵彻体尾部端面中点为原点,建立二维平面物质坐标系,类弹丸活性聚能侵彻体化学能分布式释放计算模型如图 3.4 所示。

活性药型罩初始曲率半径为 $R_b$,壁厚为 $t$,则活性药型罩总质量可表述为

$$M = \frac{4}{3}\pi\rho_0 [R_b^3 - (R_b - t)^3] \tag{3.18}$$

式中,$\rho_0$ 为活性药型罩材料密度。

活性药型罩直径为 $d_0$,内壁顶部中心距活性药型罩底部高度为 $h$,划分为 $n$ 个微元,各微元对应角度为 $\Delta\varphi$,则微元宽度可表述为

$$L_i = 2\tan\frac{\Delta\varphi}{2}R_b \tag{3.19}$$

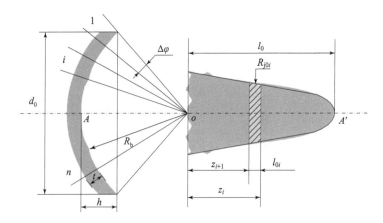

图 3.4 类弹丸活性聚能侵彻体化学能分布式释放计算模型

微元质量可表述为

$$m_i = L_i t \rho_0 = \frac{\frac{4}{3}\pi\rho_0 [R_b^3 - (R_b - t)^3]}{n} \quad (3.20)$$

在成型装药爆炸加载下,活性药型罩被压垮,形成爆炸成型弹丸,爆炸成型弹丸头部微元速度与罩顶部微元 $m$ 速度相同,即

$$v_j = v_m$$

考虑各微元速度差异时,罩顶部微元速度 $v_m$ 最高,其余微元速度为

$$v_i = v_m - \Delta v(i-1) \quad (3.21)$$

经过时间 $t$ 后,活性药型罩顶部微元 $A$ 运动至 $A'$,形成爆炸成型弹丸头部,则

$$t = \frac{L_0 + R_b}{v_m} \quad (3.22)$$

在爆炸载荷作用下,活性药型罩外层首先与爆轰波作用,同时向内翻转,形成侵彻体头部,温度、压力最高,首先发生激活。在继续成形过程中,侵彻体中部及尾裙部分温度逐渐升高,相继发生激活。由于侵彻体各微元之间速度梯度较小,因此各微元激活时间间隔较小。达到激活弛豫时间后,相继发生爆燃反应,释放化学能,可表述为

$$E(t) = \sum_{i=1}^{n} m_i E_0 = \sum_{i=1}^{n} L_i \frac{L_0 + R_b}{v_m} \rho_0 E_0 = \sum_{i=1}^{n} \frac{\frac{4}{3}\pi\rho_0 \left[R_b^3 - \left(R_b - \frac{L_0 + R_b}{v_m}\right)^3\right]}{n} E_0 \quad (3.23)$$

在空间尺度上,总释能量可表述为

$$E(t) = \sum_{i=1}^{n} m_i E_0 = \sum_{i=1}^{n} L_i \frac{(L_0 + R_b)t}{x} \rho_0 E_0 \tag{3.24}$$

### 3.1.3 类杆流活性聚能侵彻体释能模型

类杆流活性聚能侵彻体化学能分布式释放过程如图 3.5 所示。爆轰波到达活性药型罩顶部后，活性药型罩顶部首先发生变形，压力、温度快速升高。在爆轰波完全扫过活性药型罩的过程中，活性药型罩顶部开始发生明显形变，活性药型罩逐渐完全翻转，在 $t_1$ 时刻，聚能侵彻体形状类似爆炸成型弹丸，长度为 $L_1$。

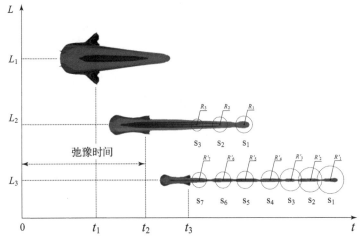

**图 3.5 类杆流活性聚能侵彻体化学能分布式释放过程**

虽然各微元速度梯度较类射流活性聚能侵彻体明显更小，但类杆流活性聚能侵彻体在运动及成形过程中不断拉伸延长，在 $t_2$ 时刻，长度为 $L_2$。由于微元在轴线处剧烈压合及碰撞，侵彻体内层温度较高，外层温度较低，前端活性材料微元首先被激活，达到弛豫时间后，发生化学反应，依次产生冲击波 $S_1$、$S_2$、$S_3$，对应冲击波传播半径分别为 $R_1$、$R_2$、$R_3$，且 $R_1 > R_2 > R_3$。

在继续拉伸过程中，类杆流活性聚能侵彻体逐渐形成，整体密度降低，且由外至内、由头部至尾部，密度均逐渐下降。由于各微元存在速度梯度，侵彻体断裂为多个微元，各微元以类似爆炸成型弹丸的方式，相继反应释能，产生冲击波 $S_4 \sim S_7$，对应冲击波传播半径变为 $R'_1 \sim R'_7$。需要特别说明的是，由于各微元内速度梯度较小，密实度较类射流活性聚能侵彻体更高，因此类杆流活性聚能侵彻体化学能分布式释放效应的连续性介于类射流与类弹丸活性聚能侵彻体之间，但各微元释能效应相对集中，因此化学能随空间分布释放效应更为显著。

基于类杆流活性聚能侵彻体成形及化学能分布式释放过程，建立类杆流活性聚能侵彻体释能模型，为了便于问题分析，作如下假设：

（1）类杆流活性聚能侵彻体沿活性药型罩轴向线性分布；

（2）类杆流活性聚能侵彻体可划分为多个微元，各微元互不干扰；

（3）各微元均为圆柱体，各微元密度沿轴线方向非均匀分布；

（4）类杆流活性聚能侵彻体在成形过程中总质量不变。

基于以上假设，以侵彻体尾部前端面中点为原点，建立二维平面物质坐标系，类杆流活性聚能侵彻体化学能分布式释放计算模型如图3.6所示。

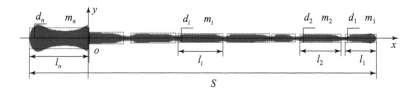

**图3.6 类杆流活性聚能侵彻体化学能分布式释放计算模型**

在成形过程中，侵彻体不断拉伸，最终断裂为多个微元，从侵彻体头部至尾部，各微元长度为 $l_i$，等效圆柱形体直径为 $d_i$（$i=1, 2, \cdots, n$）。

各微元质量可表述为

$$m_i = d_i l_i \rho_i \tag{3.25}$$

式中，$\rho_i$ 为微元 $i$ 的密度，与侵彻体成形阶段的长度有关。在 $t$ 时刻，侵彻体长度为 $S(t)$，与侵彻体微元长度之间满足关系

$$S(t) = \sum_{i=1}^{n} l_i \tag{3.26}$$

$t$ 时刻，在 $S(t)$ 处，侵彻体微元密度可表述为

$$\rho_i = \rho_0 \frac{f(S(t))}{S(t)} = \rho_0 \frac{f(S(t))}{\sum_{i=1}^{n} l_i} \tag{3.27}$$

活性药型罩质量为 $M$，在侵彻体成形过程中，药型罩质量不损失，则

$$M = \sum_{i=1}^{n} d_i l_i \rho_0 \frac{f(S(t))}{\sum_{i=1}^{n} l_i} \tag{3.28}$$

在 $t$ 时刻，侵彻体微元 $i$ 前端坐标为 $x_f(i, t)$，后端坐标为 $x_r(i, t)$，则各微元长度 $l_i$ 可表述为

$$l_i = x_f(i,t) - x_r(i,t) \tag{3.29}$$

各微元几何中心位置可表述为

$$x_c(i,t) = \frac{x_f(i,t) + x_r(i,t)}{2} \tag{3.30}$$

在 $t_1$ 及 $t_2$ 时刻，侵彻体进一步运动及拉伸变形，则可获得在 $t \sim t_i$ 及 $t_i \sim t_{i+1}$ 时间段微元 $i$ 的速度分别为

$$v_{t_i - t} = \frac{x_c(i,t_i) - x_c(i,t)}{t_i - t} \tag{3.31}$$

$$v_{t_{i+1} - t_i} = \frac{x_c(i,t_{i+1}) - x_c(i,t_i)}{t_{i+1} - t_i} \tag{3.32}$$

对两个时间段的速度进行平均，即可获得任意时刻微元 $i$ 的运动速度

$$v_i = \frac{v_{t_i - t} + v_{t_2 - t_i}}{2} \tag{3.33}$$

活性材料激活弛豫时间为 $\tau$，在 $t$ 时刻，侵彻体质量为

$$M(t) = \sum_{i=1}^{n} d_i v_i t \rho_0 \frac{f(S(t))}{\sum_{i=1}^{n} l_i} \tag{3.34}$$

在 $t - \tau$ 时刻之前形成的侵彻体完全反应，则总释能量可表述为

$$E(t) = \sum_{i=1}^{n} d_i v_i t \rho_0 \frac{f(S(t))}{\sum_{i=1}^{n} l_i} E_0 \tag{3.35}$$

式（3.35）即类杆流活性聚能侵彻体化学能随时间分布释放模型。

在空间尺度上，类射流活性聚能侵彻体不断拉伸、运动。在物质坐标系 $xoy$ 的基础上，建立空间坐标系 $x'o'y'$，在 $t$ 时刻，侵彻体运动至位置

$$x' = v_i t \tag{3.36}$$

类似地，活性材料激活弛豫时间为 $\tau$ 时，在 $x'$ 处，总释能量可表述为

$$E(t) = \sum_{i=1}^{n} d_i \frac{x'}{v_i} t \rho_0 \frac{f(S(t))}{\sum_{i=1}^{n} l_i} E_0 \tag{3.37}$$

式（3.37）即类杆活性聚能侵彻体化学能随空间分布释放模型。

## 3.2 化学能分布式释放行为

显著不同于高能炸药、火药等传统含能材料，活性聚能侵彻体化学能具有非自持分布式释放特征，释能行为及机理独特。本节主要介绍活性聚能侵彻体化学能分布式释放实验方法、化学能分布式释放效应及活性材料激活响应特性。

## 3.2.1 化学能分布式释放实验方法

活性聚能侵彻体化学能分布式释放行为测试系统如图 3.7 所示，主要由可调式大长径比半密闭隔舱超压测试容器、活性药型罩聚能装药、起爆装置、高速摄影系统和数据采集系统等组成。可调式大长径比半密闭隔舱超压测试容器内部由间隔钢靶分为若干小隔舱，钢靶间距可根据活性聚能侵彻体的特征调整。各块钢靶中心预先开孔，作为活性聚能侵彻体通道，各隔舱内设置压力传感器和观察窗，以满足超压测试及高速摄影拍摄需求。数据采集系统由压力传感器、测试电路、数据采集器等组成，主要用于记录各隔舱内超压效应。

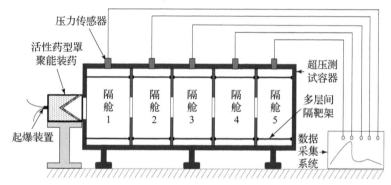

图 3.7 活性聚能侵彻体化学能分布式释放行为测试系统

活性聚能侵彻体化学能分布式释放行为测试系统实物如图 3.8 所示。超压测试容器长度为 650 mm，外径为 160 mm，罐体侧壁厚为 10 mm，内腔容积约为 13 L。为便于实验操作，超压测试容器可由单个罐体组成，也可由多个罐体组合而成。为防止炸药爆炸产生的冲击波造成罐体整体移动，对测试系统产生损坏，超压测试容器底端通过支座固定于整体式厚钢制底座。超压测试容器分为 5 个隔舱，应变式动态压力传感器安装于超压测试容器各隔舱侧壁中点位置。

活性聚能侵彻体化学能分布式释放行为实验的基本步骤为，首先通过电雷管起爆活性药型罩聚能装药，在爆炸载荷作用下，活性药型罩形成活性聚能侵彻体，进入超压测试容器，到达反应弛豫时间后，发生剧烈爆燃反应，释放大量化学能和气体产物。产生的冲击波超压由测试罐壁面上的压力传感器采集，随后压力信号经四芯电缆传输至数据采集系统，储存至计算机存储设备，同时高速摄影系统记录实验过程。测试线缆为 4 芯屏蔽线缆，双通道电压放大器可自动调节零点。实验前，根据活性聚能侵彻体释能特性，选取合适量程的压力传感器，并对压力传感器进行标定，确定压力传感器的工作方程系数。

图 3.8　活性聚能侵彻体化学能分布式释放行为测试系统实物

## 3.2.2　化学能分布式释放效应

口径为 48 mm，壁厚分别为 0.04 CD、0.08 CD 和 0.12 CD 的活性药型罩聚能装药超压时程曲线如图 3.9 所示。不同壁厚的活性药型罩所形成的活性聚能侵彻体在罐内形成的爆燃超压具有类似的变化趋势，超压时程曲线整体上均由上升段与下降段组成。在上升段，超压曲线近似线性，罐体内压力均在 10 ms 内由环境压力升至峰值压力，这表明活性聚能侵彻体在罐体内发生了剧烈爆燃反应，释放了大量热量并产生了强烈内爆效应。但由于活性药型罩壁厚不同，最大压力值存在差异。在下降段，随着活性聚能侵彻体不断反应消耗，爆燃超压开始逐渐下降，超压时程曲线呈现近似指数衰减特性，且正压持续时间可达几十毫秒。

活性聚能侵彻体在测试罐内的爆燃反应程度可通过超压峰值体现，在不同壁厚条件下，超压峰值对比如图 3.10 所示。可以看出，活性药型罩壁厚分别为 0.04 CD、0.08 CD 和 0.12 CD 时，平均峰值超压分别为 2.115 MPa、1.995 MPa 和 2.068 MPa，这表明活性药型罩壁厚对活性聚能侵彻体爆燃超压峰值影响较小，进入罐体后，活性材料发生类爆轰，达到了类爆轰反应压力。

此外，从图 3.10 还可以看出，不同测压通道所测的超压峰值有显著差别，在 3 种壁厚条件下，活性聚能侵彻体在罐体内爆燃形成的压力曲线中，4 通道所测超压峰值均最大，其余 3 个通道所测的超压峰值均差别较小。从机理上分析，活性药型罩在爆炸载荷作用下形成活性聚能侵彻体的过程中，随着侵彻体拉伸，杵体段依然较密实，但侵彻体头部逐渐膨胀，发散为大量颗粒状活性材料，导致爆燃反应较为剧烈，在 4 通道位置产生的超压效应显著。

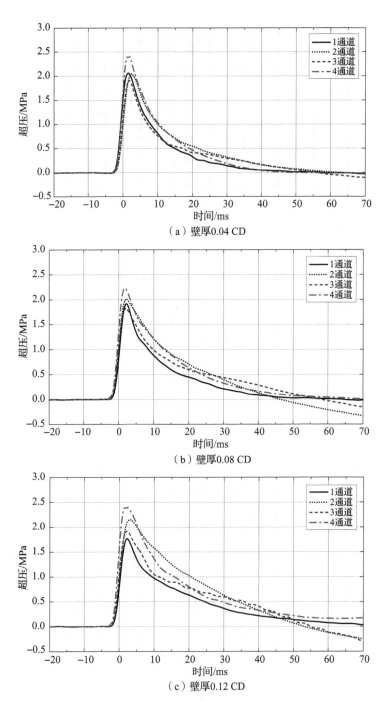

图3.9 不同壁厚的活性药型罩聚能装药超压时程曲线

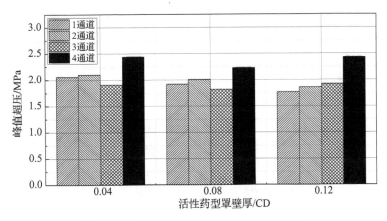

图 3.10　活性药型罩壁厚对超压峰值的影响

活性聚能侵彻体爆燃反应压力具有"低峰长时"的显著特性，除爆燃超压峰值外，罐体内超压作用时间对活性侵彻体能量输出结构也有重要影响。在不同活性药型罩壁厚条件下，爆燃反应造成的超压上升时间和正压持续作用时间分别如图 3.11 和图 3.12 所示。3 种壁厚条件下的侵彻体爆燃超压上升时间平均值分别为 3.65 ms、3.78 ms 和 3.96 ms，即罐体内压力上升时间随活性药型罩壁厚的增加而逐渐增大，这主要是由于活性药型罩壁厚越大，罐体内发生反应的活性材料质量越大，活性材料完全反应所需要的时间越长。

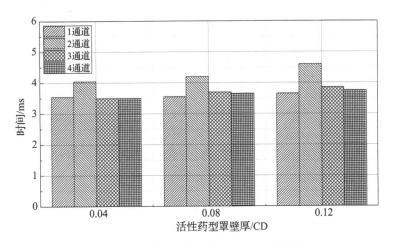

图 3.11　活性药型罩壁厚对超压上升时间的影响

与其他测压通道相比，2 通道所测超压上升时间均较长，且随活性药型罩壁厚的增加逐渐增大。从活性聚能侵彻体成形特性的角度分析，一方面，活性

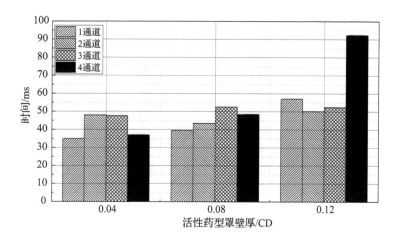

图3.12 活性药型罩壁厚对正压持续作用时间的影响

药型罩壁厚对侵彻体头部影响不大，而主要影响杵体形的貌和质量，随着活性药型罩壁厚的增加，杵体直径变大，质量增大；另一方面，与侵彻体头部相比，杵体部分的温度与速度较低，密度较大，密实程度较高，这两方面原因共同导致杵体段活性材料整体爆燃反应速率下降，超压上升时间增长。

活性药型罩壁厚对罐体内活性聚能侵彻体爆燃正压持续作用时间有显著影响，正压持续作用时间随着活性药型罩壁厚增加逐渐增大，3种壁厚下正压持续作用时间平均值分别为41.93 ms、46.00 ms和62.98 ms。这主要是因为，随着活性药型罩壁厚从0.04 CD增加至0.12 CD，进入罐体内的活性材料质量从18.4 g逐渐增加到55.5 g，导致活性材料完全爆燃和泄压阶段所需时间大幅增加。尤其是活性药型罩壁厚为0.12 CD时，在爆炸载荷作用下，活性药型罩各微元未完全激活，尤其是侵彻体杵体部分密实度很高，激活更不充分。侵彻体头部反应一段时间后，罐体内温度进一步升高，杵体部分材料可能才开始发生爆燃反应，从而最终导致4通道正压持续作用时间较长。

### 3.2.3 活性材料激活响应特性

显著不同于高能炸药、火药等传统含能材料一经起爆便以稳定爆速传播方式自持释放出所有的化学能，活性材料由于受力学强度和密度的制约，一般无法通过传统起爆方式实现化学能的自持释放，只有在高速碰撞、爆炸等强冲击作用下，通过产生高应变率塑性变形和碎裂才能被激活，并以非自持爆燃方式部分或全部释放出化学能。换句话说，一个活性材料样品中的各个部分需要各自受到外来作用激活才能发生化学反应,反应很难从一个激活发生化学反应的部分传播到临近的部分。从本质上讲,活性材料的激活响应及其反应特性、延迟反应时间均与所受的冲击波应力密切相关。

对于活性材料内的某一微元,当其应力达到一定阈值时,才会激活并发生化学反应。活性材料的激活应力阈值与材料组分特性、配比、颗粒尺寸、制备工艺等因素紧密相关。当冲击波对活性材料试样进行加载时,在一维条件下,假设冲击波从试样一端开始加载,在密实介质中,冲击波压力变化服从指数衰减规律。在活性材料试样中,冲击波压力衰减规律为

$$P(x) = P_0 e^{-\delta x} \tag{3.38}$$

式中,$x$ 为冲击波在活性材料中的传播距离;$P(x)$ 为冲击波在传播距离 $x$ 处的压力值;$P_0$ 为初始冲击波压力;$\delta$ 为与材料有关的常数。

根据活性材料冲击激活机理及冲击波在密实介质中的衰减规律,假设在冲击波传播到 $x_i$ 距离范围内活性材料微元激活,活性材料在某点处的应力与冲击波传播到此处的压力大小相等,则 $x_i$ 处活性材料激活应力阈值可表述为

$$P(x_i) = P_0 e^{-\delta x_i} = P_t \tag{3.39}$$

由此可得

$$x_i = \frac{1}{\delta} \ln \frac{P_0}{P_t} \tag{3.40}$$

活性材料试样最大激活长度为试样长度,则

$$x_i = \min\left(\frac{1}{\delta} \ln \frac{P_0}{P_t}, L_{\max}\right) \tag{3.41}$$

式中,$L_{\max}$ 为活性材料试样长度。

式 (3.41) 表明,活性材料试样未完全激活时,其激活长度主要受系数 $\delta$、激活应力阈值 $P_t$ 和初始冲击波压力 $P_0$ 的影响,其中 $\delta$、$P_t$ 均与活性材料本身性质相关。活性材料性质一定时,活性材料的激活率主要受加载冲击波幅值的影响;而当活性材料完全激活时,其激活长度与试样长度相等。

根据式 (3.40),当 $\delta$ 值分别为 1.0、1.5、2.0 和 3.0 时,初始冲击波压力与激活应力阈值比对活性材料试样激活长度的影响如图 3.13 所示。当冲击波压力与激活应力阈值相等时,激活长度几乎为 0;初始冲击波压力继续增大时,活性材料试样激活长度逐渐增大;$\delta$ 值越大,活性材料试样激活长度越小。

根据活性材料激活反应模型,以材料性质相同,长度分别为 $L_1$ 和 $L_2$($L_1 < L_2$)的活性材料试样为例,其冲击激活反应及释能特性包括 3 种情况。

初始冲击波压力较小时,两个活性材料试样均未完全激活,试样激活长度主要取决于初始冲击波压力。两个活性材料试样激活长度相同时,虽然较长活

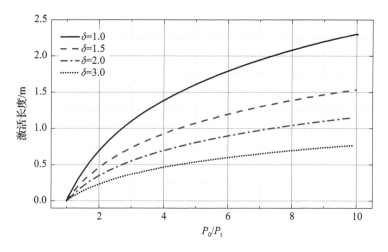

图 3.13 初始冲击波压力对活性材料试样激活长度的影响

性材料试样的质量较大,但两个活性材料试样最终释能量相同。

初始冲击波压力逐渐增大时,$L_1$ 活性材料试样已完全激活,$L_2$ 活性材料试样未完全激活。$L_1$ 活性材料试样激活长度主要由自身长度决定,而 $L_2$ 活性材料试样,激活长度依然取决于冲击波初始压力大小。由于激活长度不相同,较长活性材料试样释放化学能较多,但所产生的能量与二者的尺寸不成比例。

当初始冲击波压力更大时,两个活性材料试样均完全激活。激活长度主要取决于活性材料试样初始长度,活性材料试样越长,激活长度越大,化学释能量越多。此时二者化学释能量与活性材料试样的质量、长度成正比。

对于聚合物基活性毁伤材料,其化学反应主要包括聚合物基体分解和活性金属与分解产物氧化还原反应,产生大量气体产物、化学能和热量。一般而言,在高应变率冲击或爆炸加载下,活性材料微元温度升高,高分子聚合物基体首先发生分解。当分解产物达到一定浓度时且温度也达到活性材料反应温度阈值时,活性金属与分解产物开始发生剧烈化学反应,释放化学能。由此可见,从高应变率冲击或爆炸加载开始,至微元温度上升、基体分解,到最终活性材料发生剧烈爆燃反应,需要一定延迟时间,即反应弛豫时间。

研究表明,活性材料加载应力与反应弛豫时间之间的关系可表述为

$$\tau\sqrt{\sigma - \sigma_t} = C \tag{3.42}$$

式中,$\tau$ 为活性材料反应弛豫时间;$\sigma$ 为碰撞应力;$\sigma_t$ 为活性材料激活应力阈值;$C$ 为与活性材料有关的经验常数。

式(3.42)表明,对于相同配方的活性材料,其激活应力阈值 $\sigma_t$ 和经

验常数 $C$ 一定时，碰撞应力对活性材料反应延迟时间影响显著。分别取经验常数 $C$ 为 0.3、0.2、0.1 和 0.05，活性材料激活应力阈值为 2 GPa，则碰撞应力对反应弛豫时间的影响如图 3.14 所示。从图中可以看出，活性材料经验常数 $C$ 值确定时，活性材料反应弛豫时间随碰撞应力的增大而减小；当碰撞应力与激活应力阈值接近时，反应弛豫时间的变化率较大，略微增大碰撞应力即可实现反应弛豫时间的快速减小。而当碰撞应力远大于激活应力阈值时，反应弛豫时间的变化率逐渐减小，碰撞应力继续增大，反应弛豫时间趋于稳定。此外，活性材料经验常数 $C$ 对活性材料反应弛豫时间影响显著，反应弛豫时间随经验常数 $C$ 的增大而增加。

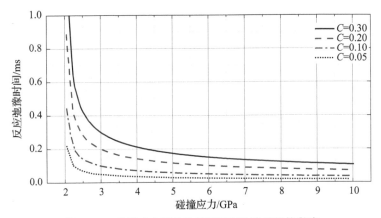

图 3.14　碰撞应力对活性材料反应弛豫时间的影响

当与活性材料有关的经验常数 $C$ 为 0.3 时，取活性材料激活应力阈值分别为 0.5 GPa、1 GPa、2 GPa 和 3 GPa，则碰撞应力对材料反应弛豫时间的影响如图 3.15 所示。在不同活性材料激活应力阈值条件下，反应弛豫时间衰减规律

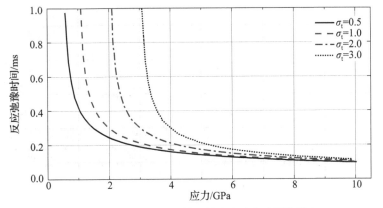

图 3.15　碰撞应力对活性材料反应弛豫时间的影响

类似,当碰撞应力低于材料的激活应力阈值时,活性材料不发生激活;随着碰撞压力增大至活性材料的激活应力阈值,反应弛豫时间随碰撞应力的增大逐渐减小,但不同激活应力阈值的活性材料的反应弛豫时间最终趋于一致。

## 3.3 靶后化学能释放效应

活性聚能侵彻体不仅可以像惰性金属聚能侵彻体那样侵彻/贯穿目标,当其进入目标内部后,还可发生剧烈爆燃反应,释放大量化学能,实现对目标的高效毁伤。本节主要基于靶后化学能释放实验,分析弹靶作用条件、活性药型罩特性等因素对靶后化学能释放行为的影响,建立靶后超压模型。

### 3.3.1 化学能释放实验方法

活性药型罩在成型装药爆炸驱动作用下,形成活性聚能侵彻体,不仅可以像传统惰性金属聚能侵彻体那样侵彻/贯穿目标,当其进入目标内部后,还可以发生强烈爆燃效应,释放大量化学能,产生高幅值超压,实现对目标的高效毁伤。尤其是对于防护类目标,活性聚能侵彻体的内爆效应可大幅提升对装甲防护内人员和装备的有效杀伤,大幅提升终端毁伤威力。

活性聚能侵彻体破甲后效超压测试原理如图3.16(a)所示,测试系统主要由活性药型罩聚能装药、炸高支架、钢靶、超压测试罐、压力传感器等组成。其中,超压测试罐为立方体,由钢板焊接而成,钢板厚度为10~20 mm。超压测试罐的上钢板中心位置有预留侵彻体开孔,直径一般为装药直径的

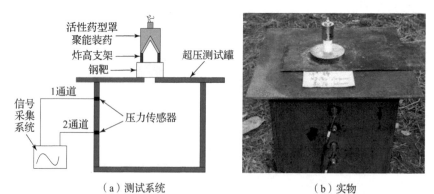

图3.16 活性聚能侵彻体破甲后效超压测试系统和实物

0.7~0.8 倍。钢靶用于模拟一定厚度防护装甲，罐体侧壁安装动态压力传感器，间距为 100~200 mm，用于测量罐体内超压效应。

活性聚能侵彻体破甲后效超压测试系统实物如图 3.16（b）所示。实验中，活性药型罩口径为 40 mm，活性药型罩聚能装药以一定炸高垂直放置于超压测试罐上方，为便于活性聚能侵彻体通过，超压测试罐上钢板中心位置预留的开孔直径为 30 mm。钢靶直径均为 200 mm，厚度为 2~60 mm，超压测试罐容积约为 125 L。动态压力传感器安装于超压测试罐侧壁，间距为 100 mm。

### 3.3.2 靶后化学能释放效应的影响因素

**1. 靶板厚度的影响**

对于给定的活性药型罩聚能装药结构，靶板厚度主要影响活性聚能侵彻体进入靶后的活性材料质量。为了研究靶板厚度对靶后化学能释放特性的影响规律，活性药型罩聚能装药在炸高为 1.0 CD 的条件下侵彻钢靶，钢靶厚度 $h$ 分别为 10 mm、20 mm、30 mm、40 mm、50 mm 和 60 mm。图 3.17 所示为活性聚能侵彻体作用不同厚度钢靶爆燃压力时程曲线。

可以看出，后效超压波形与炸药爆轰产生的超压波形类似，但持续时间更长（>15 ms），主要由上升段和下降段组成。超压测试罐内超压的上升段持续时间约为几毫秒，表明进入超压测试罐内的活性聚能侵彻体发生了强烈的爆燃反应。超压上升至峰值压力后即开始下降，主要原因在于，一方面，剩余活性聚能侵彻体完全反应后，无气体产物继续产生；另一方面，侵孔的泄压效应越发显著，导致超压测试罐内超压下降段持续数十毫秒。此外，图中动态压力曲线均可观察到震荡，这主要是由罐体内冲击波反射造成的。

根据活性聚能侵彻体作用于不同厚度钢靶后形成的压力时程曲线，穿靶后剩余活性聚能侵彻体爆燃反应形成的超压峰值对比如图 3.18 所示。钢靶厚度对靶后超压峰值影响显著，靶后超压峰值随钢靶厚度的增加而逐渐减小。钢靶厚度为 2 mm 时，质量为 30 g 的活性药型罩形成的活性聚能侵彻体进入 125 L 超压测试罐内产生的超压约为 0.36 MPa；钢靶厚度从 10 mm 增至 50 mm 时，靶后超压峰值从 0.34 MPa 减小至 0.19 MPa。当钢靶厚度进一步增加至 60 mm 时，活性聚能侵彻体未穿透钢靶，超压峰值为 0.005 1 MPa，主要原因可能是炸药爆轰波作用在罐壁面导致压力传感器产生测量误差。

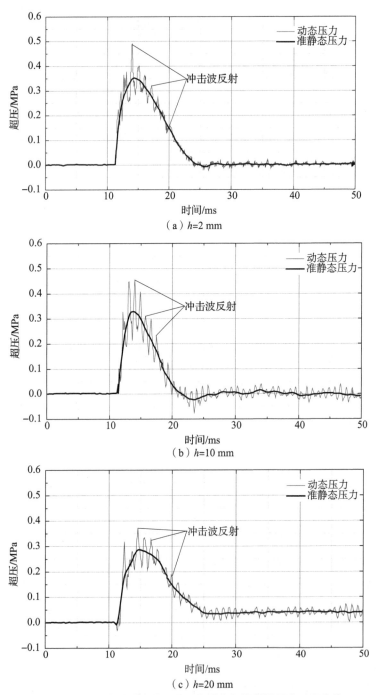

图 3.17 活性聚能侵彻体作用不同厚度钢靶爆燃压力时程曲线

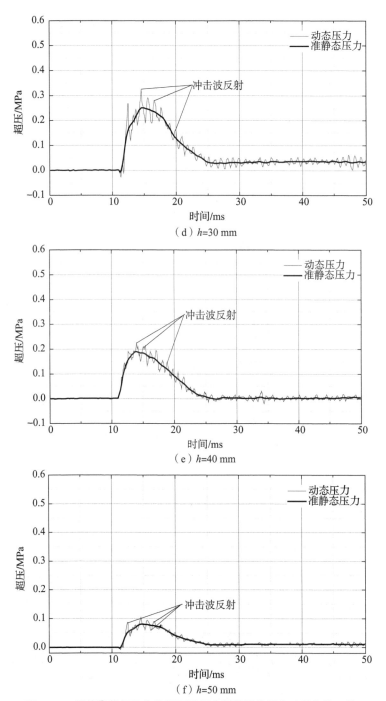

图3.17 活性聚能侵彻体作用不同厚度钢靶爆燃压力时程曲线（续）

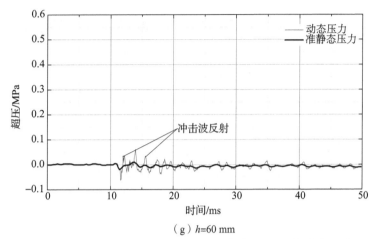

(g) $h=60$ mm

图 3.17　活性聚能侵彻体作用不同厚度钢靶爆燃压力时程曲线（续）

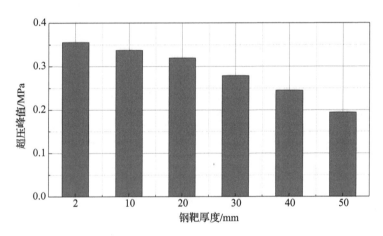

图 3.18　钢靶厚度对靶后超压峰值的影响

事实上，高速活性聚能侵彻体侵彻钢靶，且靶板厚度较小时，侵彻钢靶主要消耗活性聚能侵彻体头部，罐内超压主要是侵彻体中间段和杵体段爆燃产生；随着钢靶厚度的增加，活性聚能侵彻体头部和中间段消耗增加，此时，靶后超压主要取决于杵体段爆燃效应。由此可见，随着钢靶厚度的增加，进入罐体内的活性材料质量逐渐减小，从而导致靶后超压呈下降趋势。

从超压曲线可以看出，与炸药爆轰产生的"高峰短时"载荷特性不同，活性聚能侵彻体爆燃反应形成的载荷具有"低峰长时"特征。本质上讲，除活性聚能侵彻体靶后超压峰值外，罐内超压作用时间对活性聚能侵彻体能量输出结构也有重要影响。活性聚能侵彻体穿透不同厚度钢靶后，罐体内超压上升时间和爆燃正压持续作用时间如图 3.19 和图 3.20 所示。

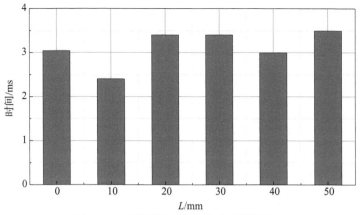

图 3.19 钢靶厚度对超压上升时间的影响

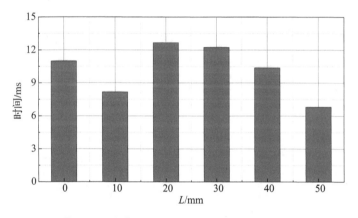

图 3.20 钢靶厚度对爆燃正压持续时间的影响

从图中可以发现,随着钢靶厚度的增加,罐体内正压上升时间逐渐增加,但正压持续时间呈减小趋势。从机理上分析,当炸高相同时,侵彻钢靶时活性聚能侵彻体状态参数相同,但随着钢靶厚度的增加,活性聚能侵彻体穿透钢靶时消耗的质量越多,靶后爆燃反应活性材料越少,导致正压持续时间减少。

### 2. 炸高的影响

炸高主要影响活性聚能侵彻体成形形貌和射流头部速度,进而影响破甲参数和进入超压测试罐内活性材料的质量。为了研究炸高对活性聚能侵彻体靶后超压特性的影响规律,针对口径为 40 mm 的活性药型罩,钢靶厚度选择 30 mm,炸高分别设定为 0.5 CD、1.0 CD、1.5 CD 和 2.0 CD。在不同炸高下,活性聚能侵彻体穿靶后所形成的爆燃压力曲线如图 3.21 所示,炸高对活性聚能侵彻体靶后爆燃压力特性的影响如图 3.22~图 3.24 所示。

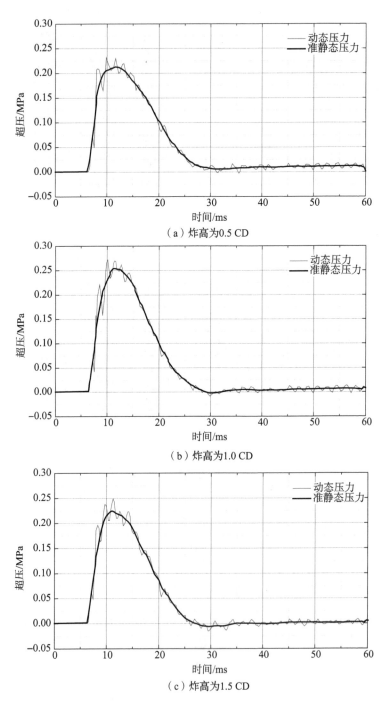

图 3.21　不同炸高下活性聚能侵彻体靶后超压曲线

第 3 章　活性聚能侵彻体化学能释放行为

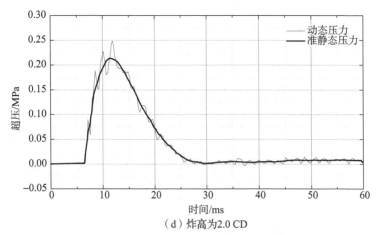

（d）炸高为 2.0 CD

图 3.21　不同炸高下活性聚能侵彻体靶后超压曲线（续）

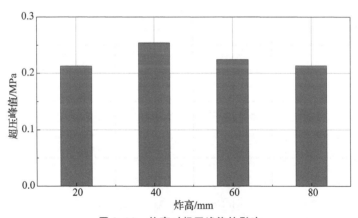

图 3.22　炸高对超压峰值的影响

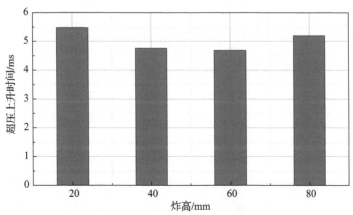

图 3.23　炸高对超压上升时间的影响

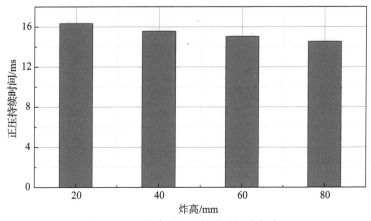

图 3.24 炸高对正压持续时间的影响

从靶后超压峰值压力可以看出,在 4 种炸高下,质量为 30 g 的活性药型罩形成的活性聚能侵彻体穿透 30 mm 厚钢靶在罐体内产生的超压均超过了 0.2 MPa;随着炸高从 0.5 CD 增加至 2.0 CD,活性聚能侵彻体破甲后效超压峰值先增大后逐渐减小;特别地,当炸高为 1.0 CD 时,罐体内超压峰值可达 0.26 MPa。

从本质上讲,活性聚能侵彻体破甲后效爆燃压力主要取决于进入超压测试罐内的活性材料质量。从聚能装药侵彻机理看,炸高过小时,活性聚能侵彻体还未得到有效拉伸,直径较大,不利于破甲,同时侵彻单位厚度钢靶时消耗的活性聚能侵彻体单位质量较多,使进入罐体内的活性材料质量减少,造成爆燃压力较小。然而,随着炸高的增加,一方面,炸高越大,活性聚能侵彻体碰靶所需时间越长,相应的侵彻时间就减少;另一方面,大炸高下,活性聚能侵彻体拉伸较长,直径较小,在一定弛豫时间内,进入靶后的活性材料质量减少,造成罐体内爆燃压力下降。也就是说,在给定活性药型罩聚能装药和靶板的条件下,存在某一合适炸高,使活性聚能侵彻体靶后爆燃压力效应最为显著。

### 3. 活性药型罩密度的影响

活性药型罩密度对破甲能力和靶后超压效应影响显著,从定常理想流体力学理论的角度出发,射流侵彻深度与射流速度无关,仅与活性聚能侵彻体的长度和密度有关。炸高和靶板密度不变时,射流破甲能力与自身密度的平方根成正比,即侵彻深度随着活性聚能侵彻体密度的增加而逐渐增大。

为了分析活性药型罩密度对靶后超压效应的影响,分别选择密度 $\rho$ 为 5.1 g/cm³、6.5 g/cm³ 和 8.5 g/cm³ 的 3 种活性药型罩。贯穿 60 mm 厚的钢靶后,在超压测试罐内产生的压力时程曲线如图 3.25 所示,相关超压数据列于表 3.1。

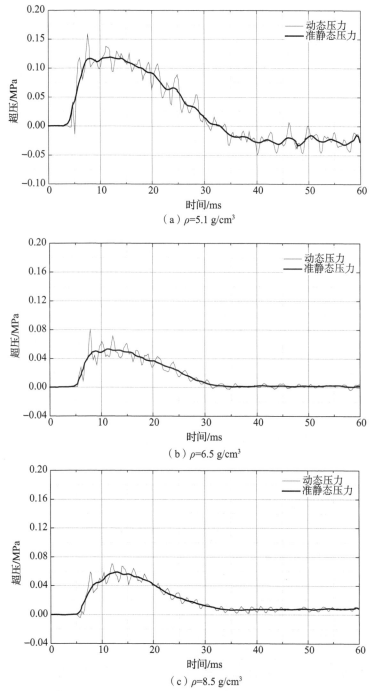

图 3.25 活性药型罩密度对靶后超压效应的影响

表3.1 炸高对活性聚能侵彻体靶后超压效应的影响

| 活性药型罩密度/($g \cdot cm^{-3}$) | 炸高/CD | 活性药型罩质量/g | 靶厚/mm | 峰值超压/MPa | 超压上升时间/ms | 超压持续时间/ms |
|---|---|---|---|---|---|---|
| 5.1 | 1.5 | 30 | 60 | 0.12 | 4.33 | 25.12 |
| 6.5 | 1.5 | 30 | 60 | 0.05 | 6.14 | 19.43 |
| 8.5 | 1.5 | 30 | 60 | 0.06 | 6.68 | 19.62 |

在炸高为1.5 CD的条件下，活性药型罩密度为5.1 g/cm³、6.5 g/cm³和8.5 g/cm³所形成的活性聚能侵彻体均可穿透60 mm厚的钢靶，穿靶后在125 L密闭容器内产生的超压分别约为0.12 MPa、0.05 MPa和0.06 MPa。与同质量、密度为2.3 g/cm³的活性药型罩相比，虽然增加活性药型罩的密度可以穿透更厚的靶板，但是靶后产生的超压峰值大幅下降。从机理上讲，活性材料密度增加，单位质量活性药型罩材料的含能量降低，从而显著影响罐体内的爆燃压力。但随着活性药型罩密度的提高，活性聚能侵彻体贯穿相同厚度的钢靶后，爆燃压力先减小后略微增大。这主要是因为，一方面，对于同口径聚能装药，随着活性药型罩密度的提高，活性聚能侵彻体的破甲威力增强，侵彻同等厚度的靶板时，进入靶后的活性材料质量增多；另一方面，活性药型罩密度越大，单位质量活性材料的含能量越低，爆燃所释放的能量越少，即罐体内活性材料质量和不同密度材料的含能量共同决定爆燃压力峰值。

从罐体内爆燃压力作用时间来看，随着活性药型罩密度增加，罐体内压力上升时间逐渐延长而正压持续作用时间缩短。对于这种类型的活性药型罩来说，密度越高，一方面，材料含能量越低，爆燃反应速率就越小；另一方面，贯穿相同厚度的钢靶，高密度活性聚能侵彻体进入罐体内的活性材料质量较多，这二者共同作用造成罐体内爆燃压力上升时间增加。

**4. 活性药型罩结构的影响**

为了提高活性药型罩聚能装药侵彻深度，一般而言，除了增加活性药型罩密度之外，还可通过改变活性药型罩结构实现。基于传统的惰性金属射流（如铜射流、钨射流）的大侵深优势，可在活性药型罩内侧加一层金属药型罩，形成复合药型罩聚能装药。在成型装药爆炸驱动下，内层金属药型罩首先形成高速射流，实现对目标的大侵深，随后外层活性药型罩材料随进目标内部发生爆燃反应，从而提高对目标的结构破坏及后效增强毁伤效应。

对于复合药型罩活性聚能装药，活性药型罩壁厚对复合聚能侵彻体的成形特性、侵彻威力及进入靶后的有效活性材料质量都有显著影响。复合结构活性聚能装药口径为 40 mm，活性药型罩壁厚 $t$ 分别为 2.4 mm、2.8 mm、3.2 mm 和 3.6 mm。在炸高为 1.5 CD 的条件下，4 种复合聚能侵彻体均穿透了 60 mm 厚的钢靶，超压测试罐内爆燃压力曲线如图 3.26 所示，相关数据列于表 3.2。

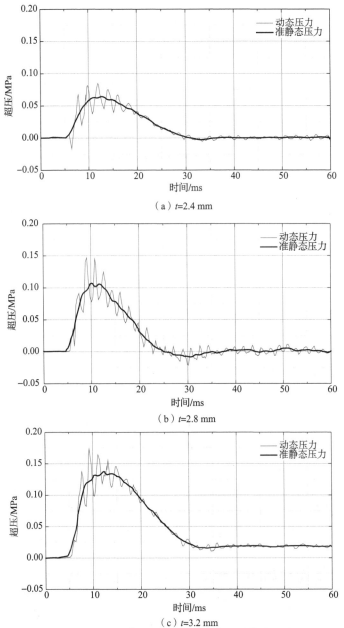

图 3.26 活性药型罩壁厚对靶后超压特性的影响

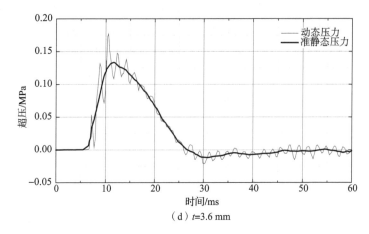

(d) $t=3.6$ mm

图 3.26　活性药型罩壁厚对靶后超压特性的影响（续）

表 3.2　活性药型罩壁厚对靶后超压特性的影响

| 活性药型罩厚度/mm | 炸高/CD | 靶板厚度/mm | 超压峰值/MPa | 超压上升时间/ms | 超压持续时间/ms |
| --- | --- | --- | --- | --- | --- |
| 2.4 | 1.5 | 60 | 0.07 | 6.74 | 16.95 |
| 2.8 | 1.5 | 60 | 0.11 | 5.34 | 15.68 |
| 3.2 | 1.5 | 60 | 0.13 | 5.66 | 17.15 |
| 3.6 | 1.5 | 60 | 0.14 | 7.70 | 25.39 |

随着活性药型罩壁厚增加，复合活性聚能侵彻体穿靶后形成的超压峰值逐渐增大；当活性药型罩壁厚为 3.6 mm 时，复合活性聚能侵彻体贯穿 60 mm 厚的钢靶后产生的超压峰值约为 0.14 MPa。从本质上讲，对于确定的聚能装药结构和装药类型，活性药型罩壁厚除了影响进入靶后的活性材料质量外，对活性聚能侵彻体的反应弛豫时间也有显著影响，通常随着活性药型罩壁厚的增加，反应弛豫时间会增大，从而延长了复合聚能侵彻体的侵彻时间，进一步增加进入罐体内的活性材料质量，使爆燃压力显著增加。

### 3.3.3　化学能释放超压模型

在忽略钢板强度的情况下，可以根据准定常理想不可压缩流体理论分析活性聚能侵彻体侵彻钢板的作用过程。假设活性聚能侵彻体在侵彻过程中始终保持锥形,活性聚能侵彻体长度与炸高 $H$ 相同。活性聚能侵彻体侵彻厚度为 $L$ 的钢板时消耗的长度为 $x$,总长度保持不变。根据几何关系,活性聚能侵彻体穿透厚度为 $L$ 的钢板后,所消耗活性聚能侵彻体质量 $m_1$ 为

$$m_1 = \frac{x^3}{H^3} m \tag{3.43}$$

假设活性聚能侵彻体侵彻钢板的极限深度为 $L'$,且活性聚能侵彻体在侵彻过程中一直保持等腰锥形不变,则

$$\frac{L}{L'} = \frac{x}{H} \tag{3.44}$$

当 $t = \tau$ 时,活性聚能侵彻体穿透钢板后,活性材料有效质量为 $m_2$,则 $m_2$ 是一个与活性材料激活时间 $\tau$ 有关的分段函数,可表述为

$$m_2 = \begin{cases} [1 - (L/L')^3] m, & \tau > t_1 + t_0 + \dfrac{H-x}{\overline{V}} \\ \left[\dfrac{\overline{V}(\tau - t_1) + HL/L'}{H}\right]^3 m - \left(\dfrac{L}{L'}\right)^3 m, & t_0 + t_1 < \tau < t_1 + \dfrac{H-x}{\overline{V}} \\ 0, & \tau < t_1 + t_0 \end{cases} \tag{3.45}$$

式中,$m$ 为活性药型罩质量;$\overline{V}$ 为活性聚能侵彻体杵体部分平均速度;$\tau$ 为活性聚能侵彻体反应弛豫时间;$t_0$ 为活性聚能侵彻体碰靶所需时间;$t_1$ 为活性聚能侵彻体穿透厚度为 $L$ 的钢板所需时间;$L'$ 为极限侵彻深度。

当活性药型罩聚能装药结构一定时,活性聚能侵彻体碰靶前 $t_0$ 时刻、活性聚能侵彻体杵体部分平均速度 $\overline{V}$、极限侵彻深度 $L'$ 可通过数值模拟获得。

以口径为 40 mm 的活性药型罩聚能装药为例,炸高为 1.0 CD 时,通过模拟可得 $t_0 = 8$ μs, $\overline{V} = 1\,000$ m/s, $L' = 80$ mm。不同活性材料的反应弛豫时间 $\tau$,穿靶后活性聚能侵彻体有效质量 $m_2$ 与钢板厚度 $L$ 之间的关系如图 3.27 所示。

从图中可以看出,活性材料反应弛豫时间足够大时,穿靶后活性聚能侵彻体有效质量随着钢板厚度的增大呈现近似抛物线衰减规律,直至活性聚能侵彻体达到对钢板的极限侵彻深度,靶后活性聚能侵彻体有效质量下降为零。反应弛豫时间较小时,靶后活性聚能侵彻体有效质量随着钢板厚度的增大呈分段减小趋势,穿靶厚度较小时,靶后活性聚能侵彻体有效质量仍表现为抛物线衰减规律,当超过某一值(与活性材料反应弛豫时间、炸高和射流平均速度有关)后,靶后活性聚能侵彻体有效质量急剧下降,表现为近似线性衰减规律,直至活性聚能侵彻体对钢板的极限侵彻深度下降为零。

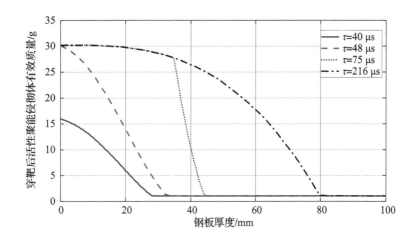

图3.27 活性材料反应弛豫时间对靶后活性聚能侵彻体有效质量的影响

与此同时,活性材料反应弛豫时间小于某一值(与炸高和射流平均速度有关)后,靶后活性聚能侵彻体有效质量呈现近似抛物线衰减规律,且在不穿靶条件下,靶后活性聚能侵彻体有效质量随着活性材料激活时间的减小而降低。

与活性材料弹丸能量释放特性不同,活性药型罩聚能装药起爆后,爆轰波作用于活性药型罩上的平均压力在20 GPa以上,远超活性材料激活起爆压力阈值,活性药型罩在爆轰波作用下被完全激活,能量释放率可达到100%。

活性材料爆炸反应释放化学能的大小是衡量活性材料毁伤威力的重要指标,但难以通过实验直接测量,只能通过爆燃超压、正压时间、温度等参量计算。对于密闭容器,假设定容条件下气体不做功,同时忽略热损失和气体分子作用力,对于一定质量的活性材料,有

$$P_\psi = \frac{f\omega\psi}{V_0 - \frac{\omega}{\rho}(1-\psi) - \alpha\omega\psi} \quad (3.46)$$

式中,$\rho$ 为活性材料密度(g/cm³);$\omega$ 为活性材料质量(g);$V_0$ 为超压测试罐初始容积(cm³);$\psi$ 为活性材料相对燃烧量;$P_\psi$ 为对应 $\psi$ 时刻爆燃气体压力(MPa);$\alpha$ 为燃气余容(cm³/g);$f = RT_1$ (J/g),$R$ 是气体常数,$T_1$ 是燃烧温度。

特别地,当 $\psi = 1$ 时,活性材料燃烧结束,气体压力达到最大

$$p_m = \frac{f\Delta}{1 - \alpha\Delta} \quad (3.47)$$

式中,$\Delta = \omega/V_0$。

对于一定质量的活性材料,在压力不高的条件下,通常认为 $\alpha$ 为常量。显

然，$f$、$\alpha$ 是线性方程式（3.47）的截距和斜率。对线性方程式（3.47）进行回归可得

$$\begin{cases} \alpha = \dfrac{n\sum\limits_{i=1}^{n}\dfrac{p_{mi}^{2}}{\Delta_{i}} - \sum\limits_{i=1}^{n}p_{mi} \times \sum\limits_{i=1}^{n}\dfrac{p_{mi}}{\Delta_{i}}}{n\sum\limits_{i=1}^{n}p_{mi}^{2} - \left(\sum\limits_{i=1}^{n}p_{mi}\right)^{2}} \\ f = \dfrac{1}{n}\left(\sum\limits_{i=1}^{n}\dfrac{p_{mi}}{\Delta_{i}} - \alpha\sum\limits_{i=1}^{n}p_{mi}\right) \end{cases} \quad (3.48)$$

当 $n = 2$ 时，

$$\begin{cases} \alpha = \dfrac{\dfrac{p_{m2}}{\Delta_{2}} - \dfrac{p_{m1}}{\Delta_{1}}}{p_{m2} - p_{m1}} \\ f = \dfrac{1}{2}(f_{1} + f_{2}) \end{cases} \quad (3.49)$$

式中，$f_{i} = \left(\dfrac{1}{\Delta} - \alpha\right)p_{mi}$ ($i = 1$，2)。

从图 3.27 可以看出，在炸高 1.0 CD 的条件下，口径为 40 mm 的活性药型罩聚能装药未穿透钢板，活性材料反应弛豫时间大于 48 μs 时，活性聚能侵彻体可全部进入靶后，假设活性聚能侵彻体成形过程及侵入超压测试罐内无质量损失，则根据式（3.48）可得到与活性材料有关的参量，即 $f = 1.2683 \times 10^{6}$ J/kg，$\alpha = 0.602 \times 10^{-3}$ m³/kg。设活性药型罩质量为 $m$，进入超压测试罐内的活性材料质量为 $m_{2}$，而超压测试罐内的超压与进入超压测试罐内活性材料的质量有关，可以通过超压测试罐内的超压确定进入超压测试罐内的活性材料质量 $m_{2}$，则

$$m_{2} = p_{m}V_{0}/(f + \alpha)p_{m} \quad (3.50)$$

将式（3.50）代入式（3.48），可得超压测试罐内超压与钢板厚度之间的关系为

$$p_{m} = \dfrac{fm_{2}}{V_{0} - \alpha m_{2}} \quad (3.51)$$

口径为 40 mm 的活性药型罩聚能装药超压随钢板厚度的变化曲线如图 3.28 所示。从图中可以看出，活性药型罩聚能装药破甲后效超压随钢板厚度的增加呈分段减小趋势。钢板厚度较小时，后效超压下降较为缓慢，这主要是因为活性聚能侵彻体在作用于薄钢板的过程中质量损失较小，且侵彻时间较短，更多活性材料通过侵孔进入超压测试罐内，导致超压下降较慢。

钢板厚度超过 20 mm 后，活性聚能侵彻体破甲后效超压下降速度加快，这一方面是因为侵彻钢板过程消耗质量增大，且侵彻时间变长，导致进入靶后活性材料的有效质量变小；另一方面，侵孔孔径变小，单位时间内通过侵孔的活性材料质量变小。两方面因素综合作用，进入罐体内活性材料质量大幅减少，导致超压测试罐内超压下降趋势明显。

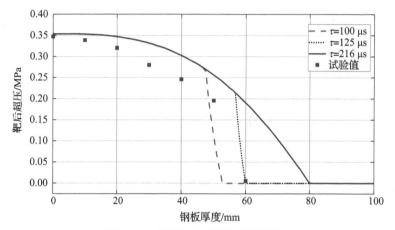

图 3.28　钢板厚度对靶后超压的影响

此外，从图中还可以看出，实验测得的靶后超压值比理论预测值小，这一方面是因为理论假设活性药型罩在爆炸驱动射流成形过程中不发生反应，事实上，炸药爆炸后爆轰波作用在活性药型罩上的平均压力在 20 GPa 以上，远远超过了活性材料自身起爆压力阈值，一部分活性材料在聚能侵彻体成形过程中就开始发生反应，使假设的活性聚能侵彻体质量偏小；另一方面，活性杵体直径较侵孔大得多，无法完全沿侵孔进入超压测试罐内，而仅在罐外反应，从而导致实验测量所得超压值较理论预测值小。

## 3.4　后效毁伤增强实验

后效毁伤能力是衡量活性药型罩聚能装药终端毁伤威力的重要指标，特别是随着各类目标防护能力的提高，传统金属聚能侵彻体由于受单一动能侵彻机理的制约，难以发挥对油箱、技术装备、有生力量的高效后效毁伤。活性聚能侵彻体通过动能与爆炸化学能时序联合作用，可大幅提升后效毁伤威力。

## 3.4.1 油箱目标引燃增强效应

**1. 实验方法**

活性药型罩聚能装药对油箱毁伤效应实验原理如图 3.29 所示。活性药型罩口径为 90 mm，活性聚能装药通过炸高筒以 1.0 CD 炸高置于 45 钢钢靶上，钢靶厚度分别为 50 mm 和 100 mm。钢靶下方为 LY-12 硬铝制密闭箱体，厚度为 6 mm。箱体内设 3 层厚间隔铝靶，铝靶厚度为 2 mm，各层铝靶间距为 30 cm。油箱为非满油油箱，置于箱体最下层，内装二分之一 0#柴油。

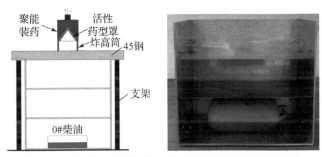

图 3.29　活性药型罩聚能装药对油箱毁伤效应实验原理

**2. 实验结果**

在不同钢靶厚度条件下，活性药型罩聚能装药对内置油箱毁伤效应实验过程高速摄影如图 3.30 所示。从图中可以看出，活性药型罩聚能装药起爆后，形成的活性聚能侵彻体首先高速侵彻上层钢靶，穿透钢靶后，进入密闭箱体内部；随后，活性材料在箱体内部发生剧烈爆燃反应，释放大量化学能，形成高温高压场，引燃燃油，导致箱体结构严重破坏，如图 3.31 所示。

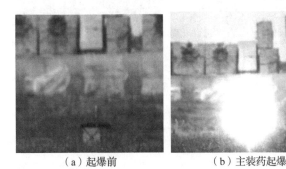

（a）起爆前　　　　（b）主装药起爆

图 3.30　活性聚能装药对内置油箱毁伤效应实验过程高速摄影

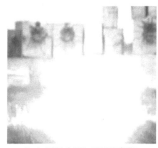 

　（c）活性射流成形及穿靶　　　（d）油箱破裂及引燃燃油

（e）燃油剧烈燃爆

图3.30　活性聚能装药对内置油箱毁伤效应实验过程高速摄影（续）

　　　（a）实验前　　　　　　　　　　（b）实验后

图3.31　内置油箱箱体靶标毁伤效应

## 3. 引燃增强机理

活性聚能侵彻体撞击非满油油箱作用行为可分为两种情况，第一种为活性聚能侵彻体穿透油箱壁后进入油气层，第二种为活性聚能侵彻体直接进入燃油层。在两种情况下，对油箱结构毁伤及燃油引燃机理截然不同。

击中油气层时，活性聚能侵彻体以一定速度在油气混合物内运动，运动过程中，活性聚能侵彻体发生爆燃反应，释放大量化学能，产生高温高压场，可直接引燃油箱内的油气混合物，最终引燃燃油，导致油箱结构破裂。

击中燃油层时，一方面，活性聚能侵彻体对油箱的撞击将在燃油内形成冲击波，部分动能转化为燃油动能，造成油箱壁变形；另一方面，活性聚能侵彻体在燃油内运动时，导致周围燃油温度升高，在这种情况下，液体燃油内及活性聚能侵彻体侵彻通道内氧含量极低，被加热的燃油往往需要与油箱内的油气混合物接触，或从油箱内喷射出遇到环境氧后才能剧烈燃烧。

1988 年，Johnson 等人通过研究炽热材质表面航空燃油的点火行为，给出了燃油点火判据，可表述为

$$t_i = A \cdot \exp\left(\frac{E}{T^* R}\right) \cdot p^{-n} \tag{3.52}$$

式中，$t_i$ 为点火延迟时间；$A$ 为预指数因子；$E$ 为活化能；$p$ 为压力；$R$ 为普适气体常量；$T^*$ 为温度；$n$ 为反应级别。

式（3.52）表明，对于特定燃油，引燃行为取决于燃油温度及其持续时间，燃油温度越高，点火延迟时间越短。对于常用航空煤油，$A = 1.68 \times 10^{-8} \text{ ms/atm}^2$，$E = 37.78 \text{ kcal/mol}$，$n = 2$，可得到点火条件，如图 3.32 所示。

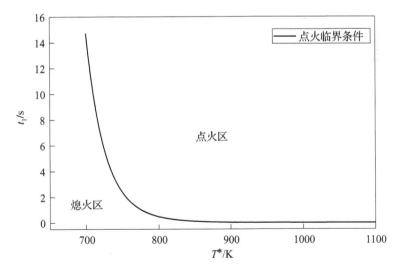

图 3.32　航空煤油点火条件

活性聚能侵彻体作用于油气混合物能否将其引燃，首先取决于油气混合物的浓度。考虑到油箱随飞机、导弹等运动，油箱内部存在一定液体油滴，因

此，油箱内油气混合物的浓度除与燃油自身性质及环境温度相关外，活性聚能侵彻体以一定速度在油气混合物内运动时，侵彻通道内温度的升高将使燃油液滴汽化，从而进一步提高油气混合物的浓度，增加对燃油引燃概率。

假设油气混合物内液体油滴均匀分布，间距为 $S$，油滴直径为 $d$，则半径为 $r$ 的活性聚能侵彻体在运动距离 $x$ 后，遭遇液体油滴数可表述为

$$N = \frac{x\pi r^2}{S^3} \tag{3.53}$$

若活性聚能侵彻体汽化了其遇到的所有液体油滴，侵彻通道内的燃油蒸汽质量可由质量守恒方程获得，表述为

$$m_{vap} = m_{drops} + m_v = \rho_l \left(\frac{\pi d^3}{6}\right) N + \frac{p_v \hat{M}_v}{RT}(S^3 N) \tag{3.54}$$

式中，$\rho_l$、$p_v$ 和 $\hat{M}_v$ 分别为油滴密度、燃油蒸汽压和燃油分子质量。

定义油气混合物的初始空隙率为

$$\varepsilon = \frac{S^3 - \dfrac{\pi d^3}{6}}{S^3} = 1 - \frac{\pi}{6}\left(\frac{d}{S}\right)^3 \tag{3.55}$$

则活性聚能侵彻体的侵彻通道内燃油蒸汽质量可表述为

$$m_{vap} = \left[\rho_l(1-\varepsilon) + \frac{p_v \hat{M}_v}{RT}\right](x\pi r^2) \tag{3.56}$$

侵彻通道内油气混合物的浓度可表述为

$$\chi = \frac{\dfrac{m_{vap}}{\hat{M}_v}}{\dfrac{m_{vap}}{\hat{M}_v} + \dfrac{\rho_{air}\text{Vol}_{air}}{\hat{M}_a}} = \frac{\rho_l(1-\varepsilon)RT/\hat{M}_v + p_v}{\rho_l(1-\varepsilon)RT/\hat{M}_v + p_v + p_a} \tag{3.57}$$

式中，$p_a$ 为大气压，记 $p_{drops} = \rho_l(1-\varepsilon)RT/\hat{M}_v$，表征液滴汽化造成的蒸汽压。若油箱是静止的，油气混合物中没有油滴，则 $p_{drops} = 0$，温度为 30 ℃ 时，航空煤油的 $p_v = 607.9$ Pa，则

$$\chi = \frac{p_{drops} + p_v}{p_{drops} + p_v + p_a} = \frac{p_v}{p_v + p_a} = 0.604\% > \chi_{lean} \tag{3.58}$$

式中，$\chi_{lean} = 0.6\%$，为航空煤油可燃浓度范围下限，上限 $\chi_{rich} = 4.7\%$。由此可见，温度为 30 ℃ 时，静止的油箱内航空煤油浓度处于可引燃范围内。

活性聚能侵彻体在油气混合物内运动时，与金属射流一样，依靠动能撞击也可提升混合物的温度，但温度升高能力有限。上述模型计算表明，活性聚能侵彻体爆燃反应后形成的高温，以对流换热的形式能迅速提升油气混合物的温

度,造成混合物瞬间被点燃。活性聚能侵彻体这种对油气混合物以化学能为主的引燃机制,显著降低了对聚能侵彻体穿靶后动能的需求,即只要活性聚能侵彻体穿透油箱壳体并被激活,就可利用自身化学反应引燃油气混合物。

活性聚能侵彻体作用下油气层温度随时间的变化如图 3.33 所示。

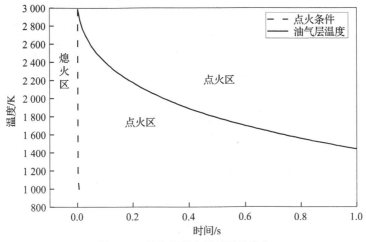

图 3.33 油气层温度随时间的变化

### 3.4.2 技术装备毁伤增强效应

**1. 实验方法**

活性药型罩聚能装药毁伤技术装备实验原理如图 3.34 所示。活性药型罩口径为 90 mm,活性药型罩聚能装药以 1.0 CD 炸高置于 45 钢钢靶上,钢靶厚度为 50 mm;密闭箱体由 LY-12 硬铝制成,厚度为 6 mm,内设 3 层 2 mm 厚的间隔铝靶,间距为 30 cm;模拟技术装备的电路板置于箱体内部第 2 和第 3 层。

**2. 实验结果**

活性药型罩聚能装药对装有电子元器件目标毁伤效应如图 3.35 ~ 图 3.38 所示。从图中可以看出,活性聚能侵彻体穿透钢靶后,在箱体内部发生了剧烈爆燃反应,释放大量化学能和气体产物,形成高温高压场,造成箱体结构发生剧烈变形和局部破裂。作用于间隔铝靶后,各层铝靶发生严重结构变形和烧蚀,放置在第 2 层铝靶上的电路板被完全烧毁,放置在底层的电路板上的电子元器件被完全毁坏,仅剩下被烧焦的主板,如图 3.38 所示。以上实验结果均表明,活性聚能侵彻体可对装甲防护下的电子元器件产生高效毁伤效应。

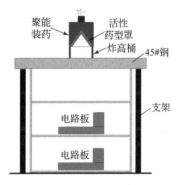

图 3.34 活性药型罩聚能装药毁伤技术装备实验原理

图 3.35 活性聚能侵彻体对钢板毁伤效应

(a) 实验前　　　　　　　　　　(b) 实验后

图 3.36 活性聚能侵彻体对密闭箱体毁伤效应

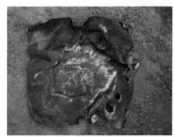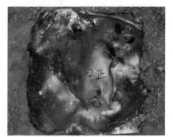

(a) 上层间隔铝靶　　　　　　　(b) 下层间隔铝靶

图 3.37 活性聚能侵彻体对间隔铝靶毁伤效应

（a）实验前　　　　　　　　　　　（b）实验后

图 3.38　活性聚能侵彻体对电路板毁伤效应

### 3. 毁伤增强机理

活性聚能侵彻体穿透靶板后在密闭箱体内发生剧烈化学反应，释放大量能量，产生高温气体，在密闭空间内形成高幅值超压。对于电子设备而言，高温高压场会对电子元器件造成不同程度的烧蚀效应，根据烧蚀机理的不同，可分为升华型、熔化型和碳化型 3 种。基于以上 3 种机理，电子元器件会在烧蚀作用下热解为气体，熔化为液体，或完全碳化，导致电子元器件失效。

活性聚能侵彻体毁伤电子元器件过程如图 3.39 所示。从图中可以看出，当活性聚能侵彻体以一定速度穿透主装甲钢靶进入箱体内部后，在目标内活性聚能侵彻体开始发生爆燃反应，从而在目标内部产生高温高压场。研究表明，活性聚能侵彻体爆燃反应产生的温度高达 2 000 K，瞬间达到电子元器件内材料升华温度，这可使电子元器件还没来得及碳化和融化就直接发生升华效应。实验中，第 2 层电子元器件在实验后未找到，这可能就是因为放置在第 2 层的电子元器件在活性聚能侵彻体爆燃反应过程中完全热解升华了。

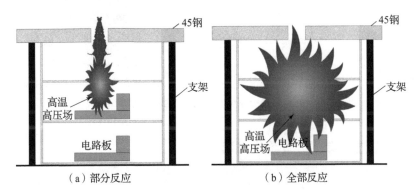

（a）部分反应　　　　　　　　　　　（b）全部反应

图 3.39　活性聚能侵彻体毁伤电子元器件过程

由于多层间隔铝靶的存在，活性聚能侵彻体爆燃反应后产生的高温气体产物进入底层时受到一定程度的阻碍，此时放置在底层的电子元器件相对于第2层电子元器件受到的温度较低、超压较小，电子元器件上一部分设备发生热解甚至升华，但还有一部分电子元器件材料由于温度较低，仅发生碳化反应，这与实验中放置于底层的电子元器件毁伤后结果吻合。活性聚能侵彻体首先利用动能侵彻，剩余侵彻体再在密闭空间内发生爆燃反应，释放大量气体产物和化学能，形成高温高压场，大幅提高对技术装备的终端毁伤效应。

### 3.4.3 有生力量杀伤增强效应

**1. 实验方法**

活性药型罩口径为 140 mm，活性药型罩聚能战斗部主要由壳体、主装药、活性药型罩组成。其中，战斗部壳体材料为 45 钢，厚度为 5 mm，装药为注装 B 炸药。实验靶标为改装 T72 坦克，首上装甲由复合装甲（CA）和 RHA 两部分组成，总厚度约为 200 mm。实验中，活性药型罩聚能战斗部放置于坦克靶标首上装甲位置，在坦克靶标内驾驶位、炮手位、车长位分别放置活羊，以研究活性药型罩聚能战斗部对有生力量后效杀伤效应。活性药型罩聚能战斗部通过电雷管及起爆药引爆，实验过程通过高速摄影记录，实验后打开驾驶舱，检查有生力量杀伤效应。有生力量分布位置及活性药型罩聚能战斗部样机如图 3.40 所示。

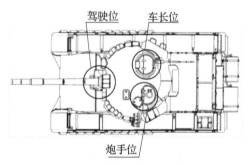 

（a）有生力量分布位置　　　　（b）活性药型罩聚能战斗部样机

图 3.40　有生力量分布位置和活性药型罩聚能战斗部样机

**2. 冲击波对有生力量杀伤机理**

战场上，对有生力量目标主要通过枪弹、破片、化学毒剂、生物战剂、冲击波等进行杀伤，且不同杀伤方式毁伤机理不同。活性聚能侵彻体主要通过爆燃反应产生的显著超压效应,实现对有生力量的杀伤效应。

冲击波的杀伤作用可分为两类:直接冲击波作用和间接冲击波作用。冲击波对人员的直接杀伤作用与冲击波的超压峰值、上升到超压峰值的速度和冲击波持续时间等因素显著相关。冲击波对人员目标的杀伤效应又可划分为 3 个阶段,在分析冲击波杀伤效应时,应综合考虑 3 个阶段所产生的杀伤效应。

第一阶段,初始冲击波对有生力量的杀伤直接与超压峰值相关。初始冲击波通过压迫作用损伤人员身体,破坏中枢神经系统,导致心脏病突发,或引起血管破裂致使皮下或内脏出血;尤其是充有空气的器官或人体组织密度变化较大的部位更易受到损伤,如肺部;此外,还会引起内脏器官破裂,特别是肝、脾等实质性器官的破裂,肌纤维的撕裂等。

第二阶段,冲击波瞬时驱动的侵彻性物体对人体造成撞击性损伤效应。该效应取决于侵彻物的飞行速度、质量、大小、形状、成分和密度,以及命中人体的具体部位和组织,其对有生力量的毁伤机理与破片和枪弹类似。

第三阶段,冲击波效应导致瞬时风动压造成人员目标整体位移,从而导致有生力量损伤。这类损伤与撞击损伤类似,损伤程度取决于身体承受加速和减速负荷的部位、负荷大小及人体对负荷的耐受力。

相关研究表明,高能炸药爆炸形成的冲击波对人体的杀伤作用取决于多个因素,主要包括装药尺寸、爆炸冲击波持续时间、人员相对于炸点的方位和距离、人体防御措施以及个人对冲击波载荷的敏感程度等。与高能炸药形成的爆炸冲击波相比,活性聚能侵彻体爆燃反应形成的冲击波主要分为两个阶段,一是初始类爆轰阶段,二是燃烧反应阶段。虽然活性材料的类爆轰阶段形成的冲击波超压峰值较高能炸药的小一些,但其持续作用时间更长。

人员对长时间持续压力的耐受程度明显高于急剧升高的压力脉冲,且缓慢升高的超压对肺部损伤明显减轻,但对耳膜、窦膜和眼眶骨的损伤更为严重。就短持续时间 (1~3 ms) 超压而言,对 54.4 kg 和 74.8 kg 重动物造成 50% 死亡率的超压值分别为 2.53 MPa 和 3.09 MPa。然而,对于长持续时间 (80~1 000 ms) 超压,致死超压峰值比短持续时间超压显著更低。动物和人员对超压的耐受程度类似,一是短时高峰超压比长时低峰超压对人员目标损伤效应更为显著,二是长持续时间超压比短持续时间超压对人体损伤更为严重。

### 3. 活性聚能侵彻体对有生力量毁伤效应

活性聚能侵彻体装甲目标(坦克)及有生力量杀伤效应如图 3.41 和图 3.42 所示,活性药型罩聚能装药有效穿透了坦克首上装甲,并在坦克内部发生剧烈爆燃反应，坦克完全被摧毁。驾驶位、炮手位、车长位有生力量靶标全部死亡，主装甲穿孔直径达75 mm，约为活性药型罩口径的0.5倍。

图3.41 坦克毁伤效应

图3.42 有生力量杀伤效应

# 第 4 章
# 反装甲活性毁伤增强聚能战斗部技术

## 4.1 概述

装甲目标指以装甲为主要防护手段提高抗弹能力的目标类型。按目标活动区域的不同,装甲目标大致可分为地面、海上和空中装甲目标3类,相应地,反装甲武器及弹药类型也有很大的不同。本节主要介绍典型装甲目标特性、传统反装甲聚能弹药类型和反装甲活性毁伤聚能弹药战斗部技术优势等内容。

### 4.1.1 典型装甲目标特性

**1. 坦克目标**

坦克集火力、机动性和防护于一身,火力是坦克攻击的武器,装甲是抵御攻击的手段,机动性则使火力发挥更大效能。战场上,坦克担任进攻和防御双重任务。进攻作战时,坦克担任攻击任务的先导;防御撤退作战中,坦克与武装直升机一起构成纵深防御体系,实施立体化同步突击。自第二次世界大战以来,坦克一直是战场上交战双方首要对付的地面机动目标。迄今为止,世界各国主战坦克已发展和装备了4代,除俄罗斯"阿玛塔"(Armat)T-14主战坦克可归属第4代范畴外,自20世纪70年代以来,世界各国装备的主战坦克均可归属为第3代,其中又以美国M1A1/A2/A3、俄罗斯T-80/90、英国"挑战者-2"、德国"豹-2"、法国"勒克莱尔"、以色列"梅卡瓦-3/4"等最具代表。

# 第 4 章 反装甲活性毁伤增强聚能战斗部技术

按防护技术原理的不同,坦克防护分为主动防护和被动防护两类。主动防护指通过主动防御系统(APS)发射拦截弹,使来袭弹药命中坦克之前被摧毁,或利用光电或电磁等效应,使来袭弹药无法命中坦克或在命中坦克之前失效。如俄罗斯 T-90 主战坦克装备的"竞技场-1""鸫-2"主动防御系统和"窗帘-1"光电干扰系统,以色列"梅卡瓦-4"和美国 M1A2 主战坦克装备的"战利品"主动防御系统等。被动防护指通过装甲提高坦克抗弹能力的手段,包括 RHA、CA、爆炸反应装甲(ERA)等类型。

总体而言,装甲防护仍是目前世界各国主战坦克的主要抗弹手段,通过几种装甲防护类型的组合应用,3 代主战坦克已具备 1 000~1 300 mm 厚等效 RHA 的抗破甲弹能力,抗穿甲弹能力已达到 500~600 mm 厚等效 RHA。

(1) RHA。一种轧制均质钢板,主要通过提高装甲的硬度、强度及韧性和增加装甲的厚度、斜度等方法提高抗弹能力,是世界各国主战坦克的主要防护手段,其不足是面密度大、增厚装甲对坦克机动性不利。

(2) CA。由两层以上不同性能的防护材料组合而成的非均质装甲,大致可分为金属与金属复合装甲、金属与非金属复合装甲、间隙装甲(SA)3 种类型,如陶瓷复合装甲、凯夫拉复合装甲、贫铀复合装甲等。在相同面密度下,CA 具有更强的抗弹抗毁伤能力。据报道,采用贫铀复合装甲的美国 M1A1 主战坦克,抗穿破甲弹和穿甲弹能力分别达到 1 300 mm 和 600 mm 厚度 RHA,被认为是目前世界上抗弹能力最强的 CA。

(3) ERA。两块装甲板之间夹一层钝感炸药构成的"三明治"式 CA,较典型的 ERA 块厚度组合有 2/4/2 mm、3/6/3 mm 和 4/7/4 mm 等几种。ERA 属于披挂在坦克主装甲之外的附加装甲块,使用时,可按不同排列方式和角度,固定在坦克首上装甲、炮塔和侧装甲上。在抗弹机理上,反坦克弹药命中 ERA 后,夹层炸药被引爆,驱动前、后装甲板高速运动,对射流或穿甲杆起干扰作用,从而显著减弱对主装甲的侵彻能力,如图 4.1 和图 4.2 所示。

图 4.1 披挂 ERA 的主战坦克

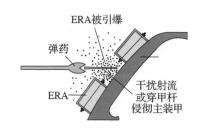

图 4.2 ERA 抗弹防护原理

目前，俄罗斯、美国、德国、英国、法国、以色列、中国等国均已发展了系列化 ERA，其中又以俄罗斯"接触/K（Kontakt）"系列 ERA 最具代表性。特别是随着俄罗斯新一代 K-5 重型 ERA 的广泛应用，主战坦克的抗毁伤能力得到了进一步提高。俄罗斯 K-5 ERA（1/4 单元）如图 4.3 所示。

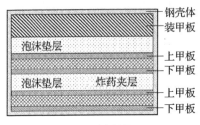 

（a）示意结构　　　　　　　　　　（b）实物结构

图 4.3　俄罗斯 K-5（1/4 单元）ERA 结构

## 2. 步兵战车

步兵战车是一种专供步兵机动和作战使用的轻型装甲战车，分为履带式和轮式两大类，是世界各国组织快速反应部队的重要装备。步兵战车除了能快速完成输送步兵的作战任务外，更重要的是还能与坦克协同作战，独立完成一定的战斗任务，是战场上坦克作战的主要伙伴。目前，在世界各国陆军团以上编制中，坦克和步兵战车的比例一般都在 1∶2 以上。其中，又以美国 M2/M3 和"斯特莱克"、俄罗斯 BMP-2/3 和 T-15、德国"黄鼠狼-2"和"美洲狮"、英国"武士-2"、以色列"雌虎"、瑞典 CV90、韩国 K-21 等最具代表。美国 M2 和俄罗斯 BMP-3 步兵战车如图 4.4 和图 4.5 所示。

图 4.4　美国 M2 步兵战车　　　　　图 4.5　俄罗斯 BMP-3 步兵战车

从步兵战车防护装甲类型看，主要有钢装甲或铝合金装甲、间隙装甲、复合装甲和纤维增强复合材料等几种。如美国 M2/3 步兵战车车体为铝合金或纤维增强复合材料焊接结构，前装甲和顶装甲为铝合金板，两侧及后部为由两层钢板和一层铝合金板构成的双气隙防护结构。俄罗斯 BMP-3 步兵战车车体为钢装甲焊接结构，车首和炮塔正面还采用了间隙装甲。德国"黄鼠狼-2"步兵战车车体采用钢装甲焊接结构，车首和炮塔正面还安装了附加夹层钢装甲。英国"武士-2"步兵战车车体采用铝合金板全焊接结构和间隙装甲防护。

总体而言，世界各国装备的第3代步兵战车不仅火力猛、机动性好，而且具有相当强的抗弹能力，车体和炮塔正面大多具备抗30 mm机关炮穿甲弹和155 mm榴弹的防护能力，大幅提升了步兵的作战能力和生存能力。

### 3. 航母

航母作为海上最大最强的战斗堡垒，按排水量不同，可分为大型、中型和轻型3类；按动力不同，可分为常规动力和核动力两类；按舰载机起降方式的不同，可分为常规起降、滑跃起降、短距起降和垂直起降4类。目前，世界上拥有航母的国家不下10个，但拥有核动力航母的国家只有美国（"尼米兹"级和"福特"级），拥有常规起降航母的国家也只有美国和法国（"戴高乐"级），美国航母的更新换代代表着当今世界的主流发展和最高水平。

现代大中型航母飞行甲板以下舰体大致设有10层左右甲板，飞行甲板与第1层通道甲板构成双层结构吊舱甲板，吊舱甲板之下为机库甲板，机库高度占4层甲板，中部为机库及附属舱，舰艏为锚链舱，舰艉为系缆装置舱。对于满载排水量达10万t以上的"尼米兹"级和"福特"级大型航母，机库甲板之下还留有2~3层用作航空修理厂、士兵舱、生活舱、食品库和行政办公室，而法国"戴高乐"级中型航母，机库甲板以下则直接布置核动力舱、主轮机舱、弹药舱和燃油舱，其他功能舱室布置在机库四周。再往下是2~3层舰底水密防护结构层。美国"福特"级航母结构布局如图4.6所示。

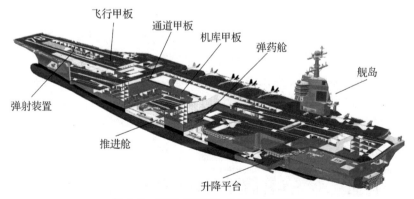

**图4.6 美国"福特"级航母结构布局**

现代大中型航母甲板和舰体材料均为高强度镍铬合金钢，强度在500~

800 MPa 范围，如 HY-80 等，飞行甲板厚度为 35 mm 左右，舷侧和其他甲板厚度为 24 mm 左右。采用模块化焊接建造方法，即先将小分段焊接成"超级分段"模块，再运至船坞内对各"超级分段"模块进行焊接。也就是说，现代大中型航母舰体是一种强力甲板焊接结构，机库甲板以上舰体属上层建筑式强力箱体结构，机库甲板以下舰体为整体水密结构。为了进一步提高舷侧抗弹毁伤和损管能力，赤水以下舰体两侧设有 5 道以上纵向隔壁，横向设有 20 余道水密横舱壁，水密液舱或空舱达 2 000 多个，舰艏和舰艉各设有 10 余道从舰底一直延伸至飞行甲板的横向防火水密舱壁。同时，飞行甲板、机库甲板、弹射器、阻拦装置、舷侧机库大门、升降平台等要害部位，均设有不同厚度的 RHA 或凯夫拉等轻质 CA 防护，进一步增强抗弹毁伤能力。

### 4. 潜艇

潜艇是现代海军力量的主力、航母战斗群水下防御体系的核心。潜艇按动力的不同，分为核动力和常规动力两类；按搭载武器和作战任务的不同，分为战略型和攻击型两类。目前，世界上拥有常规动力潜艇的国家不下 30 个，但拥有核潜艇的国家只有美国、俄罗斯、英国、法国和中国，全球部署在海洋中的潜艇不下 600 艘。俄罗斯和美国潜艇的更新换代，代表着当今世界潜艇的主流发展和最高水平，其中又以俄罗斯"北风之神"级、"台风"级和美国"俄亥俄"级等战略核潜艇，以及美国"弗吉尼亚"级、"海狼"级、"洛杉矶"级和俄罗斯"亚森"级、"奥斯卡-Ⅱ"级等攻击型核潜艇最具代表性。

从潜艇结构看，俄罗斯出于生存力考虑，基本都采用双壳体结构，两层壳体之间的载水层厚度达 2 m 以上，如俄罗斯"奥斯卡"-Ⅱ级攻击型核潜艇载水层厚度达 3 m，而世界上排水量最大的"台风"级战略核潜艇载水层厚度更是达 4 m，如同间隙装甲一样具有很强的抗毁伤能力，轻型爆破式鱼雷很难对其构成致命威胁。美国、法国、英国等西方国家则出于效费比等方面考虑，大多采用单壳体或单双混合壳体结构，如美国"弗吉尼亚"级、"海狼"级和"洛杉矶"级攻击型核潜艇，除艇艏和艇艉为双壳体结构外，其余均为单壳体结构。美国装备最多的"洛杉矶"级攻击型核潜艇结构布局如图 4.7 所示。

现代核潜艇壳体大多采用高强度、高韧性合金钢和钛合金焊接而成，非耐压壳体厚度为 10 mm 左右，耐压艇体厚度为 40 mm 左右。为进一步提高耐压壳体结构强度，沿艇长方向每隔 1 m 设有肋骨和加强筋。此外，现代潜艇为了降低被探测和发现的可能性，提高作战生存力，潜体外表面还普遍采取敷设吸声涂层、降低各种辐射和转身噪声等主动防护技术措施。

第4章 反装甲活性毁伤增强聚能战斗部技术

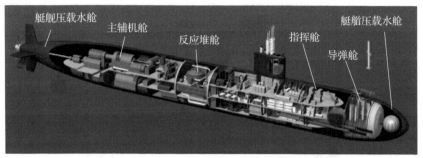

图 4.7　美国"洛杉矶"级攻击型核潜艇结构布局

## 4.1.2　传统反装甲聚能弹药类型

**1. 反坦克导弹**

为了有效对付披挂反应装甲的主战坦克，国内外现役反坦克导弹主装备普遍采用两级串联聚能战斗部体制，如美国的"陶式""标枪""地狱火"等，俄罗斯的"竞赛"系列、"短号"等，欧洲的"米兰"系列、"霍特"系列和"崔格特"等。反坦克导弹的基本作用原理为，前级用于引爆反应装甲，后级用于击穿主装甲，毁伤内部技术装备和杀伤人员，如图 4.8 所示。在两级串联战斗部结构设计上，为了避免前级爆炸对后级造成不利影响，前、后两级战斗部之间需设置隔爆装置，前级战斗部口径和装药量应尽可能小。另外，为了规避反应装甲爆轰场对后级主射流的干扰作用，两级战斗部的起爆时间需有一定的延时。

图 4.8　串联反坦克导弹作用原理

**2. 反坦克火箭弹**

反坦克火箭弹是一类由单兵或机载火箭筒发射的便携式轻型反坦克弹药，主要用于近距离攻击坦克和轻型装甲战车，也可用于摧毁工事或巷战攻坚。目前，世界各国装备的反坦克火箭弹主要是第二和第三代产品，如美国 M72 系列、美国 M136/AT4 等，俄罗斯 RPG 系列，英国"劳-80"，德国"铁拳3"，

157

法国"阿皮拉斯"、瑞典 AT4 等。从战斗部结构特点看，为了有效对付反应装甲和提高破甲能力，世界各国装备的第三代反坦克火箭弹大多采用了与反坦克导弹类似的两级串联战斗部体制，反坦克作用原理也基本相同。

值得指出，现役反坦克火箭弹由于受有效射程近、精度低等局限，以瑞典"古斯塔夫"（Gustav）M3/M4 无后坐力炮为代表的反坦克火箭弹，因射程远、精度高、威力大，成为世界各国竞相采购的单兵多用途反坦克武器。

### 3. 反坦克末敏弹

与反坦克导弹和反坦克火箭弹不同，反坦克末敏弹是一类集红外、毫米波和爆炸成型弹丸等技术于一体的攻顶式弹药。或者说，反坦克末敏弹是专门针对坦克和轻型装甲战车最薄弱的顶装甲实施打击的智能弹药。按武器平台的不同，反坦克末敏弹大致可分为炮射、火箭炮或机载末敏弹 3 类。其中，炮射末敏弹以美国的"萨达姆"（SADARM）、德国的"斯马特"（SMART）以及瑞典和法国联合研制的"博纳斯"（BONUS）等最具代表性；火箭炮末敏弹以俄罗斯的"龙卷风（Smerch）"多管火箭炮 9K55K1 最具代表性；机载末敏弹则以美国的 CBU - 97/B 布撒器 BLU - 108/B 和俄罗斯的 RBK - 500 布撒器 SPBE 最具代表性；我国在炮射和火箭炮末敏弹研制方面处于国际先进水平。末敏弹的基本作用原理为，母弹在集群装甲目标上空预定高度抛撒末敏子弹，末敏子弹在稳旋转扫描伞的作用下，通过红外和毫米波探测瞄准目标，在距离目标 100 m 左右处引爆战斗部，形成高速爆炸成型弹丸，攻顶打击和毁伤目标，如图 4.9 所示。

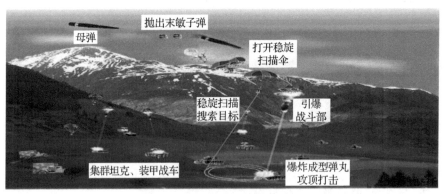

图 4.9　反坦克末敏弹作用原理

### 4. 反坦克地雷

反坦克地雷作为一种传统反坦克弹药，特别是随着声震、红外和爆炸成型弹丸等技术的集成应用，已不只限于地面攻击坦克底甲、侧甲和履带，从空中实施攻顶打击已成为现实，如美国"大黄蜂"XM93广域反坦克智能雷和美国ERAM远程反坦克智能雷、俄罗斯PTKM-1R反坦克智能雷等。其基本作用原理为，反坦克智能雷地面布设后，先通过声震传感器自主探测坦克方位和距离，一经进入攻击区域，立刻以一定角度向空中发射有效载荷，再经红外探测瞄准后，与末敏弹类似，引爆战斗部形成高速爆炸成型弹丸，一举攻顶毁伤坦克，如图4.10所示。

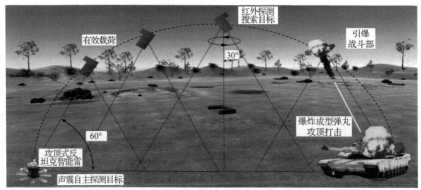

图 4.10 攻顶式反坦克智能雷作用原理

**5. 轻型反潜鱼雷**

轻型反潜鱼雷是现代海军的主要反潜手段，但受战斗部装药量少的局限，采用爆破战斗部，水中爆炸压力波和气泡脉动毁伤能力有限，难以对现代潜艇构成致命威胁。目前，世界各国先进轻型反潜鱼雷普遍采用聚能打击方式，即利用聚能战斗部爆炸形成高速爆炸成型弹丸，一举穿透潜艇耐压壳体，毁伤内部技术装备和杀伤人员，如美国的MK50/54、俄罗斯的MTT、欧洲的MU90、法国的"海膳"等。由于受爆炸成型弹丸径向尺寸的局限，轻型反潜鱼雷一般只能对耐压壳体造成80~100 mm的穿孔，很难对潜艇不沉性构成致命威胁，其作用原理如图4.11所示。

## 4.1.3 反装甲活性聚能战斗部技术

现役反装甲活性毁伤聚能弹药战斗部为有效打击和毁伤各类装甲目标提供了重要手段。但由于受金属聚能侵彻体（聚能射流、杆式射流、爆炸成型弹丸）动能侵彻机理的局限，穿透装甲后，剩余侵彻体和崩落碎片的速度和动能往往犹如强弩之末，毁伤能力弱，毁伤区域有限，在很大程度上制约了后效毁伤威力的发挥。反装甲活性毁伤聚能弹药战斗部技术为大幅增强反装甲后效毁伤威力开辟了新途径。

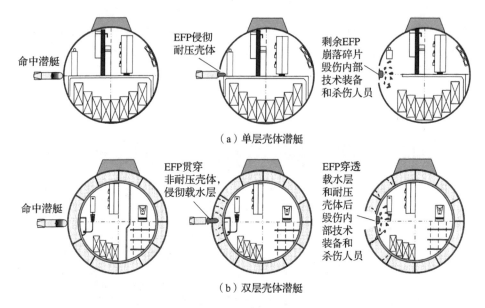

(a) 单层壳体潜艇

(b) 双层壳体潜艇

图 4.11 轻型反潜鱼雷作用原理

## 1. 反坦克反装甲战车毁伤技术优势

活性毁伤聚能技术应用于反坦克导弹和火箭弹,毁伤模式和技术优势如图 4.12(a)所示。对于前级活性聚能战斗部,利用活性射流动能和爆炸化学能联合作用,可显著增强引爆 ERA 的能力,缩小口径,减少装药量,降低隔爆难度;后级活性聚能战斗部,活性射流穿透主装甲后高效内爆作用,产生冲击波、燃烧和高热等效应,大幅增强对内部技术装备和人员的后效毁伤。

活性毁伤聚能技术应用于反坦克末敏弹和地雷,毁伤模式和技术优势如图 4.12(b)所示。反坦克末敏弹或地雷爆炸形成高速活性爆炸成型弹丸,一举穿透坦克顶甲或底甲后进入内部爆炸,产生冲击波、燃烧、热蚀等效应,高效毁伤内部技术装备,杀伤人员,大幅增强反坦克反装甲战车后效毁伤威力。

## 2. 反潜毁伤技术优势

活性毁伤聚能技术应用于轻型反潜鱼雷,毁伤模式和技术优势如图 4.13 所示。打击单层壳体潜艇时,利用活性聚能战斗部爆炸形成的高速活性爆炸成型弹丸,一举贯穿毁伤潜艇耐压壳体后,进入潜艇内部爆炸,产生冲击波、燃烧、热蚀等效应,高效毁伤内部技术装备,杀伤人员,如图 4.13(a)所示。打击双层壳体潜艇时,则是利用活性聚能战斗部爆炸形成的大尺寸活性爆炸成型弹丸贯穿非耐压壳体后,进入载水层内爆炸,利用水中压力波、气泡脉动等效应,解体毁伤非耐压壳体,摧毁内部技术装备,如图4.13(b)所示。

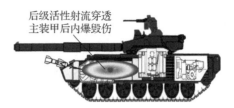

(a)反坦克导弹和火箭弹

(b)反坦克末敏弹和地雷

图4.12 活性聚能反坦克反装甲战车毁伤技术优势

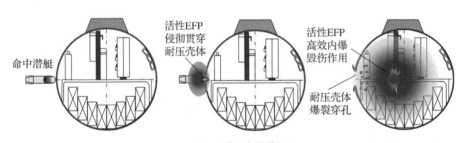

(a)反单层壳体潜艇

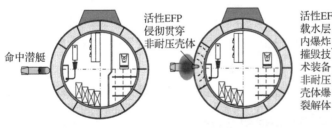
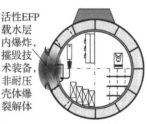

(b)反双层壳体潜艇

图4.13 活性聚能反潜毁伤技术优势

### 3. 反航母毁伤技术优势

活性毁伤聚能技术应用于反航母子母战斗部,毁伤模式和技术优势如图 4.14 所示。母弹在航母上空一定高程处开舱抛撒活性聚能子弹,子弹命中航母甲板后即刻爆炸形成高速活性爆炸成型弹丸,一举爆裂贯穿飞行甲板,剩余活性爆炸成型弹丸则进入飞行甲板与吊舱甲板之间爆炸,毁伤弹射系统、阻拦系统等技术装备,从而以非致命打击方式高效封锁航母核心战斗力的作战效能。

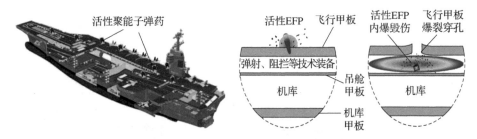

图 4.14 活性聚能反航母毁伤技术优势

## 4.2 钢靶活性毁伤效应

活性聚能战斗部爆炸形成活性聚能侵彻体,通过动能与爆炸化学能时序联合作用,对钢靶产生结构爆裂毁伤。本节主要基于活性聚能战斗部作用钢靶毁伤实验及侵彻理论,建立活性聚能侵彻体扩孔和钢靶爆裂毁伤模型。

### 4.2.1 钢靶毁伤增强效应

对于活性药型罩聚能装药,在主装药爆炸驱动下,活性药型罩形成聚能侵彻体,不仅可以像传统惰性金属聚能侵彻体一样侵彻或贯穿目标,更重要的是,其进入目标内部后可发生爆燃反应,释放大量气体产物及化学能。也就是说,活性聚能侵彻体可通过动能侵彻和强烈内爆两种毁伤机理的联合作用,对目标造成更为致命的结构爆裂毁伤,甚至局部结构解体毁伤。

**1. 低密度活性聚能侵彻体对钢靶毁伤效应**

典型活性药型罩材料为 PTFE/Al、PTFE/Ti 等配方体系,通过调节铝粉、钛粉等组分含量,可调控活性材料密度,同时可保证活性材料反应释放的化学能和气体产物量,这类活性药型罩材料密度一般为 $2.0 \sim 3.0 \text{ g/cm}^3$。

1)中大口径活性药型罩聚能装药

中大口径活性聚能战斗部作用钢靶实验原理及靶场布置如图 4.15 所示,实验系统主要由活性药型罩、主装药、炸高支架、钢靶等组成。活性药型罩口径为 90 mm,炸高 $H$ 分别选择 0.5 CD、1.0 CD、1.5 CD 与 2.0 CD,以对比炸高对毁伤效应的影响。靶板材料为 45 钢,直径、高度均为 200 mm。

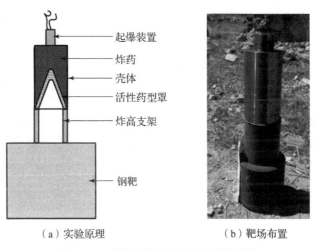

(a)实验原理　　　　　　(b)靶场布置

图 4.15　活性聚能战斗部作用钢靶实验

口径为 90 mm 的活性聚能战斗部在 4 种炸高条件下对钢靶毁伤实验结果列于表 4.1。可以看出,随着炸高从 0.5 CD 增加到 2.0 CD,活性聚能侵彻体侵彻深度先增加后减小,而侵孔直径逐渐减小;尤其当炸高从 1.5 CD 增加至 2.0 CD 时,侵彻深度降低约 22%。对金属铜射流而言,在合适炸高下,侵彻深度一般为 3~5 CD,侵孔直径为 0.2~0.4 CD。相比之下,活性聚能侵彻体侵孔直径明显增大,具体表现为,炸高为 0.5~2.0 CD 时,侵孔直径为 0.58~0.76 CD,但活性聚能侵彻体侵彻深度下降显著,炸高为 1.5 CD 时,最大侵彻深度仅为 1.22 CD。

表 4.1　活性聚能战斗部对钢靶毁伤实验结果

| 序号 | 炸高/CD | 侵彻深度/CD | 侵孔直径/CD | 碎块或裂纹数量 |
| --- | --- | --- | --- | --- |
| 1 | 0.5 | 0.93 | 0.76 | 6 碎块/6 裂纹 |
| 2 | 1.0 | 1.18 | 0.72 | 2 碎块/5 裂纹 |
| 3 | 1.5 | 1.22 | 0.67 | 2 碎块 |
| 4 | 2.0 | 0.95 | 0.58 | 2 裂纹 |

在不同炸高条件下，活性聚能战斗部对钢靶毁伤效应如图 4.16 所示。可以看出，炸高对钢靶爆裂毁伤模式影响显著。炸高为 0.5 CD、1.0 CD 与 1.5 CD 时，在动能与化学能联合作用下，爆裂毁伤效应导致钢靶裂为多个碎块。同时，侵孔内或侵孔周围还形成多条裂纹，且裂纹数量、大小均与炸高紧密相关。炸高为 0.5 CD 时，钢靶裂为 6 块，且最大钢靶碎块上产生 2 条大裂纹及 1 条小裂纹，且大裂纹贯穿整个钢靶，如图 4.16（a）所示。炸高为 1.0 CD 时，钢靶裂为两块，也可观察到钢靶碎块上产生显著裂纹，如图 4.16（b）所示。炸高为 1.5 CD 时，钢靶裂为两块，但未观察到裂纹，如图 4.16（c）所示。然而，炸高为 2.0 CD 时，活性聚能侵彻体对钢靶毁伤效应显著下降，钢靶侵孔周围仅可观察到两条大裂纹，钢靶未发生破碎，如图 4.16（d）所示。

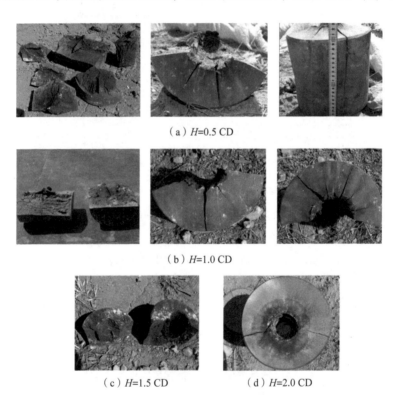

图 4.16 不同炸高条件下活性聚能战斗部对钢靶毁伤效应

此外，从图 4.16 还可看出，钢靶断裂面均较为平整，裂纹呈韧窝状，圆柱形钢靶表现产生剪切式破坏，裂纹呈现典型厚靶拉伸平断口破裂方式。钢靶上形成的裂纹均由侵孔内表面沿径向向钢靶外表面扩展，且靠近侵孔内表面的裂纹较宽,并不断变窄。与此同时,侵孔通道上、下直径基本一致,且侵孔通道内、钢靶爆裂面以及钢靶表面均附着有黑色活性材料反应产物。

2)中小口径活性药型罩聚能装药

活性药型罩口径为 66 mm,炸高分别选择 0.5 CD、1.0 CD 与 1.5 CD,45 钢钢靶直径为 120 mm,高度为 100 mm。实验结果列于表 4.2,在不同炸高条件下钢靶毁伤效应如图 4.17 所示,钢靶侵孔剖面如图 4.18 所示。

表 4.2 活性聚能战斗部对钢靶毁伤实验结果

| 序号 | 炸高/CD | 侵彻深度/CD | 侵孔直径/CD | 碎块或裂纹数量 |
| --- | --- | --- | --- | --- |
| 1 | 0.5 | 0.79 | 0.91 | 2 碎块/4 裂纹 |
| 2 | 1.0 | 0.73 | 0.84 | 4 条裂纹 |
| 3 | 1.5 | 0.76 | 0.65 | 无裂纹 |
| 4 | 2.0 | 0.45 | 0.59 | 无裂纹 |

 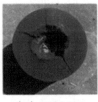 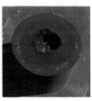

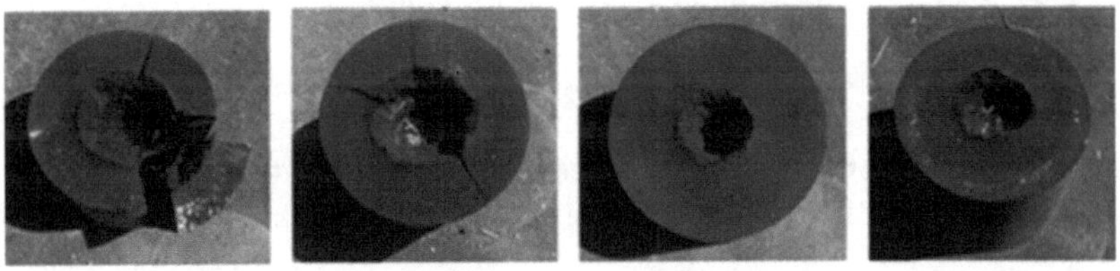

(a) $H$=0.5 CD  (b) $H$=1.0 CD  (c) $H$=1.5 CD  (d) $H$=2.0 CD

图 4.17 不同炸高条件下活性聚能战斗部对钢靶毁伤效应

  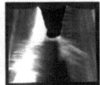 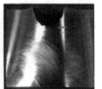

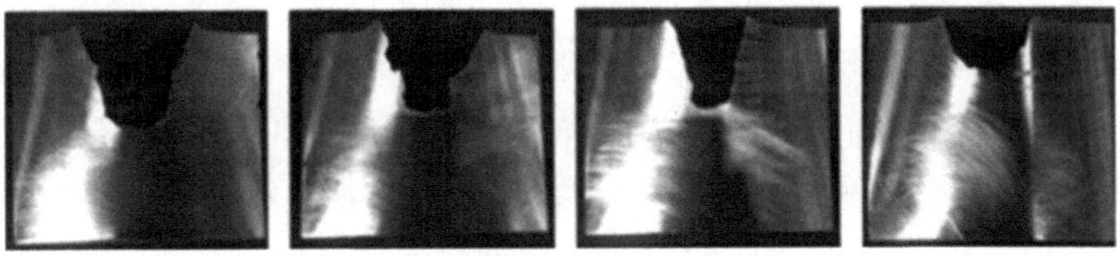

(a) $H$=0.5 CD  (b) $H$=1.0 CD  (c) $H$=1.5 CD  (d) $H$=2.0 CD

图 4.18 钢靶侵孔剖面

从表 4.2 可以看出,66 mm 口径活性聚能战斗部对钢靶的侵彻深度在炸高 0.5~1.5 CD 之间变化较小,侵彻深度介于 0.73~0.79 CD;但当炸高从 1.5 CD 增加到 2.0 CD 时,侵彻深度从 0.76 CD 迅速下降至 0.45 CD,下降幅度约为 40.7%。炸高对侵孔直径的影响较显著,随着炸高从 0.5 CD 增加到 2.0 CD,被侵彻钢靶上表面侵孔直径从 0.91 CD 下降到 0.59 CD。

从图 4.17 可以看出，在不同炸高条件下，活性聚能战斗部对钢靶毁伤增强效应显著不同。具体表现为，炸高为 0.5 CD 时，钢靶裂为两块，侵孔周围形成 4 条大裂纹；炸高为 1.0 CD 时，钢靶未开裂，形成的 4 条裂纹中 3 条贯穿钢靶表面；当炸高为 1.5 CD 和 2.0 CD 时，钢靶侵孔周围未产生裂纹。此外，钢靶表面及侵孔通道内均被黑色活性材料反应产物覆盖，这主要是因为 PTFE/Al 活性材料瞬态爆燃反应时空气中氧含量不足，氧化还原反应形成单质碳。

从图 4.18 可以看出，在活性聚能侵彻体动能侵彻和爆燃反应内爆耦合作用下，钢锭内部爆炸毁伤痕迹明显，整个侵坑内部在活性材料爆燃作用下出现凹凸不平的毁伤痕迹，表现为被侵彻钢靶侵孔剖面不平整，尤其是在炸高较小时，这种不平整现象更明显。还可以看出，炸高为 0.5 CD 时，整个侵孔直径自上而下相差不大；炸高增至 1.0 CD 时，侵孔上半部分直径均匀变化，中间位置直径迅速减小至最大孔径的一半；当炸高为 1.5 CD 时，侵孔通道相较细长；当炸高为 2.0 CD 时，活性聚能侵彻体在钢靶上仅形成较浅的侵坑。

## 2. 高密度活性聚能侵彻体对钢靶毁伤效应

在传统 PTFE/Al、PTFE/Ti 活性材料体系的基础上，添加其他金属或金属氧化物，如 Ni、Cu、Pb、W 等高密度惰性金属粉体和 $Fe_3O_4$、$MnO_2$、$Bi_2O_3$ 等金属氧化物，一方面可提高活性药型罩密度，另一方面可改善活性聚能侵彻体的延展性及含能量，从而提高活性聚能侵彻体对目标的毁伤威力。

选用 PTFE、Al、Cu 和 Pb 四种组分，经冷压成型和烧结硬化制备出口径为 100 mm、密度约为 5.1 $g/cm^3$ 的活性药型罩，研究高密度活性药型罩聚能装药对钢靶毁伤效应。钢靶由直径均为 130 mm，厚度分别为 200 mm、100 mm 和 50 mm 的钢锭组成，炸高 $H$ 分别选择 0.5 CD、1.0 CD、1.5 CD 和 2.0 CD。

高密度活性药型罩聚能装药作用钢靶的侵彻深度及侵孔直径列于表 4.3。从表中可以看出，炸高为 1.5 CD 时，对钢靶侵彻深度可达 3.35 CD。与表 4.1 中低密度活性聚能侵彻体对钢靶的侵彻深度 1.22 CD 相比，在相同炸高条件下，PTFE/Al/Cu/Pb 比 PTFE/Al 活性聚能侵彻体的侵彻深度提高约 1.75 倍。这主要是因为，与 PTFE/Al 活性药型罩相比，一方面，PTFE/Al/Cu/Pb 活性药型罩密度较高；另一方面，在 PTFE/Al 基础配方里添加 Cu 粉与 Pb 粉可以增加活性聚能侵彻体的延展性，在共同作用下，PTFE/Al/Cu/Pb 活性药型罩聚能装药的侵彻深度大幅提高。

表4.3 高密度活性药型罩聚能装药侵彻钢靶实验结果

| 实验序号 | 炸高/CD | 侵彻深度/CD | 侵孔直径（mm） | | | | | |
|---|---|---|---|---|---|---|---|---|
| | | | 1号钢靶 | | 2号钢靶 | | 3号钢靶 | |
| | | | 入口 | 出口 | 入口 | 出口 | 入口 | 出口 |
| 1 | 0.5 | 2.30 | 碎裂 | 碎裂 | 20.8 | 未透 | — | — |
| 2 | 1.0 | 2.88 | 碎裂 | 碎裂 | 18.6 | 未透有裂纹 | — | — |
| 3 | 1.5 | 3.35 | 碎裂 | 碎裂 | 17.8 | 15.6 | 14.8 | 未透 |
| 4 | 2.0 | 3.18 | 23.3 | 19.4 | 17.3 | 15.2 | 14.5 | 未透 |

在不同炸高条件下，高密度活性聚能侵彻体对钢靶毁伤效应如图4.19所示。PTFE/Al/Cu/Pb活性聚能侵彻体在侵孔通道内发生剧烈爆燃反应，释放大量化学能及气体产物，导致钢靶发生严重爆裂，形成若干碎块。炸高为0.5 CD时，在高密度活性聚能侵彻体动能与化学能联合作用下，1号钢靶碎裂为一个大块和若干小块，但未穿透2号钢靶。炸高为1.0 CD时，1号钢靶碎裂为2个大块和若干小小块，虽未穿透2号钢靶，但在2号钢靶入孔处产生两条交叉裂纹。炸高为1.5 CD时，1号钢靶碎裂为2个大块和2个小块，2号钢靶被穿透，但3号钢靶未被穿透。随着炸高增至2.0 CD，1号钢靶未发生碎裂，仅形成一条贯穿裂纹，2号钢靶被穿透，3号钢靶未被穿透。在PTFE/Al/Cu/Pb活性聚能侵彻体动能侵彻与爆燃反应内爆耦合作用下，1号钢靶会发生严重碎裂，且这种碎裂行为受炸高影响显著。

**3. 复合结构活性聚能侵彻体对钢靶毁伤效应**

通过活性药型罩部分替代金属药型罩，即可获得复合结构活性药型罩聚能装药。活性药型罩对金属药型罩的替代方式主要分为两种，一是药型罩顶部使用活性材料，下半部分使用金属，在爆炸驱动下，利用活性射流与金属射流的时序作用差异，实现高效毁伤；二是通过活性药型罩替代双层或多层药型罩的一层，结合传统金属射流的高密度、高延展性和活性聚能侵彻体的内爆毁伤优势，联合发挥活性药型罩与传统金属药型罩综合毁伤优势。

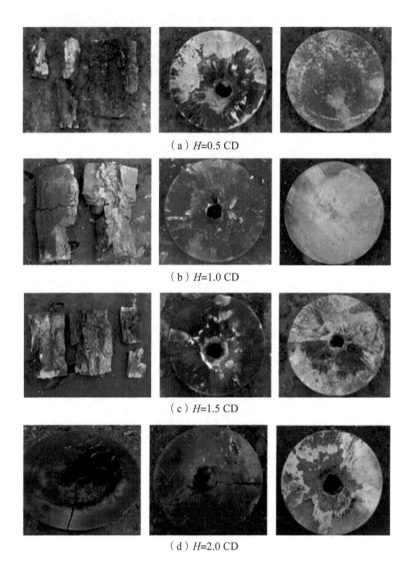

(a) $H$=0.5 CD

(b) $H$=1.0 CD

(c) $H$=1.5 CD

(d) $H$=2.0 CD

图 4.19　高密度活性聚能侵彻体对钢靶毁伤效应

　　实验中，复合结构活性药型罩口径为 50 mm，靶板材料为 45 钢，总厚度为 250 mm，由厚度分别为 100 mm、50 mm、30 mm、20 mm、20 mm 和 30 mm 的钢锭组成。炸高分别选择 1.0 CD、2.0 CD 和 2.5 CD。复合结构活性药型罩聚能装药对钢靶侵彻深度和每块钢靶侵孔直径列于表 4.4。

表 4.4 复合结构活性药型罩聚能装药侵彻钢靶实验结果

| 实验序号 | 炸高/CD | 侵彻深度/CD | 侵孔直径/mm | | | | | | |
|---|---|---|---|---|---|---|---|---|---|
| | | | 1 号钢靶 | | 2 号钢靶 | | 3 号钢靶 | | 4 号钢靶 |
| | | | 入口 | 出口 | 入口 | 出口 | 入口 | 出口 | 入口 |
| 1 | 1.0 | 3.06 | $\phi 27$ | $\phi 7.5$ | $12 \times 13$ | $\phi 12$ | $\phi 14$ | — | — |
| 2 | 2.0 | 3.44 | $\phi 26$ | $\phi 6$ | $\phi 6$ | $\phi 6$ | $\phi 9$ | — | — |
| 3 | 2.5 | 3.72 | $\phi 26$ | $\phi 6$ | $\phi 6$ | $\phi 5$ | $7.5 \times 8.6$ | $\phi 6$ | $\phi 7$ |

在 3 种炸高条件下，复合结构活性聚能侵彻体对钢靶的侵彻深度均超过 3.0 CD；炸高为 2.5 CD 时，最大侵彻深度可达 3.72 CD。与表 4.1 中 90 mm 口径低密度活性聚能侵彻体最大侵彻深度 1.22 CD 相比，复合结构活性聚能侵彻体侵彻深度增加约 2 倍；与表 4.2 中 66 mm 口径低密度活性聚能侵彻体最大侵彻深度 0.79 CD 相比，复合结构活性聚能侵彻体的侵彻深度增加约 3.7 倍。

在不同炸高条件下，复合结构活性药型罩聚能装药对钢靶毁伤效应如图 4.20 所示。从图中可以看出，复合结构活性药型罩聚能装药侵彻钢靶后，各块钢靶入孔和出孔周围均不同程度地分布有黑色的活性材料爆燃反应产物。相比较而言，第一块钢靶上表面烟气熏黑痕迹最强，且入孔周围分布有细小裂纹；在 3 种炸高条件下，第三块钢靶正面黑色痕迹依然明显，尤其是当炸高为 1.0 CD 时，第三块钢靶正面几乎全被活性材料爆燃产物所覆盖。事实上，钢靶上黑色残留与进入侵孔内的活性材料质量呈正比关系，且对钢靶破坏模式有显著影响。

从实验结果还可看到，复合结构活性药型罩聚能装药技术体现了一种新的毁伤机理，结合了金属射流的侵彻能力和活性材料爆燃化学能释放效应。在合理设计复合结构活性药型罩聚能装药结构的前提下，充分发挥金属射流和活性射流各自的优势，可大幅提升聚能装药结构对目标毁伤效应。

## 4.2.2 活性聚能侵彻体侵彻机理

活性聚能战斗部作用钢靶毁伤原理如图 4.21 所示。活性聚能战斗部作用钢靶主要分为 3 个阶段：首先，活性聚能战斗部在装药爆炸驱动作用下形成活性聚能侵彻体，如图 4.21（b）所示；随后，活性聚能侵彻体高速侵彻钢靶，产生具有一定深度和直径的侵孔，如图 4.21（c）所示；最后，剩余活性聚能侵彻体发生剧烈爆燃反应，释放大量化学能和气体产物，导致侵孔内压力骤升，对钢靶造成二次结构毁伤增强效应，如图 4.21（d）所示。

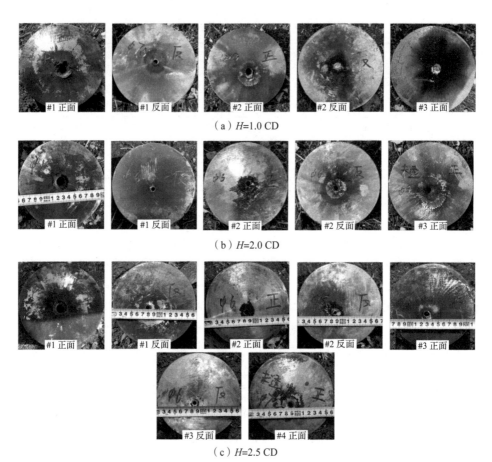

(a) $H$=1.0 CD

(b) $H$=2.0 CD

(c) $H$=2.5 CD

图 4.20　复合结构活性药型罩聚能装药对钢靶毁伤效应

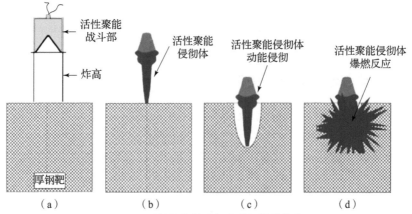

图 4.21　活性聚能战斗部作用钢靶毁伤原理

对于所给定的聚能装药结构，炸高对活性聚能侵彻体成形和侵彻效应影响显著。炸高对活性聚能侵彻体侵彻威力的影响可从 4 方面进行分析：一是随着炸高的增加，活性聚能侵彻体得到有效拉伸，从而增加侵彻深度；二是炸高增加，伸长后的活性聚能侵彻体产生径向分散和摆动，延伸至一定程度后产生缩颈，甚至出现空穴或断裂现象，稳定性降低，导致侵彻深度减小；三是活性聚能侵彻体在成形过程中可能被激活，炸高越大，活性聚能侵彻体碰靶所需时间越长，发生反应的活性材料越多，不利于侵彻威力发挥；四是随着炸高增加，活性聚能侵彻体拉伸长度大、直径小，在一定弛豫时间内，进入破甲孔内的活性材料质量减少，释放化学能减少，从而影响对目标爆裂毁伤效应。

**1. 类惰性射流侵彻模型**

在成型装药高应变率爆轰加载下，活性药型罩发生剧烈变形，首先导致活性材料内部温度快速升高，形成热点并发生局部点火反应，爆轰压力继续作用及活性药型罩进一步变形，所形成的活性聚能侵彻体最终发生整体爆燃反应。但需要特别说明的是，从活性材料激活至最终发生化学反应，不仅需要足够高的爆轰冲击波压力，还需要一定的压力持续时间，该时间间隔即活性聚能侵彻体的反应弛豫时间。由于反应弛豫时间存在，活性聚能侵彻体发生化学反应之前，才能对目标产生类似惰性侵彻体的侵彻毁伤行为。

在类惰性射流侵彻模型的建立中，假设所有活性材料到达反应弛豫时间后瞬间起爆，且所有化学能均是一次性释放。根据惰性射流准定常不可压缩流体力学理论，忽略靶板强度效应，基于虚拟原点理论，可得图 4.22 所示类惰性射流侵彻厚钢靶理论模型。图中，纵轴 $y$ 为轴向距离，且以活性药型罩底部坐标为原点；横轴为时间 $t$，且以爆轰波到达装药底部为 0 时刻；$t_0$ 为活性射流成形时间，$\tau$ 为活性射流反应弛豫时间，$H$ 为炸高，$BP$ 为类惰性射流深度随时间变化曲线，$BM$ 为活性射流侵彻深度随时间变化曲线。

与 $M$ 点对应的侵彻深度为 $L$，由图中的几何关系可知

$$(\tau - t_a) v_j = L + H - a \qquad (4.1)$$

式（4.1）对 $t$ 微分，因 $(H-a)$ 为常数，且 $\mathrm{d}L/\mathrm{d}t = u$，可得

$$\int_{t_0 - t_a}^{\tau - t_a} \frac{\mathrm{d}t}{t} = -\int_{v_\beta}^{v_j} \mathrm{d}v_j / (v_j - u) \qquad (4.2)$$

对式（4.2）积分，得

$$\tau - t_a = (t_0 - t_a) \left( \frac{v_{\mathrm{tip}}}{v_j} \right)^{1 + \sqrt{\rho/\rho_t}} \qquad (4.3)$$

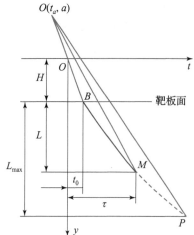

图 4.22 类惰性射流侵彻厚钢靶理论模型

将反应弛豫时间 $\tau$ 带入式（4.1），可得

$$L = (t_0 - t_a) v_j \mathrm{e}^{-\int_{v_{j0}}^{v_j} \frac{\mathrm{d}v_j}{v_j - u}} - H + a \qquad (4.4)$$

对于理想不可压缩流体有

$$u = v_j \bigg/ \left(1 + \sqrt{\frac{\rho_t}{\rho_j}}\right) \qquad (4.5)$$

由式（4.5），可得

$$\mathrm{e}^{-\int_{v_{j0}}^{v_j} \frac{\mathrm{d}v_j}{v_j - u}} = \left(\frac{v_j}{v_{j0}}\right)^{-1 - \sqrt{\frac{\rho_t}{\rho_j}}} \qquad (4.6)$$

将式（4.6）代入式（4.4），可得

$$L = (H - a) \left[\left(\frac{v_{\mathrm{tip}}}{v_j}\right)^{\sqrt{\rho_t/\rho_j}} - 1\right] \qquad (4.7)$$

式（4.7）也可转化为侵彻深度 $L$ 和反应弛豫时间 $\tau$ 的关系：

$$L = (H - a) \left[\left(\frac{\tau - t_a}{t_0 - t_a}\right)^{\frac{1}{1 + \sqrt{\rho_t/\rho_j}}} - 1\right] \qquad (4.8)$$

式中，$\rho_t$ 与 $\rho_j$ 分别为靶板和活性聚能侵彻体的密度；$(t_a, a)$ 为虚拟原点的坐标，具体值可通过数值模拟，利用最小二乘法计算获得。

式（4.8）即准定常条件下活性射流侵彻模型。与准定常理想流体力学金属射流侵彻模型相比，引入了活性射流反应弛豫时间 $\tau$，更进一步说明了活性射流侵彻过程与活性材料反应弛豫时间显著相关。

从活性聚能侵彻体侵彻模型可知，侵彻深度除与炸高，靶板密度，活性聚能侵彻体的密度、头部速度相关外，还显著受活性材料反应弛豫时间影响。活性材反应弛豫时间为零时，活性药型罩在爆轰波作用初始时刻即发生剧烈化学反应，因此无法形成聚能侵彻体；若反应弛豫时间小于活性射流成形时间 $t_0$，活性药型罩虽然可以形成活性聚能侵彻体，但是在侵彻靶板前，活性材料即发生爆燃反应，导致侵彻深度依然为零；若反应弛豫时间小于对应类惰性射流侵彻时间，则随着反应弛豫时间的增加，侵彻深度增加；若反应弛豫时间足够长，即侵彻深度会达到最大侵彻深度 $L_{max}$，此时，反应弛豫时间不对侵彻深度造成影响。

以 90 mm 口径活性药型罩聚能装药侵彻钢靶为例，根据准定常条件下活性射流侵彻模型，可得到不同炸高下活性聚能侵彻体对钢靶侵彻深度与反应弛豫时间关系，如图 4.23 所示。理论上，对于给定的活性药型罩聚能装药结构，活性聚能侵彻体反应弛豫时间应该是一样的，但由于不同炸高下活性射流侵彻速度、碰靶时间不同，同时考虑实验误差，可得到 4 个不同的活性材料反应弛豫时间值。通过平均，可获得实验中活性材料反应弛豫时间约为 126.2 μs。值得注意的是，聚能装药结构、炸药类型、活性药型罩锥角和壁厚对活性聚能侵彻体的反应弛豫时间都有一定程度的影响，但需结合具体问题进行分析。

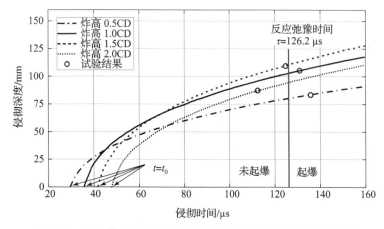

图 4.23　活性聚能侵彻体反应弛豫时间与炸高对侵彻深度的影响

从图 4.23 中还可看出，反应弛豫时间与炸高对侵彻深度有显著影响，但与炸高效应相比，反应弛豫时间对侵彻深度的影响更为显著。其主要原因在于，炸高对侵彻深度的影响，必须依赖于活性聚能侵彻体具有较长的反应弛豫时间，即在给定炸高的条件下，侵彻深度随反应弛豫时间的增加而显著增加。此外，当活性材料反应弛豫时间较短时，活性聚能侵彻体在较小炸高下可能会对钢靶产生较好的毁伤效应，因此活性材料反应弛豫时间对活性射流的有利炸高也有一定影响，一般随着反应弛豫时间的增加，活性聚能侵彻体有利炸高随之适当增加。

由图 4.23 还可得到，活性聚能侵彻体侵彻钢靶的侵彻规律与金属铜射流大致相同，即侵彻深度随着侵彻时间呈指数增长趋势。但对于给定的活性药型罩聚能装药结构，在一定反应弛豫时间内，随着炸高的增加，活性聚能侵彻体碰靶时间 $t_0$ 增加，因此活性聚能侵彻体侵彻钢靶时间减少。90 mm 口径活性药型罩聚能装药侵彻钢靶实验中，炸高为 0.5 CD 时，虽然侵彻时间最长，但活性聚能侵彻体还未完全拉伸即开始碰靶，不利于侵彻深度的提高；当炸高从 1.0 CD 增至 1.5 CD 时，随着反应弛豫时间的增加，活性聚能侵彻体对钢靶的侵彻深度逐渐增加，这主要是因为随着炸高的增加，活性射流得到有效拉伸，从而提高侵彻深度；而当炸高从 1.5 CD 增至 2.0 CD 时，活性聚能侵彻体的侵彻深度逐渐降低，这一是因为活性聚能侵彻体的侵彻时间 $t$ 随着炸高的增加而减小，且未达到惰性射流的侵彻能力就开始发生化学反应，侵彻阶段被迫提前终止；二是因为活性药型罩本质上属于粉末冶金罩，大炸高下活性聚能侵彻体在拉长过程中更容易出现空穴、缩颈及断裂现象，影响活性聚能侵彻体的侵彻深度。由此可见，为了增加活性聚能侵彻体对钢靶的侵彻深度，增加活性药型罩材料反应弛豫时间是一种有效手段。

### 2. 考虑反应的活性射流侵彻模型

在聚能装药爆炸加载下，活性药型罩不仅形成活性聚能侵彻体，且极高的冲击波压力会激活活性材料，但由于活性材料反应弛豫时间的存在，活性聚能侵彻体在成形过程中反应有限，且反应程度显著受炸高影响。

然而，在活性聚能侵彻体高速碰撞目标时，冲击碰撞压力较高，会二次激活活性材料，加快活性材料反应速率，尤其是碰撞点附近的活性材料会在侵彻过程中发生化学反应。为此，需要对准定常条件下活性射流侵彻模型进行修正。

此外，根据活性聚能侵彻体成形模拟和脉冲 X 光实验，成形过程中活性聚能侵彻体头部会出现发散膨胀现象，导致活性射流头部密度比活性药型罩实际密度小。忽略活性射流径向密度变化，活性聚能侵彻体密度从头部至尾部可近似为线性分布，且活性射流头部密度与炸高、炸药类型、活性药型罩结构有关。

根据活性聚能侵彻体成形特点，活性药型罩在炸药爆轰驱动作用下，形成头部速度高、尾部速度低、具有一定速度梯度的活性射流。活性聚能侵彻体在侵彻靶板前为锥形侵彻体，活性射流速度沿其轴线呈线性分布，如图 4.24 所示。

基于虚拟原点理论，对活性聚能侵彻体进行如下假设：一是活性聚能侵彻体被分为 $n$ 个无限小微元，侵彻过程中假设活性射流连续而不断裂；二是各段微元近似为圆柱体，在成形过程中，各微元均可被拉长，但质量及微元的速度均保持不变；三是忽略各微元内部速度梯度；四是在活性聚能侵彻体侵彻靶板过程中，后续微元速度不受前面微元侵彻钢靶时产生的高温、高压与高应变率影响，即各微元在穿孔过程中互不影响。

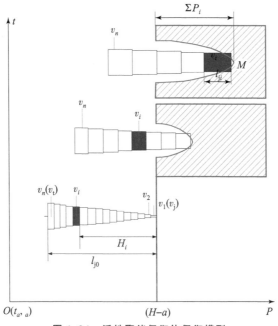

图 4.24 活性聚能侵彻体侵彻模型

如图 4.24 所示，从虚拟原点 $O$ 出发的各条直线斜率代表对应微元速度。时间为 $t_0$ 时，活性射流头部撞击靶板表面，此时第 $i$ 个微元头部速度为 $v_{j,i}$，尾部速度为 $v_{t,i}$，微元长度为 $l'_{j,i}$，微元半径为 $r'_{j,i}$，密度为 $\rho'$。假设活性射流速度和直径遵循线性分布，则第 $i$ 个微元速度与直径可表述为

$$v_{j,i} = v_j - (v_j - v_t)\frac{\sum_1^{i-1} l'_i}{l_{j0}}$$

$$r'_{j,i} = r_j + (r_t - r_j)\frac{\sum_1^{i-1} l'_i}{l_{j0}}$$
(4.9)

式中，$v_j$、$v_t$、$r_j$ 和 $r_t$ 分别为 $t_0$ 时刻活性射流的头部速度、尾部速度、头部半径和尾部半径；$l_{j0}$ 为 $t_0$ 时刻活性射流长度。

活性药型罩由含能金属粉体与聚合物基体混合后经冷压成型和烧结硬化工艺制备而成，实质上是一种声速较低的多孔复合材料药型罩，形成的活性射流容易沿径向发散成许多细小颗粒，故可认为微元彼此之间分离。微元质量不变，密度随着微元体积变化。活性射流运动过程中，前、后微元存在速度差，会导致活性射流拉伸，微元长度 $l'_{j,i}$ 发生变化。忽略微元径向速度，微元半径

$r'_{j,i}$ 不发生变化。根据微元质量不变，微元开始侵彻时的长度 $l_{j,i}$、半径 $r_{j,i}$ 及密度 $\rho_j$ 可分别表述为

$$l_{j,i} = l'_{j,i} + (v_{j,i} - v_{t,i})t_{a,i}$$
$$r_{j,i} = r'_{j,i} \quad (4.10)$$
$$\rho_j = \rho'_j \frac{l'_{j,i}}{l_{j,i}}$$

式中，$t_{a,i}$ 为微元运动到侵孔底部的时间。

假设微元在碰撞过程中速度、直径不再发生变化，则活性射流对靶板侵彻过程为碰撞点上靶板材料以侵彻速度运动的过程。由于微元运动速度大于侵彻速度，微元会因速度差产生消耗，其侵彻时间即消耗该段微元所需时间，则第 $i$ 个微元侵彻时间和侵彻深度可分别表述为

$$t_{c,i} = \frac{l_{j,i}}{v_{j,i} - u_i} \quad (4.11)$$

$$P_i = u_i \frac{l_{j,i}}{v_{j,i} - u_i} \quad (4.12)$$

式中，$u_i$ 为第 $i$ 段微元侵彻速度，$t_{c,i}$ 与 $P_i$ 分别为该微元在侵彻过程中所对应的侵彻时间以及侵彻深度。

活性射流总侵彻深度为

$$L = \sum_1^i P_i \quad (4.13)$$

根据第 $i$ 个微元运动到孔底的时间 $t_{a,i}$ 等于前 $i-1$ 个微元侵彻时间之和，可得到微元运动到孔底的时间 $t_{a,i}$ 为

$$t_{a,i} = \sum_1^{i-1} t_{c,i} = \frac{\sum_1^{i-1} P_i + H_i}{v_{j,i}} \quad (4.14)$$

式中，$H_i$ 为第 $i$ 个微元到靶板表面的距离。

在侵彻过程中，冲击波传入活性射流中将二次激活活性材料，加快其发生化学反应，使活性射流在侵彻的同时发生反应并释放超压，从而增强活性射流的侵彻威力。忽略活性射流强度，考虑活性射流反应所带来的影响，活性射流侵彻过程满足伯努利方程，则修正后的伯努利方程表述为

$$\frac{1}{2}\rho_j(v_{j,i} - u_i)^2 + \xi = \frac{1}{2}\rho_t u_i^2 + R_t \quad (4.15)$$

式中，$\rho_j$ 为活性射流密度；$\rho_t$ 为靶板密度；$\xi$ 为活性射流反应产生的等效强度；$R_t$ 为靶板强度。

求解式（4.15）可得到第 $i$ 个微元在靶板中的侵彻速度 $u_i$ 为

$$u_i = \frac{v_{j,i} - \sqrt{\frac{\rho_t}{\rho_j}v_{j,i}^2 + 2\left(1 - \frac{\rho_t}{\rho_j}\right)(R_t - \xi_i)}}{1 - \rho_t/\rho_j} \quad (4.16)$$

联立式（4.10）、式（4.13）、式（4.14）和式（4.16），并将活性射流相关初始参数代入，即可得到达侵孔底部时微元速度及活性射流侵彻深度 $L$。

实际上，活性射流的速度分布、密度分布特性复杂，在侵彻过程中会形成高温、高压和高应变率的三高区，后续活性射流对三高区靶板进行侵彻时，其能量消耗会相应减少，同时三高区也会加快后续微元反应速率，当后续微元反应速率大于活性射流侵彻速率时，堆积在侵孔内的活性材料就会发生剧烈的爆燃反应，在侵孔内释放大量化学能和气体产物，从而导致活性射流侵彻过程终止，但剧烈爆燃反应可使被侵彻的靶板发生二次结构毁伤效应。

### 4.2.3 钢靶爆裂毁伤模型

在活性聚能侵彻体的作用下，钢靶毁伤主要由两部分组成，一是活性聚能侵彻体动能侵彻产生的具有一定深度和直径的侵孔，但未贯穿钢靶；二是堆积于侵孔底部的活性材料，爆燃反应导致侵孔内压力骤升，对钢靶造成二次结构破坏。

活性聚能侵彻体头部速度高，高速侵彻靶板是一个向密闭空间输入活性材料的过程。当堆积在侵孔内的活性材料发生剧烈爆燃反应时，侵孔内压力骤升，孔壁承受高幅值载荷，导致钢靶产生贯穿裂纹或发生严重碎裂。为了便于分析，假设侵孔为圆柱形。基于内爆载荷作用下结构破裂理论，钢靶爆裂过程可分为弹塑性膨胀、动态裂纹生成、裂纹扩展和结构爆裂 4 个阶段。

活性聚能侵彻体在侵孔内剧烈爆燃，爆轰波作用于侵孔内壁面形成压缩应力波，在介质中产生动态应力场，侵孔内表面承受高幅值载荷后发生塑性流动，引起剪切破坏，在侵孔内壁面首先产生裂纹，并快速扩展。裂纹无法进一步在压缩区扩展后，裂纹边界处产生卸载波，裂纹则无法进一步扩展传播。

裂纹扩展过程如图 4.25 所示，钢靶膨胀至某一临界状态时，假设裂纹随机出现于 $A$、$B$ 两点，如图 4.25（a）所示。$A$、$B$ 出现裂纹之后，立即出现两种新的情况，一是在裂纹两边的材料中产生卸载波，随卸载波运动形成卸载区；二是爆轰产物沿裂纹向外流动，压力迅速下降。随之，可能在 $C$、$D$、$E$ 点出现裂纹，如图 4.25（b）所示，类似地，会在裂纹两边形成新的卸载区，导致爆轰产物压力进一步下降。随后，在 $F$ 点或 $G$ 点出现裂纹，如图 4.25（c）所示，卸载区的继续形成导致爆轰产物压力继续下降。卸载波未扫略区域，会出现新的裂纹，卸载波扫过全部钢靶后，破坏过程结束，如图 4.25（d）所示。

假设卸载区宽度为 $x$，由牛顿第二定律，钢靶爆裂过程运动方程可表述为

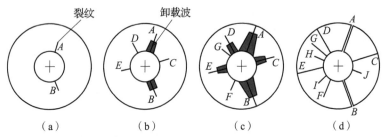

图 4.25 厚钢靶侵彻入孔面裂纹形成与扩展过程

$$\sigma_b S = \frac{1}{2g}\rho_t S x \frac{d}{dt}\left(\frac{dx}{dt}\right) \quad (4.17)$$

式中，$\sigma_b$ 为钢靶材料强度极限（MPa）；$S$ 为卸载区纵断面积（cm²）；$t$ 为卸载区宽度由 0 增至 $x$ 所需时间（s）；$dx/dt$ 代表弧长 $x$ 的切向变形速度，有 $dx/dt = xv_0/r$，$r$ 表征侵孔平均半径（cm）。

对式（4.17）积分，在时间 0 至 $t$ 内，卸载区宽度由 0 增至 $x$。当钢靶上出现裂纹后，可以近似认为 $v_0$ 与 $r$ 保持不变，则钢靶碎片宽度可表述为

$$x = \frac{2r}{v_0}\sqrt{\frac{\sigma_b g}{\rho_t}}\sqrt{\varepsilon - \varepsilon_k} \quad (4.18)$$

式中，$\varepsilon$ 为钢靶膨胀出现裂纹后任意时刻的应变；$\varepsilon_k$ 为钢靶材料临界应变。

假设 $S = K\varepsilon$，一般 $\sqrt{\Delta S} = \sqrt{S - S_k} = 1 \sim 2$，取 $\sqrt{\Delta S} = 1.5$，则钢靶碎片平均宽度 $x_0$ 可表述为

$$x_0 = 1.5x = \frac{3r}{v_0}\sqrt{\frac{\sigma_b g}{\rho_t K}} \quad (4.19)$$

堆积于侵孔内的活性材料瞬时发生爆燃反应，侵孔通道为圆柱形，带侵孔钢靶可等效为等壁厚壳体，可假设钢靶爆裂碎片具有相同初速 $v_0$。

基于 Gurney 公式，活性材料爆燃反应释放的总能量全部转换为金属壳体和爆轰产物的动能，则有

$$m_e \cdot Q_v = \frac{m_t v_0^2}{2} + \frac{m_e v_0^2}{4} \quad (4.20)$$

式中，$m_e$ 为进入侵孔内有效活性射流质量；$Q_v$ 为单位活性材料质量含能量；$m_t$ 为等效圆柱形钢壳质量（g）。

初速 $v_0$ 可表述为

$$v_0 = 2\sqrt{Q_v}\bigg/\sqrt{\frac{2m_t}{m_e} + 1} \quad (4.21)$$

根据侵孔通道与钢靶的几何关系，可得

$$m_t = \frac{1}{4}\pi L \rho_t (D^2 - D_a^2) \tag{4.22}$$

式中,$D$ 为钢靶初始直径;$D_a$ 为侵孔平均直径;$L$ 表征活性射流侵孔深度。

将式(4.21)代入式(4.19),可得

$$x_0 = \frac{3r}{2\sqrt{Q_v}}\sqrt{\frac{\sigma_b g}{\rho_t K}\left(\frac{2m_t}{m_e}+1\right)} \tag{4.23}$$

由此,钢靶碎块数可表述为

$$n = \frac{\pi D_a}{x_0} = \frac{4\pi}{3}\frac{\sqrt{Q_v \rho_t K}}{\sqrt{\sigma_b g\left(\frac{2m_t}{m_e}+1\right)}} \tag{4.24}$$

式中,$K$ 是与钢靶材料相关的系数,可表述为

$$K = f(p_1)\frac{\mathrm{d}\ln\sigma}{\mathrm{d}\varepsilon} \tag{4.25}$$

或

$$K = \xi \frac{\mathrm{d}\ln\sigma}{\mathrm{d}\varepsilon} \tag{4.26}$$

一般情况下,取 $\xi = 160$。

在大塑性变形条件下,$\sigma(\varepsilon)$ 可取为

$$\sigma = \sigma_1 + \sigma_2 \ln(1+\varepsilon) \tag{4.27}$$

式中,$\sigma_1$ 和 $\sigma_2$ 为材料特征系数,常用材料的 $K$ 值列于表 4.5。

表 4.5 常用材料的 $K$ 值

| 材料 | 含碳量 | 断面收缩率 $\varepsilon_b$ | $\sigma_b$ | $\sigma_2$ | $K$ |
|---|---|---|---|---|---|
| 铸铁 | — | 0.83 | 54 | 34 | 20 |
| 钢 | 0.10 | 0.70 | 70 | 42 | 42 |
| | 0.25 | 0.63 | 80 | 45 | 53 |
| | 0.45 | 0.57 | 82 | 38 | 67 |

由式(4.23)和式(4.24)可知,钢靶爆裂长度或碎块数除与钢靶材料和几何特征相关外,还显著受侵孔内活性聚能侵彻体有效质量和材料含能量的影响。

以 90 mm 口径活性药型罩聚能装药侵彻钢靶为例,理论计算所得钢靶碎块数与实验结果对比如图 4.26 所示。需要说明的是,实验所得钢靶碎块数是指侵孔通道部分钢靶碎块数与所形成的贯穿裂纹数之和。从图中可以看出,炸高分别为 0.5 CD 与 1.0 CD 时,计算所得钢靶碎块数与实验值较为吻合,但随着炸高的

增加,二者偏差增大。其主要原因在于,一方面,理论分析中未考虑壳体变形能、爆轰产物内能及壳体周围介质吸收的能量,理论计算所得钢靶膨胀速度为理想极限速度,从而导致钢靶碎块平均尺寸减小,碎块数或裂纹数比实验值大;另一方面,随着炸高的增加,堆积在侵孔内的有效活性材料质量减少,导致爆燃反应产生强动载效应减弱,从而进一步导致实验结果与理论计算结果偏差增大。

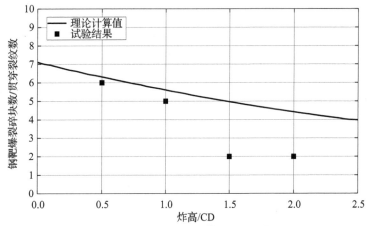

图 4.26 钢靶爆裂模型计算与实验结果对比

需要特别说明的是,钢靶碎裂行为理论模型存在一定的局限性。其主要原因在于,分析中假设活性聚能侵彻体在成形过程中完全是惰性的,该假设可能导致有效侵彻体质量偏大,钢靶碎块数量增多,尤其是当活性药型罩厚度较大时,理论分析误差更大。事实上,活性聚能侵彻体在成形阶段就会发生局部反应,且在侵彻过程中,活性聚能侵彻体能量释放也随侵彻时间线性变化。因此,假设活性聚能侵彻体在成形过程中完全是惰性的,会导致钢靶碎块数计算值偏大。

## |4.3 间隔靶活性毁伤效应|

间隔靶是指各层之间有一定间隙的多层靶板,是装甲车辆上常见的防护结构形式。间隔靶主要通过各层靶板间隙效应,降低战斗部毁伤威力。本节主要介绍活性聚能侵彻体对间隔靶毁伤增强效应、毁伤增强机理及毁伤增强模型。

### 4.3.1 间隔靶毁伤增强效应

对于传统惰性金属射流,间隔靶间隙效应对防护能力增强主要体现在,一是射流侵彻前一层靶板产生的应力波,无法传递至后一层靶板,导致射流侵彻下一层靶板时,需再次开坑,额外消耗射流能量;二是射流穿过上层靶板到达空气间隙时,高压状态聚能射流突然卸载,射流在拉应力作用下出现额外消耗;三是射流侵彻靶板时存在一个最佳炸高,超过最佳炸高时,射流将发生断裂及横向偏离,从而与前一层靶板孔壁碰撞,无法有效侵彻下一层靶板。

与惰性金属射流相比,活性聚能侵彻体通过动能与爆炸化学能时序联合作用,对多层结构靶造成结构爆裂毁伤,从而显著提升毁伤威力。活性聚能战斗部对间隔靶毁伤效应实验方法如图 4.27 所示。

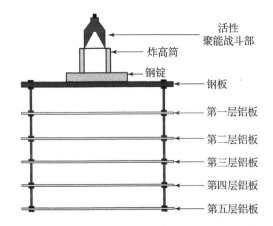

**图 4.27　活性聚能战斗部对间隔靶毁伤效应实验方法**

实验中,活性聚能战斗部口径为 48 mm,在炸高筒的支撑下,置于多层间隔靶顶部 15 mm 厚的 45 钢钢锭上。间隔靶由 1 层钢板和 5 层铝板组成。钢板材料为 45 钢,厚度为 15 mm,铝板材料为 LY12 硬铝,厚度均为 1.5 mm。靶板的长、宽均为 400 mm,间距为 50 mm。活性药型罩壁厚分别为 0.08 CD、0.10 CD 和 0.12 CD,以分析活性药型罩结构对毁伤效应的影响。作为对比,铜药型罩壁厚为 0.03 CD,质量与壁厚为 0.10 CD 的活性药型罩相等。实验所用炸高均为 1.0 CD。

活性药型罩聚能装药毁伤效应如图 4.28 ~ 图 4.30 所示。活性药型罩壁厚为 0.08 CD 时,活性聚能侵彻体穿透钢锭、钢板和 4 层铝板,产生显著链式爆裂毁伤效应,前 4 层铝板上均形成大破裂开孔、翻边现象,且 4 层铝板均发生了显著变形。被穿透的每层铝板上均留有明显的黑色痕迹,表明活性聚能侵彻体在侵彻各层铝板的过程中发生了剧烈爆燃反应。活性药型罩壁厚为 0.10 CD 时,活性聚能侵彻体仅穿透 3 层铝板,前两层铝板破孔面积相较活性药型罩壁厚为 0.08 CD 时,分别减小了 5.3% 和 11.5%。活性药型罩壁厚增至 0.12 CD

时，活性聚能侵彻体仅穿透 2 层铝板，但第一层铝板完全爆裂，第二层铝板破孔隆起现象显著，第三块铝板显著变形，正面完全被反应产物覆盖。

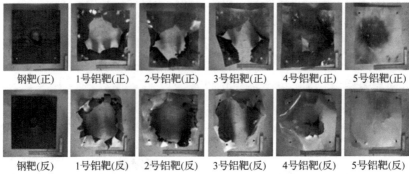

图 4.28　活性药型罩壁厚为 0.08 CD 的活性聚能装药对间隔靶毁伤效应

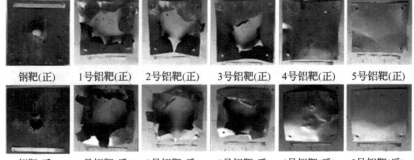

图 4.29　活性药型罩壁厚为 0.10 CD 的活性聚能装药对间隔靶毁伤效应

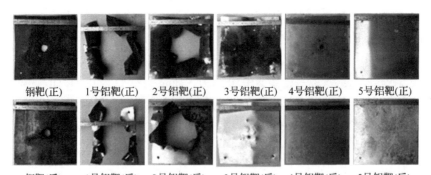

图 4.30　活性药型罩壁厚为 0.12 CD 的活性聚能装药对间隔靶毁伤效应

铜药型罩聚能装药对间隔靶毁伤效应如图 4.31 所示。铜射流依次穿透了钢锭、钢板和各层铝板，表明铜射流的侵彻能力强于活性聚能侵彻体。然而，铜射流除在钢板上产生延性扩孔,并造成第一层铝板发生明显破裂之外,对其他靶板毁伤效应十分有限,仅在后 4 层铝板上形成机械穿孔。实验结果表明,与铜射流相比,活性聚能侵彻体能够产生明显的后效增强毁伤效应。

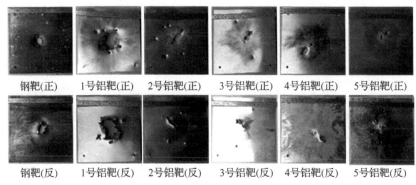

图 4.31 铜药型罩聚能装药对间隔靶毁伤效应

### 4.3.2 间隔靶毁伤增强机理

**1. 铜射流毁伤机理**

金属射流主要依靠自身在靶后产生的碎片云和剩余侵彻体对间隔靶产生毁伤。为系统分析金属射流对结构靶毁伤效应,以铜药型罩聚能装药为例,开展数值仿真研究。仿真基于 AUTODYN – 3D 有限元软件,药型罩、炸药、壳体和间隔靶均采用 SPH 算法建模,计算模型如图 4.32 所示。

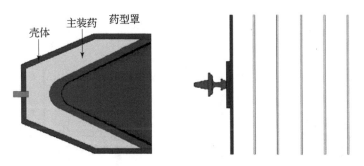

图 4.32 铜药型罩聚能装药对间隔靶毁伤效应计算模型

铜射流作用间隔靶的过程如图 4.33 所示。从图中可以看出,铜射流头部撞击钢锭时,冲击波分别向前和向后传入钢锭和铜射流内部。在侵彻初始阶段,铜射流仅在钢锭上形成了较小侵孔,随着侵彻过程继续进行,一方面,铜射流头部出现蘑菇状变形,使铜射流与靶板之间的接触面积明显增加,导致侵孔直径增大；另一方面，向四周流动的靶板粒子在惯性力的作用下进一步运动，促使侵孔继续扩大，两方面因素共同作用，最终决定侵孔深度和直径。

穿透钢锭和钢板后，铜射流与靶板之间的高速碰撞会在钢板后形成显著的碎片云，如图4.33（b）所示。研究表明，靶后碎片云的大小与靶板厚度、靶板强度紧密相关。进一步观察图4.33（b）可知，第一层铝板毁伤是高速碎片云和剩余铜射流共同侵彻作用的结果，在铝板中间位置形成大侵孔，在侵孔周边形成多个小孔。随着侵彻继续进行，如图4.33（c）和（d）所示，由于铝板密度低、强度小，厚度仅为1.5 mm，因此靶后碎片减少，铜射流撞击铝板后形成的碎片云并不显著，因此后面几层铝板的毁伤主要是依靠剩余铜射流动能造成机械穿孔。值得注意的是，铜射流穿透钢板后形成的碎片速度较高，若铝板较薄、间距较小，高速碎片将会穿透多层铝板，与图4.31所示的实验结果类似。

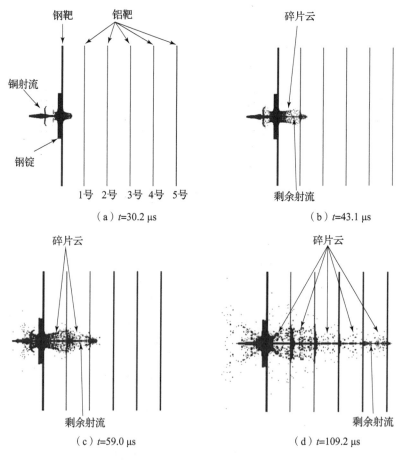

图4.33　铜射流作用间隔靶过程

在铜药型罩聚能装药的作用下,各层靶板毁伤效应如图 4.34 所示。各层靶板均出现主穿孔和若干小穿孔。从 1 号至 5 号靶板,主穿孔逐渐减小,但在 2 号和 3 号靶板上,碎片云产生的小穿孔区域较为显著。随着铜射流速度降低及消耗,在 4 号和 5 号靶板上,碎片云产生的小穿孔区域也显著减小。数值模拟与实验结果对比列于表 4.6,数值模拟结果与实验结果吻合较好。

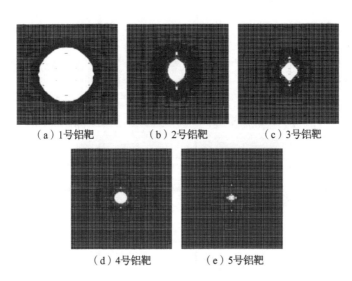

(a) 1 号铝靶　　(b) 2 号铝靶　　(c) 3 号铝靶

(d) 4 号铝靶　　(e) 5 号铝靶

图 4.34　各层靶板毁伤效应

表 4.6　铜射流侵彻间隔靶数值模拟与实验结果对比

| 铝靶 | 计算面积/$mm^2$ | 实验面积/$mm^2$ | 误差/% |
| --- | --- | --- | --- |
| 1 号 | 7 650 | 7 259.5 | 5.4 |
| 2 号 | 1 225 | 1 154.1 | 6.2 |
| 3 号 | 529 | 515.5 | 2.6 |
| 4 号 | 470 | 500.6 | -6.1 |
| 5 号 | 379 | 371 | 2.2 |

### 2. 活性聚能侵彻体毁伤增强机理

活性聚能侵彻体利用动能和爆炸化学能耦合作用,实现对间隔靶的毁伤增强。可首先基于仿真,分析活性聚能侵彻体对间隔靶的侵彻毁伤行为。计算采用 SPH 算法，活性材料采用 Shock 状态方程和 Johnson – Cook 强度模型描述，忽略爆燃反应行为，活性聚能侵彻体作用间隔靶过程如图 4.35 所示。

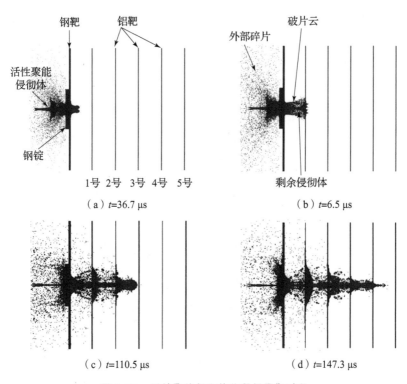

图 4.35　活性聚能侵彻体作用间隔靶过程

从图中可以看出，与铜射流类似，活性聚能侵彻体首先与钢锭及钢靶作用。穿透钢靶后，活性射流继续运动，与铝靶作用。由于活性药型罩本质上是一种聚合物基复合材料，到达第一层铝靶时，活性聚能侵彻体发生了明显发散。贯穿第一层铝靶后，产生大量碎片云，继续与后续铝靶作用，使靶板不断产生轴向贯穿与径向扩张，但并未最终贯穿最后一层铝靶。

在不同活性药型罩壁厚条件下，活性聚能侵彻体作用间隔靶数值模拟结果分别列于表 4.7~表 4.9。需要说明的是，数值模拟中未考虑活性聚能侵彻体化学能释放引起的爆燃效应，计算结果仅表征活性聚能侵彻体对间隔靶的动能侵彻效应。通过与实验结果对比，可以看出，数值模拟各层铝靶获得的动能侵彻孔显著小于对应实验中的破裂孔面积，尤其是实验中还有部分铝靶严重变形，甚至出现撕裂效应。以上现象表明，与动能侵彻效应相比，活性聚能侵彻体的爆燃化学能释放反应是引起后效铝靶破裂孔增大的关键因素。

表4.7 活性药型罩壁厚为0.08 CD时数值模拟与实验结果对比

| | 1号铝靶 | 2号铝靶 | 3号铝靶 | 4号铝靶 |
|---|---|---|---|---|
| 数值模拟结果 | | 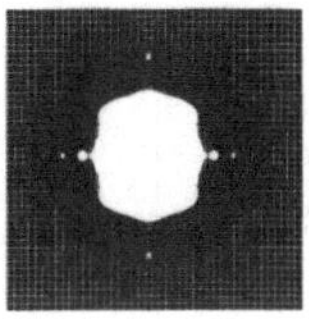 |  |  |
| 计算面积/mm² | 11 493 | 5 168 | 1 672 | 339 |
| 实验面积/mm² | 68 928.5 | 61 158.2 | 53 470.4 | 4 667.6 |

表4.8 活性药型罩壁厚为0.10 CD时数值模拟与实验结果对比

| | 1号铝靶 | 2号铝靶 | 3号铝靶 |
|---|---|---|---|
| 数值模拟结果 | |  | 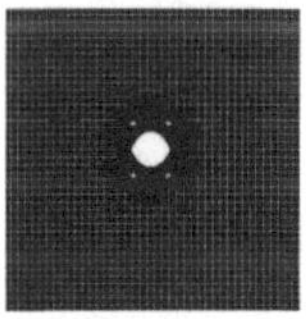 |
| 计算面积/mm² | 8 478 | 2 260 | 490 |
| 实验面积/mm² | 65 298.7 | 54 096.0 | 43 376.9 |

表4.9 活性药型罩壁厚为0.12 CD时数值模拟与实验结果对比

| | 1号铝靶 | 2号铝靶 |
|---|---|---|
| 数值模拟结果 | 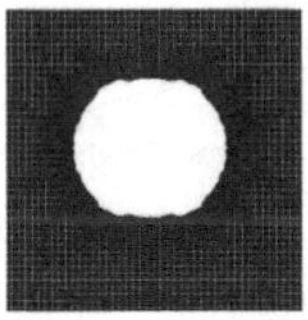 |  |
| 计算面积/mm² | 7 510 | 1 840 |
| 实验面积 | 爆裂 | 33 100.9 mm² |

活性聚能侵彻体作用间隔靶毁伤增强机理如图4.36所示。结合数值模拟与实验结果，活性药型罩聚能装药对间隔靶作用过程主要分为活性聚能侵彻体

成形、动能侵彻、侵爆耦合毁伤3个阶段。其中,动能侵彻阶段主要分为两个阶段,一是活性聚能侵彻体动能侵彻钢锭和钢靶;二是侵彻钢靶形成的碎片云、活性聚能侵彻体靶后碎片和剩余活性聚能侵彻体共同动能侵彻多层间隔靶。

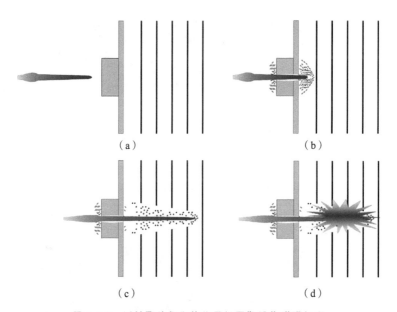

图 4.36 活性聚能侵彻体作用间隔靶毁伤增强机理

在活性聚能侵彻体侵爆耦合毁伤阶段,活性聚能侵彻体到达反应弛豫时间,剩余活性聚能侵彻体与靶后形成的活性材料碎片云剧烈爆燃。由于剩余活性聚能侵彻体依然具有较高速度,在继续对间隔靶产生动能侵彻毁伤的同时,活性材料剧烈爆燃反应,释放大量化学能及气体产物,高温高压气体产物快速膨胀,产生强冲击波,从而导致各层间隔靶产生显著爆裂毁伤。

从毁伤机理的角度分析,活性聚能侵彻体高速动能侵彻间隔靶形成的初始穿孔为裂纹形成创造基本条件,但仅依靠动能,无法使形成的裂纹继续扩大。活性聚能侵彻体在多层间隔靶间的爆燃反应,释放大量化学能及高温高压气体产物,快速膨胀,增强了对间隔靶的进一步毁伤,具体表现为,动能侵彻产生的裂纹进一步扩大,最终导致靶板出现撕裂及结构爆裂毁伤。

### 4.3.3 间隔靶爆裂毁伤模型

活性聚能侵彻体通过动能与爆炸化学能时序联合作用,实现对间隔靶的高效毁伤。活性聚能侵彻体爆燃反应释放大量化学能,高温高压气体产物快速膨胀产生超压,作用于铝靶,导致铝靶结构产生爆裂,超压分布如图 4.37 所示。

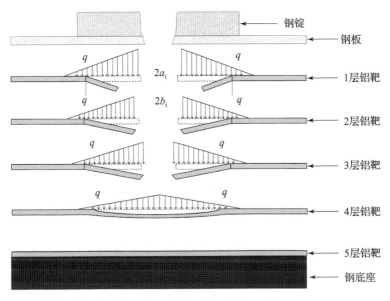

图 4.37　间隔靶上爆燃超压分布

作用于铝靶的超压可简化为三角形载荷 $q$，从中部到边缘呈线性递减分布。$2a_i$ 为动能作用产生的侵孔直径，$2b_i$ 为动能和化学能联合作用造成的最终侵孔平均直径。在初始作用阶段，铝靶主要发生弹性响应，拉应力 $\sigma$ 可表述为

$$\sigma = E\varepsilon = E(\sqrt{(b^2+\delta^2)/b^2} - 1) \approx E\delta^2/(2b^2) \quad (4.28)$$

式中，$\delta$ 为铝靶隆起高度；$E$ 为铝靶杨氏模量。

铝靶应力强度因子 $K_I$ 可表述为

$$K_I = S'\sigma\sqrt{\pi a} \quad (4.29)$$

式中，$S'$ 为与材料有关的参数。

铝靶中拉伸应力达到临界值时，将发生结构破坏并形成明显破裂侵孔。与此同时，应力强度因子 $K_I$ 线性上升为断裂韧性 $K_{IC}$。在此基础上，将式（4.28）代入式（4.29），通过 $K_{IC}$ 替代 $K_I$，可得铝靶隆起高度临界值 $\delta_c$

$$\delta_c = Ab\sqrt{K_{IC}/E}\, a^{1/4} \quad (4.30)$$

与此同时，铝靶隆起高度 $\delta$ 也可表述为

$$\delta = B\frac{P\Delta t}{\rho h} \quad (4.31)$$

式中，$P$ 为活性材料爆燃反应产生的超压；$\Delta t$ 为超压有效作用时间；$\rho$ 为铝靶密度；$h$ 为铝靶厚度；$B$ 是常量。

联立式（4.30）和式（4.31），则活性聚能侵彻体动能和爆炸化学能联合

作用下,铝靶上形成破裂侵孔的平均半径 $b$ 可表述为

$$b = C\frac{P\Delta t a^{1/4}}{\rho h}\sqrt{\frac{E}{K_{\text{IC}}}} \tag{4.32}$$

式中,$C$ 为常量,且

$$P = k \cdot m_{\text{eff}} \tag{4.33}$$

基于式(4.32)和式(4.33),破裂侵孔平均半径 $b$ 可进一步表述为

$$b = D\frac{m_{\text{eff}}\Delta t a^{1/4}}{\rho h}\sqrt{\frac{E}{K_{\text{IC}}}} \tag{4.34}$$

式中,$D$ 为常量。

假设铝靶上形成的破裂侵孔为规则圆形,则铝靶上最终破裂侵孔面积为

$$S = \pi b^2 = \frac{FE\Delta t^2}{\rho^2 h^2 K_{\text{IC}}}m_{\text{eff}}^2 a^{1/2} \tag{4.35}$$

式中,$F$ 为常量。相关研究表明爆轰作用时间 $\Delta t$ 约为 40 ms;铝靶杨氏模量 $E$、断裂韧性 $K_{\text{IC}}$ 和 $\rho$ 分别为 68 000 MPa、44 MPa·m$^{1/2}$ 和 2.74 g/cm³。

从式(4.35)可以看出,在活性聚能侵彻体动能与爆炸化学能联合作用下,多层间隔靶破裂侵孔面积与随进活性材料质量、动能侵孔面积成正比,但相对于动能侵孔面积,进入钢锭后的活性材料质量对其影响更为显著。

为了进一步分析活性材料质量 $m_{\text{eff}}$ 和动能侵孔半径 $a_i$ 对后效铝靶最终破裂侵孔面积的影响,对任意一层后效铝靶,参数 $m_{\text{eff}}$ 和 $a_i$ 能通过数值模拟获得。根据 4.3.1 节中活性药型罩聚能装药作用间隔靶实验,通过数值模拟可计算出对应 $m_{\text{eff}}$ 和 $a_i$,具体计算结果列于表 4.10。需要说明的是,对每层铝靶,活性材料质量 $m_{\text{eff}}$ 是指位于该层铝靶上方的活性材料质量,而位于该层铝靶下方的活性材料对该层铝靶的作用可以忽略。这是因为反应中的活性材料仍具有很高的宏观速度,从而直接导致爆燃反应生成的气体产物具有很高的宏观速度,爆燃产物主要作用位于自身下方的铝靶,对自身上方铝靶的影响较小。

表 4.10  参数 $m_{\text{eff}}$、$a_i$ 和 $S$ 的关系

| 活性药型罩壁厚/CD | 铝靶 | 活性材料质量/g | 动能侵孔直径/mm | 最终破裂侵孔面积/mm² |
|---|---|---|---|---|
| 0.08 | 1 层 | 3.1 | 49.0 | 68 928.5 |
| | 2 层 | 5.0 | 35.0 | 61 158.2 |
| | 3 层 | 4.5 | 20.2 | 53 470.4 |
| | 4 层 | 2.6 | 10.4 | 4 667.6 |

续表

| 活性药型罩壁厚/CD | 铝靶 | 活性材料质量/g | 动能侵孔直径/mm | 最终破裂侵孔面积/mm² |
|---|---|---|---|---|
| 0.10 | 1层 | 4.2 | 47.4 | 65 298.7 |
|  | 2层 | 4.8 | 24.0 | 54 096.0 |
|  | 3层 | 4.4 | 18.7 | 43 376.9 |
| 0.12 | 2层 | 4.7 | 15.6 | 33 100.9 |

在此基础上，设 $\dfrac{m_{\text{eff}}\Delta t a^{1/4}}{\rho h}\sqrt{\dfrac{E}{K_{\text{IC}}}}$ 为变量 $X$，则变量 $X$ 和 $S$ 之间的关系可根据实验与数值模拟结果拟合获得，如图 4.38 所示。所得 $F$ 拟合值为 0.11 mm$^{-2}$s$^{-2}$。将 $F$ 值代入式（4.35），可得到活性聚能侵彻体动能和化学能联合作用下铝靶爆裂毁伤面积，如图 4.39 所示。从图中可以看出，活性药型罩聚能装药对间隔靶

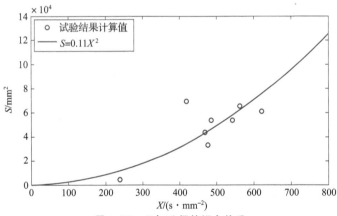

图 4.38　$X$ 与 $S$ 间的拟合关系

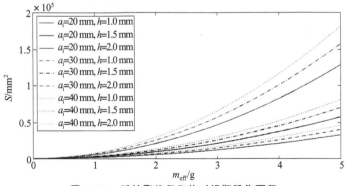

图 4.39　活性聚能侵彻体对铝靶毁伤面积

毁伤增强效应不仅与活性聚能侵彻体的动能侵彻能力密切相关，还显著受活性材料爆燃反应影响。针对典型装甲防护类目标，在防护装甲的基础上，更多活性材料进入目标内部，释放的化学能及高温气体产物将大幅增强后效毁伤威力。

## 4.4 反应装甲活性引爆效应

反应装甲是一种以特定排列方式披挂于主装甲之外的附加装甲块，可大幅度降低破甲聚能射流侵彻毁伤。不同于惰性金属聚能侵彻体，活性聚能侵彻体通过动能与爆炸化学能时序联合作用，可显著提升对反应装甲引爆效应。本节主要介绍反应装甲活性引爆机理、活性引爆增强效应等内容。

### 4.4.1 反应装甲等效结构活性毁伤效应

与传统惰性金属射流仅依靠动能侵彻显著不同，活性聚能侵彻体联合动能侵彻和活性材料爆燃化学能释放机理引爆反应装甲。为研究活性聚能侵彻体对反应装甲的引爆增强毁伤行为，首先开展反应装甲等效结构毁伤实验，以分析活性聚能侵彻体的侵彻能力与活性材料随进行为。

**1. 实验方法**

活性聚能战斗部作用反应装甲等效结构实验系统如图 4.40 所示。实验系统主要由活性聚能战斗部、斜炸高支架、反应装甲等效结构等组成。其中，活性罩聚能战斗部主要由活性药型罩、主装药、铝壳体、压螺等组成，活性药型罩口径为 40 mm，并通过斜炸高支架固定于反应装甲等效结构上方。

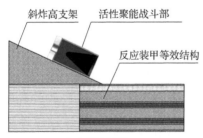

（a）试验原理　　　　　　　　　（b）试验布置

图 4.40　活性聚能战斗部作用反应装甲等效结构实验系统

反应装甲等效结构如图 4.41 所示，从上到下依次为钢壳体、装甲钢、第一层泡沫、第一层三明治结构药盒、第二层泡沫、第二层三明治结构药盒、第三层泡沫和钢壳体。三明治结构药盒均由上、下钢板和泡沫组成。钢壳体厚度为 3 mm，厚钢板厚度为 15 mm，三明治结构药盒中上、下钢板厚度为 4 mm，炸药层厚度为 7 mm。活性聚能战斗部通过电雷管起爆，形成活性聚能侵彻体与模拟反应装甲作用，实验后观察各层钢靶上毁伤效应及活性材料反应情况。

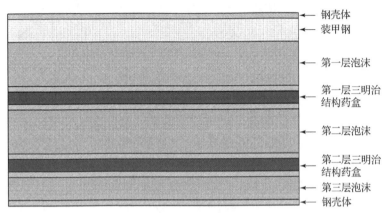

图 4.41　反应装甲等效结构

### 2. 活性药型罩壁厚对毁伤效应的影响

为了研究活性药型罩壁厚对活性聚能战斗部作用反应装甲等效结构毁伤效应影响，活性药型罩壁厚取 0.06 CD、0.08 CD、0.1 CD、0.12 CD 和 0.14 CD 五种，活性药型罩其他参数与炸高列于表 4.11。炸高选择 1.0 CD，着角表征装药轴线与反应装甲等效结构法向之间的夹角，为 68°。活性聚能战斗部对反应装甲等效结构毁伤效应如图 4.42 所示。从图中可以看出，活性聚能侵彻体在各层钢板上的侵彻通道内均有熏黑痕迹，这是活性射流在侵彻过程中或者侵彻结束后发生爆燃反应形成的产物；另外，反应装甲等效结构炸药层泡沫被严重烧蚀，仅有少量残余，这主要是随进的活性材料爆燃反应形成的高温造成的。

表 4.11　活性药型罩壁厚对反应装甲等效结构毁伤效应的影响实验条件

| 序号 | 活性药型罩 | | 着靶条件 | |
|---|---|---|---|---|
| | 口径/mm | 壁厚/CD | 炸高/CD | 着角/(°) |
| 1 | | 0.06 | | |
| 2 | | 0.08 | | |
| 3 | 40 | 0.10 | 1.0 | 68 |
| 4 | | 0.12 | | |
| 5 | | 0.14 | | |

图 4.42　活性聚能战斗部对反应装甲等效结构毁伤效应

在不同的活性药型罩壁厚条件下，活性聚能侵彻体对各层钢板毁伤效应如图 4.43 所示，等效侵彻深度如图 4.44 所示。从图中可以看出，随着活性药型罩壁厚的增大，活性聚能侵彻体对模拟结构靶侵彻层数从 2 层先增加到 4 层后，又减小到 3 层。这主要是因为，活性药型罩壁厚较小时，虽然射流头部速度较高，但是活性药型罩质量相对较小，形成的射流直径较小，在形成过程中过早出现颈缩和断裂现象，不利于其侵彻能力的发挥。然而，当活性药型罩壁厚过大时，活性聚能侵彻体的头部速度下降较多，同样不利于其侵彻能力的发挥。实验结果还表明，着角为 68°时，活性药型罩在爆炸驱动下形成的活性聚能侵彻体的侵彻能力有限，仅能穿透至第一层三明治结构药盒。

(a) 活性药型罩壁厚为 0.06 CD

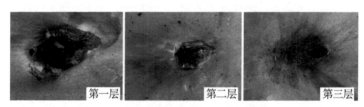

(b) 活性药型罩壁厚为 0.08 CD

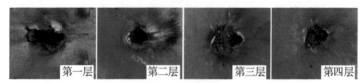

(c) 活性药型罩壁厚为 0.10 CD

图 4.43　活性聚能侵彻体对各层钢板毁伤效应

(d)活性药型罩壁厚为0.12 CD

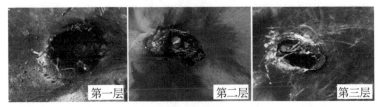

(e)活性药型罩壁厚为0.14 CD

图 4.43 活性聚能侵彻体对各层钢板毁伤效应(续)

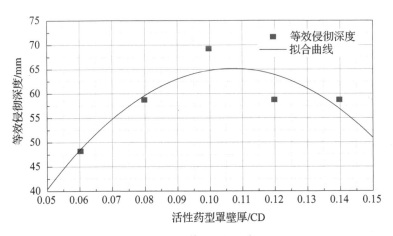

图 4.44 等效侵彻深度

## 3. 着角对毁伤效应的影响

为了研究着角对活性聚能战斗部作用反应装甲等效结构毁伤效应的影响，保持活性药型罩聚能装药结构不变，活性药型罩壁厚为 0.1 CD，着角分别设置为 68°、63°、58°、53°和 48°，其他实验参数列于表 4.12。活性聚能侵彻体对各层钢板毁伤效应如图 4.45 所示。

表 4.12　着角对反应装甲等效结构毁伤效应的影响实验条件

| 序号 | 活性药型罩 | | 着靶条件 | |
|---|---|---|---|---|
| | 口径/mm | 壁厚/CD | 炸高/CD | 着角/(°) |
| 1 | | | | 68 |
| 2 | | | | 63 |
| 3 | 40 | 0.1 | 1.0 | 58 |
| 4 | | | | 53 |
| 5 | | | | 48 |

从图中可以看出，随着着角的减小，侵彻层数呈增加趋势。具体表现为，着角为68°时，活性聚能侵彻体仅穿透第一层三明治结构药盒上的钢板；随着着角减小至63°，活性聚能侵彻体穿透第一层三明治结构药盒下的钢板；着角为58°时，活性聚能侵彻体可穿透第二层三明治结构药盒上的钢板；着角再减小至53°和48°时，活性聚能侵彻体可穿透两层三明治结构药盒。此外，在不同的着角条件下，各层钢板上均出现黑色爆燃反应产物。

### 4.4.2　反应装甲活性引爆增强效应

通过活性聚能战斗部作用反应装甲等效结构实验，可获得活性药型罩结构及着靶条件对其毁伤威力的影响规律，在一定程度上指导活性药型罩聚能装药设计及结构优化。但在模拟爆炸反应装甲中，炸药层通过泡沫代替，实验结果并不能真实反映活性聚能侵彻体对反应装甲引爆能力。本节针对真实反应装甲，研究活性聚能战斗部的引爆能力。

无导引头结构时，活性聚能战斗部对反应装甲毁伤实验系统如图 4.46 所示。实验系统主要由活性聚能战斗部、斜炸高支架和反应装甲等组成。活性药型罩口径为40 mm，通过斜炸高支架固定于反应装甲上方，活性聚能装药轴线与反应装甲法线间的夹角可通过斜炸高支架的角度调节。

着角为58°时，活性聚能战斗部时反应装甲毁伤实验结果如图 4.47 所示。从图中可以看出，活性聚能侵彻体穿透了5层反应装甲结构中的钢板，各层钢板上均可观察到显著侵孔，且发生了严重变形。

典型活性聚能战斗部引爆反应装甲过程高速摄影如图 4.48 所示，从图中可以看出，$t = 0.2$ ms 时，聚能装药主装药爆轰基本结束，爆轰产物飞散且

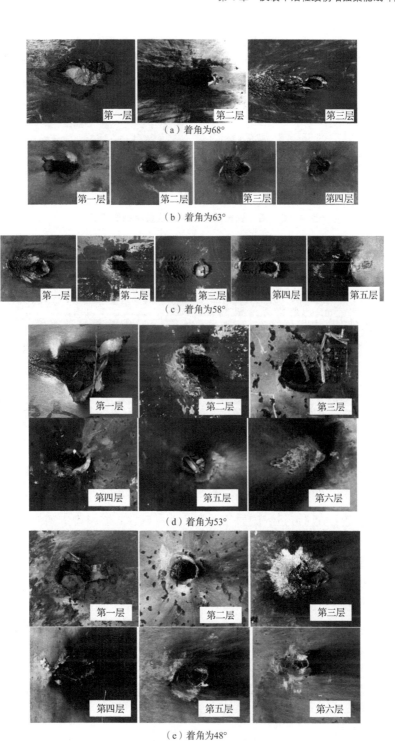

图 4.45 活性聚能侵彻体对各层钢板毁伤效应

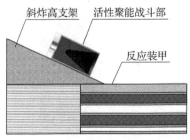 

(a) 实验原理　　　　　　　　(b) 实验布置

图 4.46　活性聚能战斗部对反应装甲毁伤实验系统

图 4.47　活性聚能战斗部对反应装甲毁伤实验结果

火光开始消退；$t = 2$ ms 时，在活性聚能侵彻体的动能侵彻和化学能释放联合作用下，反应装甲炸药夹层开始爆轰，发出耀眼火光，在高空区域有明显黑烟生成，这主要是活性材料爆燃反应不完全所形成，且此时由于爆炸作用，反应装甲被抛掷至高空；$t = 6$ ms 时，爆炸火光持续扩大，产生的浓烟持续扩散，直至最终完全消散。以上过程表明，反应装甲被成功引爆。

一般而言，反装甲类目标聚能弹药主要由导引头、战斗部、动力装置、弹体结构等 4 部分组成。由于导引头置于战斗部的前方，在实际应用中，导引头对活性聚能战斗部引爆反应装甲能力有一定影响。为了更系统地研究活性聚能战斗部对反应装甲引爆能力，进一步开展带导引头的活性聚能战斗部对反应装甲引爆实验，以获得导引头对引爆威力的影响。

带导引头的活性聚能战斗部对反应装甲引爆实验系统如图 4.49 所示。实验系统主要由活性药型罩聚能装药、导引头、炸高支架、反应装甲和装甲钢验证靶等组成。活性药型罩口径为 48 mm。按装配顺序，导引头模拟结构件主要由铝板、PVC 板、钢板、铝板、铝板、玻璃板等组成，总高度为 150 mm。活性药型罩聚能装药通过炸高支架安装于距反应装甲一定炸高处，装药轴线与反应装甲法线间的夹角通过炸高支架斜面角度调节。实验过程通过高速摄影系统拍摄，再结合装甲钢验证靶拍痕，最终综合判定反应装甲是否起爆。

图4.48　典型活性聚能战斗部引爆反应装甲过程高速摄影

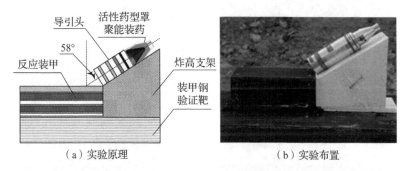

图4.49　带导引头的活性聚能战斗部对反应装甲引爆实验系统

带导引头的活性聚能战斗部对反应装甲引爆过程高速摄影如图4.50所示。可以看出，活性聚能侵彻体穿透导引头后，在 $t=4$ ms 时刻，反应装甲爆炸后，反应装甲内结构件被迅速抛出，升至高空。与此同时，未完全反应的活性材料与空气中的氧气充分接触，开始发生剧烈爆燃反应，发出的火光再次穿透浓烟并持续扩展，形成的冲击波再次将结构件向上抛，直至 $t=10$ ms 时火光逐渐减弱。

图 4.50　带导引头的活性聚能战斗部对反应装甲引爆过程高速摄影

实验结束后，模拟结构件飞行距离较远，装甲钢验证靶上有明显爆炸拍痕，如图4.51所示。结合高速摄影和装甲钢验证靶拍痕，在带导引头条件下，活性聚能战斗部在着角为58°时可有效引爆反应装甲。

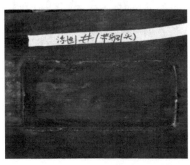

图4.51　装甲钢验证靶典型拍痕

活性聚能战斗部动态引爆反应装甲实验原理如图4.52所示。实验系统主要由火箭橇橇车、滑轨、活性聚能战斗部、反应装甲、验证靶、靶架等组成。实验中，首先将带导引头的活性聚能战斗部安装于火箭橇，火箭发动机点火后，产生推力，由火箭橇橇车运载活性聚能战斗部沿导轨高速向靶标运动。反应装甲布置于活性聚能战斗部轴线延长线一定距离处的倾斜靶架上，法线与垂直方向成68°夹角，且需保证活性聚能侵彻体可作用于反应装甲边界效应有效区域内。反应装甲下方设置装甲钢验证靶，用来记录反应装甲爆炸拍痕。

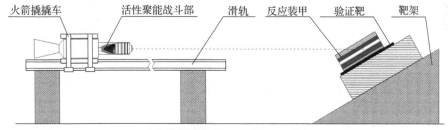

图4.52　活性聚能战斗部动态引爆反应装甲实验原理

实验时，火箭发动机点火前，引信解除第一道保险，并进行充电。火箭发动机点火后，火箭橇橇车开始运动，在一定位置处拉断解保线与引信电源充电线，解除第二道保险。活性聚能战斗部运动至反应装甲前并与反应装甲碰撞后，碰炸开关闭合，引信作用起爆活性聚能战斗部，形成聚能侵彻体作用于反应装甲。

活性聚能战斗部动态引爆反应装甲实验高速摄影如图4.53所示。在火箭橇的推动下，带导引头的活性聚能战斗部高速向反应装甲运动（$t_1 \sim t_2$）。与反应装甲碰撞后，活性聚能战斗部主装药起爆，产生耀眼白光（$t_3$）。主装药爆炸产生爆炸冲击波，驱动活性药型罩形成活性聚能侵彻体，与反应装甲作用，产生浓烈黑烟，并不断扩展，表明反应装甲被成功引爆。

图 4.53　活性聚能战斗部动态引爆反应装甲实验高速摄影

实验后，装甲钢验证靶残留拍痕如图 4.54 所示。从图中可以看出，拍痕形状规则，凹陷显著，结合实验过程高速摄影，表明动态实验条件下，带导引头的活性聚能战斗部在 68° 着角条件下，可有效引爆反应装甲。

图 4.54　装甲钢验证靶残留拍痕

### 4.4.3　反应装甲活性引爆机理

**1. 射流引爆反应装甲机理**

射流作用单层反应装甲时，冲击波进入炸药层并在两块金属板间多次反射，引起炸药爆轰。双层反应装甲引爆机理与单层反应装甲相同，只是引爆第二层反应装甲内的炸药是通过第一层反应装甲后的射流或逃逸射流,所以引爆双层反应装甲所需射流能量更大,临界起爆常数 $K$ 值更大。但需特别注意的是,双层反应装甲中第一层和第二层结构不一样,尤其是每层盒盖金属板厚度、炸药装药量、炸药类型等均存在差异,因此双层反应装甲也并非将两块单层反应装甲重复放置。双层反应装甲爆炸场特殊,作用场干扰范围和干扰时间均大于单层反应装甲,因此其起爆阈值显著更高。

射流引爆倾斜单层反应装甲的过程主要分为 3 个阶段。第一阶段,射流高速撞击反应装甲面板,射流头部受干扰侵蚀,横向作用力较小。第二阶段,后续射流与金属板发生斜向相互作用,后续射流穿过面板孔洞引爆夹层炸药,产生高温高压爆轰产物,推动上、下金属板运动,并在上飞板上形成匙形侵孔。第三阶段,射流与爆轰产物的相互作用,随射流继续侵彻反应装甲,一部分射流在爆炸场中运动并与爆轰气体相互作用,另外一部分射流在空气中运动,并且剩余射流头部继续与下飞板作用,产生匙形侵孔。

射流撞击金属板时,除侵彻金属板外,还会向金属板中传入强冲击波,该冲击波称为前驱波,先于射流传入炸药。前驱波的作用主要包括 3 种情况:一是前驱波足够强时,会直接引爆炸药,与飞片起爆炸药过程类似;二是前驱波强度稍弱,不足以引爆炸药,但会引起炸药快速燃烧或爆燃时,局部炸药发生分解,后续射流只与爆燃产物作用而无法继续引爆炸药,该过程为介于爆与不爆之间的一种钝感过程;三是前驱波强度更低时,炸药仅发生压缩,炸药中空穴闭合,密度变大,内部结构更趋均匀,射流起爆难度增大。从起爆机理上分析,起爆均质炸药要求较大侵彻体临界直径,而射流直径通常小于该临界直径,加之射流的强度较低,因此后续射流很难将其引爆。

**2. 射流引爆反应装甲起爆判据**

对于射流引爆反应装甲起爆判据,国内外已开展了广泛而深入的研究,主要起爆判据包括 Walker – Wasley 准则、Held 起爆判据、Held 修正判据等。

1) Walker – Wasley 准则

在一维冲击条件下,单位面积冲击起爆临界能量 $E_{cr}$ 可表述为

$$E_{cr} = p^2 t / \rho_0 U E_{cr} = p^2 t / \rho_0 U E_{cr} = p^2 t / \rho_h U \tag{4.36}$$

式中,$p$ 为冲击波压力;$t$ 为持续时间;$\rho_h$ 为炸药密度;$U$ 为冲击波速度。

式(4.36)通常可简化为

$$E = p^2 t \tag{4.37}$$

2) Held 起爆判据

Held 起爆判据适用于小加载面积二维加载条件,表述为

$$v_j^2 d_j = K \tag{4.38}$$

式中，$v_j$ 为射流头部速度；$d_j$ 为射流头部直径；$K$ 为炸药敏感常数。

对于给定结构的反应装甲，$K$ 值确定，当射流侵彻夹层炸药时的 $v_j^2 d_j$ 达到或超过 $K$ 值时，反应装甲可被引爆。

3）Held 修正判据

研究表明，射流密度对炸药敏感常数 $K$ 值有一定影响。Mader 通过线性函数对 Held 起爆判据进行拟合修正，修正后的公式表述为

$$\rho_j v_j^2 d_j = K \tag{4.39}$$

Chick 和 Hatt 基于铝和钢射流引爆反应装甲实验，再次修正 Held 起爆判据

$$\sqrt{\rho_j} \cdot v_j^2 d_j = K \tag{4.40}$$

随后，Held 也对 Held 起爆判据进行了修正，认为驻点压力决定了炸药起爆难易程度。修正后的 Held 起爆判据表述为

$$u^2 d_j = K \tag{4.41}$$

式（4.41）与坑底驻点压力相对应；$u$ 为夹层炸药中开坑速度；$u^2 d_j$ 表征开坑临界压力。假设侵彻过程为流体动力学过程，则开坑速度 $u$ 可表述为

$$u = v_j / (1 + \sqrt{\rho_h / \rho_j}) \tag{4.42}$$

由此，修正后的 Held 起爆判据表述为

$$K = v_j^2 d_j / (1 + \sqrt{\rho_h / \rho_j})^2 \tag{4.43}$$

4）A. Koch 和 F. Haller 角度修正判据

研究表明，射流与炸药撞击时的夹角对炸药的起爆阈值有一定程度的影响。A. Koch 和 F. Haller 通过实验研究了射流以不同角度撞击装有 PBXN-110 炸药的反应装甲，获得了不同角度撞击下反应装甲的起爆阈值，通过对数据进行拟合分析，所得修正判据表述为

$$K(\theta) = K_1 (1 + 0.4 \sin\theta) \tag{4.44}$$

式中，$K_1$ 为射流垂直撞击反应装甲时的起爆阈值；$\theta$ 为射流入射速度方向与反应装甲表面法线方向的夹角。

在射流垂直作用反应装甲时，可主要采用 Held 起爆判据。式（4.38）与式（4.43）本质上是一致的。炸药和射流密度一定时，式（4.43）可简化为式（4.38）的形式

$$K' = v_j^2 d_j / (1 + \sqrt{\rho_h / \rho_j})^2 = v_j^2 d_j / C \tag{4.45}$$

$$v_j^2 d_j = C \cdot K' = K \tag{4.46}$$

式中，$C$ 为常数。

由此可见，用简化形式的式（4.38）作为起爆判据是可行的，式（4.38）

与式(4.43)中 $K$ 值相差 $C$ 倍,但在形式上保持一致。

对于射流斜侵彻反应装甲的情况,依据 A. Koch 和 F. Haller 角度修正判据式(4.44),当射流入射方向与反应装甲表面法线方向夹角一定时,$K$ 值也是确定的,仅与射流垂直侵彻时 $K$ 值相差一个倍数。

### 3. 射流引爆反应装甲的影响因素

射流对反应装甲的引爆过程,可等效为射流对带有两层覆盖板夹层炸药的引爆过程。射流能否引爆反应装甲,与射流速度,射流直径,夹层炸药厚度与冲击感度,金属板厚度、材料以及射流与夹层炸药撞击角度紧密相关。

(1)射流速度。射流速度主要决定入射冲击压力。一般而言,射流侵彻炸药时,可产生高达几万个大气压的动压力,随着射流速度的增加,冲击所产生的压力不断升高,且所激发的反应愈发剧烈。同时,从射流引爆炸药临界判据也可以看出,射流速度为其引爆反应装甲的主控参数。

(2)射流直径。射流直径主要影响射流前驱波形状。射流前驱波一般为弯曲波,射流直径越大,前驱波曲面度越小。而当前驱波曲面度较小时,侧向稀疏波对前驱波作用区的影响将逐渐减弱,射流引爆能力增强。

(3)炸药厚度与冲击感度。炸药厚度与冲击感度主要决定反应装甲引爆难易程度。一般来说,炸药厚度增大,引爆难度加大;冲击感度增大,引爆难度降低。

(4)金属板厚度、材料。当射流参数一定时,不同金属板材料的冲击压力不同,故金属板的临界厚度不一样。对于同种材料的金属板,厚度增加时,剩余射流头部速度降低,导致进入炸药的前驱波强度减弱,起爆深入距离和延迟时间增加,从而相同炸药的临界起爆常数 $K$ 增大。

(5)射流与夹层炸药撞击角度。从式(4.44)可以看出,$K$ 值随着撞击角度的增加而增大,这是由于当射流速度方向与反应装甲表面法线方向之间的夹角增大时,相对射流轴线方向的夹层炸药厚度增加,使引爆难度提高。

### 4. 活性聚能侵彻体引爆反应装甲机理

通过对射流引爆反应装甲的影响因素进行分析,对于给定的反应装甲结构,传统惰性金属射流冲击给夹层炸药的比能可表述为

$$E = put \tag{4.47}$$

式中,$p$ 为冲击波后压力;$u$ 为冲击波后质点速度;$t$ 为冲击波持续作用时间,即侧向稀疏波扫过射流半径所需的时间。

它们可分别表述为

$$p = \rho_h u D \tag{4.48}$$

$$u = Av_j \tag{4.49}$$

$$t = d_j/2c \tag{4.50}$$

式中，$A$ 为常数，与射流和炸药密度有关，可表述为 $A = 1/(1 + \sqrt{\rho_h/\rho_j})$；$D$ 为冲击波传播速度，与当地声速有关，可表述为 $c = BD$。

再将式（4.48）、式（4.49）和式（4.50）代入式（4.47），可得

$$E = \frac{A^2 \rho_h}{2B} v_j^2 d_j = K_1 v_j^2 d_j \tag{4.51}$$

对于给定的反应装甲，夹层炸药的临界起爆能量为 $E_c$，仅当 $E \geq E_c$ 时，射流才能引爆反应装甲，即 $K_1 v_j^2 d_j \geq E_c$，可改写为 $v_j^2 d_j \geq E_c/K_1 = K$。

从式（4.51）可以看出，对于惰性金属射流来说，其对反应装甲的引爆能力主要取决于射流冲击炸药的动能，对射流的头部速度和直径要求较高。然而，活性聚能侵彻体作用反应装甲时，首先动能侵彻夹层炸药，其次进入炸药内的活性材料还会发生爆燃反应，释放化学能和产生热效应，这会显著提高对炸药的引爆能力。假设活性聚能侵彻体在炸药内释放的化学能为 $E_r$，则活性聚能侵彻体引爆反应装甲的临界条件为

$$K_1 v_j^2 d_j + E_r \geq E_c \tag{4.52}$$

则活性聚能侵彻体能引爆反应装甲所需的最小速度为

$$v_{j-\min} = \sqrt{\frac{(E_c - E_r)}{K_1 d_j}} \tag{4.53}$$

从式（4.53）可以看出，与惰性金属射流相比，活性聚能侵彻体引爆反应装甲所需的射流速度显著降低。换句话说，在打击确定的反应装甲结构时，采用活性药型罩后对射流的头部速度要求降低，反应装甲引爆概率提高，同时使聚能装药的结构尺寸减小，从而可降低活性聚能战斗部总质量。

事实上，活性聚能侵彻体在成形过程中可能被激活，且在侵彻金属板时还会被二次激活，进入炸药内部后会发生局部或全域化学反应，导致侵彻通道附近的炸药迅速升温，在夹层炸药内形成大量热点，从而可靠引爆炸药。从引爆机理上看，活性聚能侵彻体的内爆效应是其引爆炸药的主控机制，活性聚能侵彻体只要穿透金属板并被激活，即可利用自身的化学能释放效应引爆夹层炸药。

# 第 5 章
# 反跑道活性毁伤增强聚能战斗部技术

## 5.1 概述

机场跑道是空军基地的核心，一旦遭到打击和毁伤，跑道上找不到一块平直的道面供飞机起降，庞大的空军基地也就丧失应有的作战功能。具备高效毁伤和封锁机场跑道的能力，是反跑道武器和弹药被赋予的根本作战使命。本节主要介绍机场跑道目标特性、传统反跑道弹药技术和反跑道活性聚能战斗部技术等内容。

### 5.1.1 机场跑道目标特性

机场跑道是供飞机起降和滑行使用的主要设施，通常由一条主跑道和若干条辅助跑道组成。主跑道通常位于机场飞行场坪中部，其几何尺寸必须能保证飞机起飞和着陆的安全要求。主跑道长度取决于飞机在起降过程中在跑道上的滑行距离，与起降飞机种类、重量及机场所在地理环境条件等有关。主跑道的宽度除要求大于飞机主轮距外，还应能保证飞机安全起降滑行。辅助跑道的几何尺寸较主跑道小，除平时供飞机滑行使用外，辅助跑道的另一个重要作用是，一旦主跑道遭到破坏，立即可投入应急使用，供飞机继续起飞和降落。

机场跑道平面布局随机场类型的不同而有所变化，大致可分为平行跑道和交叉跑道两类。跑道是机场上最大的建筑物，长度一般在 2 000～4 000 m 范围，宽度一般在 40～90 m 范围，这也决定了机场跑道只能暴露于地面，既无法隐蔽，也无法修筑防御工事，除周围配备防空导弹与高炮群组成防御火力外，机场跑道

## 第 5 章 反跑道活性毁伤增强聚能战斗部技术

本身缺乏切实可行的防护措施，是最容易遭到攻击和破坏的地面建筑物。

另外，为了便于施工、维修和保养，机场跑道的整个长方形道面被划分为尺寸 5 m×5 m 的方形板块结构，板块之间留有一定间隙，填以密实细碎的沙石或软木，确保在温度、压力等变化时可自由伸缩。机场跑道平面结构示意如图 5.1 所示。

图 5.1　机场跑道平面结构示意

机场跑道是由硬质材料铺筑在土基上供飞机起降滑行使用的场地，经历了草皮跑道、碎石跑道、沥青混凝土跑道、水泥混凝土跑道等几个发展阶段。目前，世界各国军用和民用机场都普遍采用水泥混凝土跑道，道面结构一般由混凝土面层、辅助层、碎石层、垫层和土基层等组成，如图 5.2 所示。

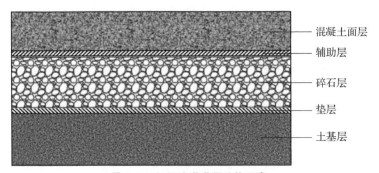

图 5.2　机场跑道道面结构示意

混凝土面层除了受飞机起降过程的冲击作用外，还受温度、气候等自然因素的影响，抗压强度一般要求在 35 MPa 以上，同时还要有较高的结构刚度、抗腐蚀和稳定性。碎石层是重要的承载结构层，一般由砂石材料经严格碾压互相嵌挤，紧密铺设而成，强度低于混凝土面层，但具有良好的水稳定性和抗冻性能，这使混凝土面层承受的机轮载荷能均匀分布给土基层。土基层承受全部上层结构的自重和机轮载荷，平整和压实质量在很大程度上决定着整个跑道的结构稳定性。

辅助层是铺设在混凝土面层和碎石层之间的一层 3～5 cm 厚的砂子，除了确保混凝土面层厚度和标高准确性外，还可以减少混凝土面层与碎石层之间的摩擦力，提高混凝土面层的自由伸缩性。垫层的主要作用是改善土基层的温度和湿度状况，确保混凝土面层和碎石层的强度稳定性、水稳定性和结构稳定性，同时吸收部分传入载荷，减少土基层变形。垫层一般只在土基层水、温等不良情况下才设置，常用垫层包括由砂、砾石和炉渣等组成的透水性垫层和由石灰石、水泥土或炉渣土等组成的稳定性垫层。

空军基地机场跑道按承载能力的不同，一般分为特级、一级、二级和三级 4 个结构强度等级，特级跑道主要负载重型轰炸机，一级跑道主要负载中型轰炸机和歼击轰炸机，二级跑道主要负载歼击机，三级跑道主要负载教练机。按北大西洋公约组织和华沙条约组织军用机场设计标准，特级、一级、二级和三级机场跑道混凝土面层厚度范围分别为 350～420 mm、300～350 mm、200～250 mm、150～200 mm。

## 5.1.2 传统反跑道弹药技术

国内外现役反跑道弹药种类繁多，按战斗部结构体制的不同，可分为单级侵爆型和两级聚爆型两大类；按重量的不同，大致可分为重型、中型和小型 3 种；按携带武器平台的不同，又可分为机载型和弹载型两种。其中，机载型反跑道弹药按投放方式的不同，又可分为单弹挂机投放、多联挂机投放、弹舱挂机布撒和联合防区外武器（JSOW）布撒等几种类型；弹载型反跑道弹药按导弹武器平台的不同，可分为弹道导弹携带型、巡航导弹携带型等类型。

### 1. 单级侵爆型反跑道弹药

单级侵爆型反跑道弹药是一类利用弹体自身着靶速度和动能，即可贯穿跑道混凝土面层，进入跑道内部爆炸发挥毁伤作用的反跑道弹药类型。

对于弹道导弹武器平台来说，由于母弹再入速度高、角度大，在机场上空一定高程开舱抛撒反跑道弹药，通过弹体气动外形、质心、尾翼等合理设计和调控，利用母弹牵连速度即可获得足够的着靶法向速度和动能，一举贯穿跑道混凝土面层，进入跑道内部爆炸发挥毁伤作用，如图 5.3 所示。

但飞机、布撒器、巡航导弹等武器平台则不同，由于受武器平台近水平低空投放、布撒或抛撒的局限，反跑道弹药无法直接获得足够高的着靶法向速度和动能，一举贯穿跑道混凝土面层进入内部爆炸。为了解决这一难题，国内外普遍采用的技术是，先通过降落伞调姿，再利用火箭助推增速的方式，使反跑道弹药着角和着靶法向速度获得显著增大。例如，法国的"混凝土破坏者"（Bunker Buster，345 kg）、苏联的 BETAB – 500SHP（380 kg）、西班牙的 BRFA330（330 kg）等机载重型反跑道弹药，法国的"迪朗达尔"（Durandal，185 kg）、苏联的 BETAB – 150DS（165 kg）等机载中型反跑道弹药，以及法国的 BAP100（32.5 kg）和 KRISS

(50 kg，配装 APACHE – AP 空射巡航导弹)、苏联的 BETAB – 25（25 kg）等机械小型反跑道弹药，采用的都是这种设计体制，如图 5.4 所示。

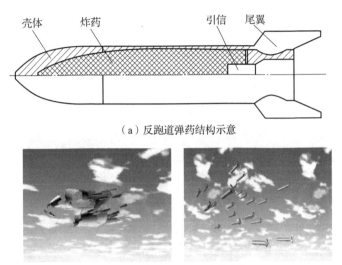

(a) 反跑道弹药结构示意

(b) 母弹开舱抛撒反跑道弹药

图 5.3 弹道导弹载单级侵爆型反跑道弹药

值得指出的是，单级侵爆型反跑道弹药虽具有结构简单、作用可靠、威力稳定等特点和优势，但也存在一定局限和不足。特别是受跑道道面结构及强度等影响，在相同引信装订条件下，侵入特级、一级、二级和三级跑道内部爆炸的深度往往有较大差异，并直接影响对跑道的毁伤效果。有效解决途径之一是采用自适应引信技术，实现打击不同结构强度等级跑道的爆深自行调控，高效发挥毁伤跑道优势，但由此难免又会面临系统可靠性和成本等其他问题。

**2. 两级聚爆型反跑道弹药**

与单级侵爆型反跑道弹药不同，两级聚爆型反跑道弹药由前级聚能和后级爆破两级战斗部组成，主要是针对机载布撒器、巡航导弹等武器平台近水平、低空布撒或抛撒的小型反跑道弹药，解决低速着靶条件下有效贯穿跑道混凝土面层并进入跑道内部爆炸所采取的技术方案。其基本作用原理为，先通过降落伞调姿和减速，实现反跑道弹药以适当的角度和速度着靶；然后，在触发引信的作用下，前级聚能战斗部先行起爆，形成高速类弹丸聚能侵彻体，一举贯穿跑道混凝土面层形成大孔径通道；几乎与此同时，火药助推装置作用，实现后级爆破战斗部瞬间增速，沿贯穿通道随进跑道内部爆炸，发挥毁伤作用。如英国的 SG357（26 kg，JP233 布撒器载)、德国的 STABO

（17 kg，MW1 布撒器载）等，采用的都是两级聚爆体制，如图 5.5 所示。

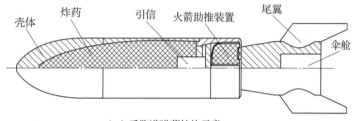

(a) 反跑道弹药结构示意

(b) 单弹挂机投放（重型）　　(c) 多联挂机投放（中型/小型）

(d) 联合防区外武器布撒（小型）

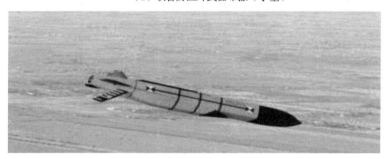

(e) 巡航导弹抛撒（小型）

图 5.4　火箭助推增速单级侵爆型反跑道弹药

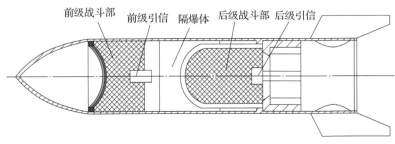

(a) 反跑道弹药结构示意

前级战斗部　前级引信　隔爆体　后级战斗部　后级引信

(b) 布撒SG357反跑道弹药

(c) 布撒STABO反跑道弹药

图 5.5　配装机载布撒器的两级聚爆型反跑道弹药

与单级侵爆型反跑道弹药相比，首先，两级聚爆型反跑道弹药结构更为复杂，除了前、后两级战斗部结构设计外，还要解决前、后两级战斗部之间的隔爆设计、起爆延时控制、火药助推装置设计等问题；其次，从毁伤能量的角度看，在相同质量条件下，两级聚爆型反跑道弹药的有效装药量（即后级随进爆破战斗部的装药量）更少，特别是在弹径一定的条件下，后级随进爆破战斗部口径在很大程度上取决于前级聚能战斗部侵彻跑道混凝土面层所形成的贯穿通道直径的大小；再次，从威力发挥的角度看，由于后级爆破战斗部的随进速度和侵彻能力有限，进入跑道内部的爆炸深度基本取决于前级聚能战斗部形成的贯穿通道的深度，显著提高了对付不同结构强度等级跑道的适应能力，威力发挥更稳定。

### 3. 打击和封锁机场跑道模式

打击和封锁机场跑道，并不意味着要彻底摧毁跑道，而是在一定时限内使跑道上找不到一块平直完好的道面供飞机起降，即封锁成功。也就是说，封锁机场跑道具有很强的时效性，特别是随着现代反封锁修复技术（对于较大弹坑，可采用铝制或链式道面板抢修；对于小浅弹坑，可采用双快水泥、聚合物混凝土、化学加固土等抢修），以及模块化可拆换跑道等修复技术的快速发展，已能在短时间内快速修复遭反跑道弹药打击和毁伤的机场跑道，保障战机继续起降。

从目标特性看，机场跑道属区块化多层介质结构类目标，无论单级侵爆型还是两级聚爆型反跑道弹药，对跑道的毁伤效应都体现为炸坑、隆起、腔穴和裂纹等几个方面。对于小型反跑道弹药而言，由于受区块化跑道边界效应的影响，一般只能对某一 5 m × 5 m 跑道区块造成有效毁伤，但借助布撒器或导弹子母战斗部的区域覆盖打击优势，可显著发挥对机场跑道的毁伤和封锁效能，成为国内外打击和封锁机场跑道的主要手段，如图 5.6、图 5.7 所示。

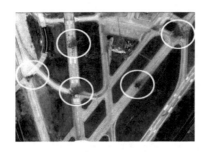 

图 5.6　反跑道打击封锁模式　　图 5.7　小型反跑道弹药打击封锁模式

从反跑道弹药威力发挥的角度看，其主要取决于战斗部爆深、装药量和爆炸能量输出结构 3 个方面。要对跑道造成炸坑、隆起、腔穴和裂纹等毁伤，首先，战斗部必须要贯穿混凝土面层，进入跑道内部爆炸，否则，绝大部分能量以近乎外爆方式被耗散，只在跑道混凝土面层上形成爆坑毁伤。此外，战斗部贯穿混凝土面层后，进入跑道内部的爆深也至关重要，理想爆深一般在碎石层中部偏上位置，过深或过浅都会导致爆炸能量做功能力和跑道毁伤效果的显著下降。

其次，跑道的混凝土面层属于抗压强、抗拉弱结构，也就是说，在装药量和爆炸位置相同的条件下，战斗部爆炸能量输出结构不同，也会对跑道毁伤效应产生显著影响。一般而言，高爆压炸药内爆载荷作用下，跑道毁伤往往呈现为爆坑较大，但隆起、裂纹和腔穴较小；而低爆压大冲量内爆载荷作用则往往呈现为爆坑较小，但隆起、裂纹和腔穴更显著，如图 5.8 所示。从反封锁修复技术的角度看，与修复爆坑相比，修复大隆起、大裂纹、大腔穴毁伤跑道更困难，这种方式的封锁时效更长，封锁效能更高，由此成为反跑道毁伤技术的主流发展方向。

## 5.1.3　反跑道活性聚能战斗部技术

活性聚能战斗部技术为高效打击和毁伤机场跑道开辟了新途径，其显著技术优势在于，利用活性药型罩在聚能装药爆炸作用下形成的高速类弹丸活性聚能侵彻体，不仅具备有效贯穿不同结构强度等级跑道混凝土面层的能力，更重要的是，侵入跑道内部后还能自行爆炸，发挥类似传统聚能-爆破两级反跑道弹药的毁伤机理、毁伤模式和毁伤效应，甚至被美国陆军装备研发工程中心（US Army ARDEC）誉为迄今为止最有效的反跑道单级爆裂毁伤战斗部技术（the most effective unitary demolition warhead currently known）。

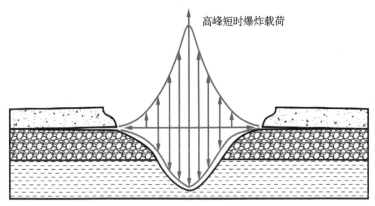

(a) 高爆压内爆载荷作用

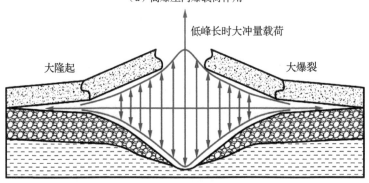

(b) 低爆压大冲量内爆载荷作用

**图 5.8 战斗部爆炸能量输出结构对跑道毁伤模式的影响**

活性聚能战斗部毁伤机场跑道技术原理如图 5.10 所示。首先，活性药型罩在聚能装药爆炸作用下形成高速类弹丸活性聚能侵彻体，在这一过程中活性材料只是被激活，但不会爆炸，如图 5.9（a）和（b）所示。随后，高速类弹丸活性聚能侵彻体利用头部速度和动能优势，一举侵彻贯穿跑道混凝土面层，中后部大尺寸、大质量活性聚能侵彻体则沿贯穿通道随进，并在低速侵入碎石层内一定深度适时自主爆炸和毁伤跑道，如图 5.9（c）和（d）所示。

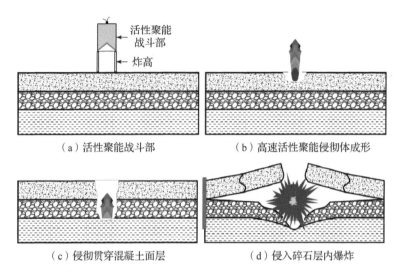

图 5.9 活性聚能战斗部毁伤跑道的技术原理

与传统反跑道弹药相比,活性聚能战斗部除了单级化、小型化、结构简单、系统可靠性高等优势外,更重要的还在于 3 个方面。(1) 毁伤机理和毁伤模式更先进。从爆炸能量输出结构看,显著不同于高能炸药爆炸,活性聚能侵彻体以低峰长时大冲量爆炸载荷输出,跑道典型毁伤模式呈现为小炸坑、大隆起、大裂纹和大腔穴毁伤,反封锁修复更困难,封锁时效更长,封锁效能更高,如图 5.10 所示。(2) 通用性好,广泛适用于机载布撒武器、联合防区外武器、巡航导弹和弹道导弹等各种武器平台,而且不受布撒或抛撒高度、速度等的影响。(3) 适应性强,在触发引信作用下,活性聚能战斗部一经起爆,高速类弹丸活性聚能侵彻体成形、侵彻混凝土面层和内爆毁伤跑道过程自主完成,打击不同强度等级的跑道时均可显著发挥毁伤威力,而且基本不受着速、着角等的影响。

 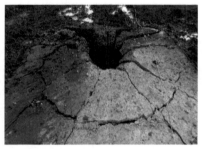

图 5.10 活性聚能战斗部反跑道典型毁伤模式

## 5.2 反跑道活性毁伤效应实验

不同于传统金属药型罩聚能战斗部,活性聚能战斗部爆炸驱动活性药型罩形成活性聚能侵彻体,高速侵至跑道结构一定深度处爆炸,在动能侵彻和内爆效应耦合作用下,对跑道产生大炸坑、大裂纹、大隆起等毁伤效应。本节主要介绍反跑道活性毁伤效应实验方法、特级及一级跑道毁伤效应。

### 5.2.1 反跑道活性毁伤效应实验方法

反跑道活性毁伤效应实验方法及靶场布置如图 5.11 所示。实验系统主要由起爆装置、活性聚能战斗部、炸高支架和跑道靶标等组成。活性聚能战斗部主要由活性药型罩、主装药、起爆装置和壳体等组成,壳体材料为 45 钢,主装药为 B 炸药。跑道靶标尺寸为 5 m × 5 m,强度等级分为特级和一级两种,实验中,活性聚能战斗部口径分别为 150 mm 和 140 mm。

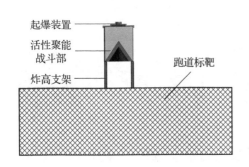

**图 5.11 反跑道活性毁伤效应实验方法及靶场布置**

实验中,分别对比分析活性聚能战斗部对特级和一级跑道毁伤效应。实验过程为:首先,确定 5 m × 5 m 跑道靶标几何中心,作为活性聚能战斗部作用点;然后,在跑道标靶几何中心处,通过炸高支架将活性聚能战斗部固定于一定炸高处,并确保活性聚能战斗部轴线与跑道标靶几何中心对齐并垂直于跑道靶标水平面,同时在距活性聚能战斗部及靶体一定距离处设置高速摄影系统,拍摄画幅及帧率根据实验要求设定;最后,起爆活性聚能战斗部,通过高速摄影系统记录实验过程,并分析跑道毁伤效应。

### 5.2.2 特级跑道毁伤效应

活性聚能战斗部结构及活性药型罩材料相同时,弹靶作用条件不同,尤其是炸高不同,活性聚能侵彻体的成形特性、微元速度分布特性、侵彻跑道行为、随进爆炸行为不同,对一级跑道毁伤效应差异显著。

在炸高为 1.0 CD 的条件下活性聚能战斗部作用特级跑道过程如图 5.12 所示。$t = 0.26$ ms 时,主装药爆炸,爆轰产物开始扩散,产生的冲击波和爆轰产物强烈压缩活性药型罩,开始形成活性聚能侵彻体。$t = 1.53$ ms 时,主装药爆轰产生的火光范围继续扩大,活性聚能侵彻体通过动能对跑道产生侵彻作用。随着主装药爆轰产物继续扩散,火焰范围进一步扩大,活性聚能侵彻体侵至跑道一定深度处后,开始发生爆炸。$t = 37.8$ ms 时,活性聚能侵彻体反应产物急剧膨胀,产生黑烟扩散,直至 $t = 180$ ms 时,混凝土碎块产生抛掷效应。

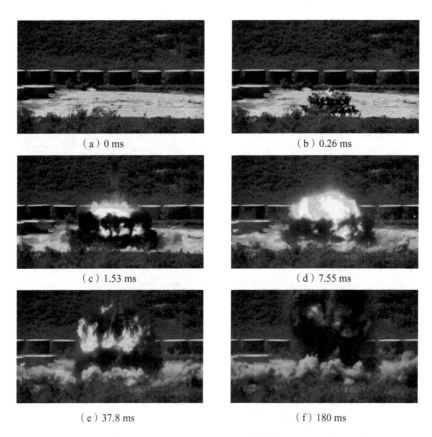

图 5.12 在炸高为 1.0 CD 的条件下活性聚能战斗部作用特级跑道过程

在 0.5 CD、1.0 CD 和 1.5 CD 3 种炸高条件下，活性聚能战斗部对特级跑道毁伤效应如图 5.13 所示，对应毁伤效应数据列于表 5.1。可以看出，炸高为 0.5 CD 时，跑道混凝土面层产生显著侵孔，沿侵孔形成数条径向裂纹，跑道结构内部形成较大爆腔，且形成环向贯穿裂纹，跑道整体隆起明显，但碎裂跑道混凝土面层介质未发生显著抛掷效应。炸高增加至 1.0 CD 时，跑道除产生径向、环向裂纹、炸坑、隆起等毁伤效应外，混凝土面层严重碎裂，抛掷效应显著。但炸高继续增加至 1.5 CD，混凝土面层隆起、裂纹的数量、宽度均显著减小，跑道靶标中心仅产生较小侵孔及炸坑，炸坑周围一定距离处产生少量环向裂纹。

(a) 炸高为 0.5 CD

(b) 炸高为 1.0 CD

(c) 炸高为 1.5 CD

图 5.13 特级跑道毁伤效应

表 5.1  特级跑道毁伤效应数据

| 炸高 | 炸坑深度/mm | 隆起高度/mm | 裂纹长度/mm | 裂纹数量/条 |
|---|---|---|---|---|
| 0.5 CD | 680 | 360 | 830~3 300 | 6 |
| 1.0 CD | 850 | 220 | 900~3 500 | 10 |
| 1.5 CD | 540 | 130 | 480~3 200 | 10 |

活性聚能战斗部反跑道威力发挥主要取决于活性聚能侵彻体侵彻深度及材料含能水平。在活性聚能战斗部结构及活性药型罩材料相同的条件下,炸高为 0.5 CD 时,由于炸高较小,作用混凝土面层时,活性聚能侵彻体未完全拉伸成形,整体长度及速度梯度较小,导致对跑道侵彻深度较小。剩余活性聚能侵彻体内爆能量耗散较多,混凝土面层仅产生显著径向、环向裂纹及炸坑,但抛掷效应较弱。相比于炸高为 0.5 CD 和 1.0 CD 时,活性聚能侵彻体成形及速度梯度分布特性更好,侵彻能力大幅提升,剩余活性聚能侵彻体进入碎石层爆炸。由于炸点深度增加,爆炸能量耗散效应减弱,内爆载荷冲量增加,导致炸坑、径向裂纹、隆起进一步增大,抛掷效应显著,跑道破坏严重。炸高继续增加至 1.5 CD,从活性聚能侵彻体成形至作用跑道混凝土面层的时间增加,活性聚能侵彻体在微元速度梯度的作用下发生断裂,侵彻能力大幅下降,侵至跑道结构较浅处发生爆炸,大部分爆炸能量向空气中耗散,在较小的爆炸载荷及冲量的作用下,跑道仅产生小侵孔、小炸坑及少量裂纹。

### 5.2.3  一级跑道毁伤效应

在相同弹靶作用条件下,活性药型罩质量不同,活性聚能侵彻体成形特性、活性材料含能量、激活延迟不同,对一级跑道毁伤效应差异显著。

活性药型罩质量选择 3 种方案,其中方案 B 比方案 A 重 20%,方案 C 比方案 B 重 16%。方案 B 中活性聚能战斗部作用一级跑道过程如图 5.14 所示。$t = 0.29$ ms 时,主装药爆炸产生的冲击波和爆轰产物强烈压缩活性药型罩,开始形成活性聚能侵彻体。$t = 0.57$ ms 时,主装药爆轰产生的火光范围缩小,表明大部分主装药已发生爆轰,活性聚能侵彻体基本成形。$t = 1.29$ ms 时,明亮火焰范围增大,活性聚能侵彻体开始侵彻跑道标靶,且部分活性材料开始发生反应。随着活性聚能侵彻体在侵彻过程中持续在强动载作用下剧烈爆燃,在 $t = 4.14$ ms 时,火光范围进一步扩大。随后,活性聚爆体反应产物急剧膨胀,产生黑烟扩散,直至 $t = 41.6 \sim 440$ ms,混凝土碎块产生抛掷效应。

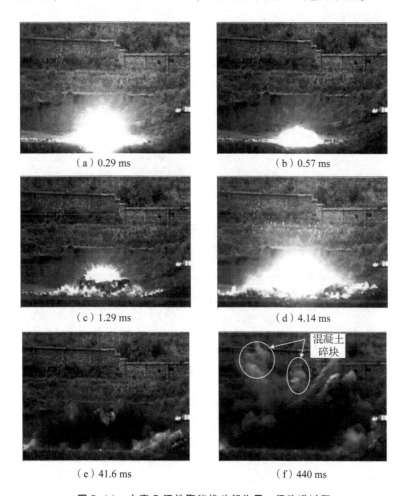

图 5.14 方案 B 活性聚能战斗部作用一级跑道过程

在 3 种活性药型罩条件下,活性聚能战斗部对一级跑道毁伤效应如图 5.15 所示,对应毁伤效应数据列于表 5.2。可以看出,在方案 A 中,跑道面层产生显著侵孔,沿侵孔形成数条径向裂纹,跑道结构内部形成较大爆腔,侵孔左侧可观察到环向裂纹,但未形成贯穿,跑道整体隆起较小。相比之下,在 B 方案中,炸坑显著增大,径向裂纹数量增加,环向裂纹贯穿整个跑道,隆起更加显著。药型罩质量进一步增大,在方案 C 中,径向、环向裂纹导致混凝土面层被切断成若干碎块,在大质量剩余活性聚能侵彻体内爆作用下,混凝土面层发生显著抛掷效应。

(a)方案A

(b)方案B

(c)方案C

图 5.15　一级跑道毁伤效应

表 5.2　一级跑道毁伤效应数据

| 方案 | 炸坑深度/mm | 隆起高度/mm | 裂纹长度/mm | 裂纹数量/条 |
|---|---|---|---|---|
| A | 740 | 120 | 950～1 550 | 13 |
| B | 830 | 430 | 900～2 400 | 10 |
| C | 860 | 350 | 880～2 800 | 8 |

从毁伤效应角度看，对于给定的活性聚能战斗部结构，当跑道标靶参数与炸高确定时，毁伤效应主要取决于活性聚能侵彻体侵彻行为和随进爆炸剩余活性聚能侵彻体质量。在方案 A 中，活性药型罩质量较小，活性聚能侵彻体在动能侵彻和内爆效应联合作用下，首先贯穿混凝土面层，随后进入碎石层爆炸。由于爆炸载荷较小，产生的径向裂纹、环向裂纹、炸坑、抛掷效应等均较弱。随着活性药型罩质量增加，在方案 B 中，径向裂纹、环向裂纹、爆炸空腔、隆起等均更加显著，尤其是活性药型罩质量增加至方案 C 时，爆炸载荷及冲量进一步增加，导致炸坑、径向裂纹、隆起进一步增大，抛掷效应显著，跑道破坏严重。

## 5.3　反跑道活性毁伤机理

活性聚能侵彻体侵入机场跑道一定深度后发生爆燃反应，快速释放化学能，冲击波与爆燃产物联合作用，对跑道产生爆坑、裂纹、隆起等毁伤效应。本节主要介绍跑道毁伤模式、裂纹形成机理及炸坑形成机理。

### 5.3.1　跑道毁伤模式

从作用过程角度看，活性聚能战斗部反跑道目标可分为高速活性聚能侵彻体成形、高速活性聚能侵彻体动能侵彻和剩余活性聚能侵彻体内爆毁伤 3 个阶段。

第一阶段：高速活性聚能侵彻体成形阶段。在成型装药爆炸驱动下，活性药型罩形成高速活性聚能侵彻体，其形貌、速度等特性主要取决于活性药型罩的材料、锥角、壁厚等参数，显著影响高速活性聚能侵彻体动能侵彻能力。

第二阶段：高速活性聚能侵彻体动能侵彻阶段。高速活性聚能侵彻体成形并运动至跑道混凝土面层时，首先依靠动能进行侵彻，产生一定深度的侵孔。活性聚能侵彻体头部因受到强冲击作用首先发生爆燃反应，产生扩孔效应。

第三阶段：剩余活性聚能侵彻体内爆毁伤阶段。侵至一定深度后，活性聚能侵彻体动能减小，侵彻能力大幅减弱，到达未反应部分活性材料反应弛豫时间后，剩余活性聚能侵彻体发生爆炸，产生低峰长时大冲量内爆载荷，在动能侵彻毁伤的基础上，对跑道目标进一步造成高效结构毁伤。

从跑道毁伤机理角度看，活性聚能战斗部结构、活性药型罩材料特性、弹靶作用条件、跑道强度等级等因素，均直接通过两方面因素——一是活性聚能侵彻体炸点深度，二是爆炸载荷特性，最终决定跑道毁伤模式。

活性聚能侵彻体贯穿跑道混凝土面层，剩余侵彻体在混凝土面层与碎石层界面处爆炸时，快速释放化学能，产生内爆载荷，对跑道造成毁伤。一方面，由于炸点靠近面层侵孔，剩余侵彻体爆炸可进一步增大侵孔直径；另一方面，剩余侵彻体爆炸产生冲击波，沿跑道介质传播，向下进一步压缩碎石层介质，增大爆坑深度，向上和两侧持续推动混凝土面层运动，产生隆起效应，上升至一定程度时，导致混凝土面层产生局部破碎，形成贯穿裂纹。侵孔处的泄压效应，造成隆起由侵孔边缘向四周逐渐减小，如图 5.16 所示。

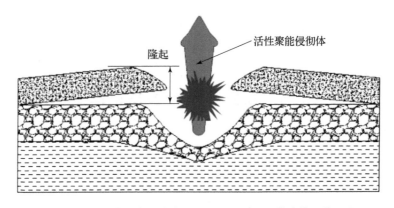

图 5.16　活性聚能侵彻体在混凝土面层/碎石层的内爆作用机理

基于活性聚能战斗部侵彻及内爆作用产生的裂纹、隆起、炸坑、抛掷等毁伤效应，可确定跑道的毁伤面积。根据国军标，毁伤面积的基本确定方法为，以跑道标靶中心为原点，将相邻方向的裂纹特征点和隆起特征点中最远距离特征点依次连接组成的多边形面积，即毁伤面积。其中，裂纹特征点为某条裂纹上距炸坑最远处宽度不小于某值的点；隆起特征点为以炸坑中心为原点，以 45°为间隔的各条轴线上隆起高度不小于某值的点。通过以上方法，活性聚能侵彻体在混凝土面层/碎石层中爆炸时，跑道毁伤模式及毁伤面积如图 5.17 所示。

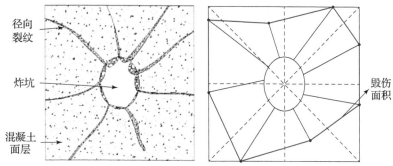

图 5.17　跑道毁伤模式及毁伤面积（1）

炸高合理或活性药型罩密度较高时，活性聚能侵彻体侵彻能力增强，侵至碎石层或土基层时，剩余活性聚能侵彻体在跑道目标较深处发生爆炸，在跑道深层结构释放化学能，一方面，作用于混凝土面层的低峰长时载荷冲量显著增加；另一方面，由于炸点深度较大，爆炸空腔显著增大，载荷作用混凝土面层的时间增加，导致混凝土面层结构隆起进一步增大，达到混凝土断裂极限后，产生贯穿性环向裂纹，如图 5.18 所示。跑道毁伤模式及毁伤面积如图 5.19 所示。

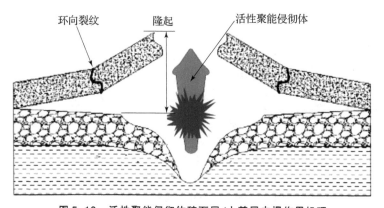

图 5.18　活性聚能侵彻体碎石层/土基层内爆作用机理

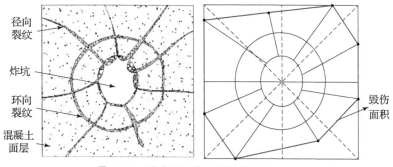

图 5.19　跑道毁伤模式及毁伤面积（2）

活性聚能侵彻体侵彻能力进一步增强，炸点深度增加，剩余活性聚能侵彻体质量足够大时，爆炸冲击载荷及冲量进一步增加，碎石层及土基层爆坑直径及深度进一步增大，混凝土面层除产生径向裂纹、环向裂纹及隆起外，还会在内爆载荷作用下获得轴向速度，产生抛掷效应，使混凝土面层炸坑直径显著增加，如图 5.20 所示。跑道毁伤模式及毁伤面积如图 5.21 所示。

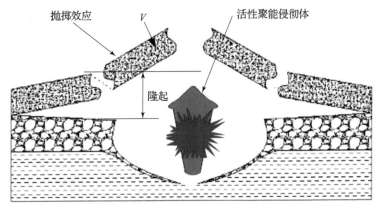

图 5.20　大质量剩余活性聚能侵彻体内爆作用机理

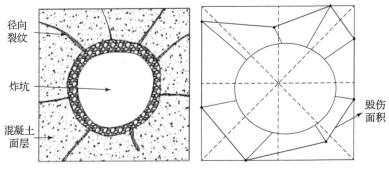

图 5.21　跑道毁伤模式及毁伤面积（3）

综上，要实现对跑道目标的高效内爆毁伤，就要求活性聚能战斗部爆炸形成活性聚能侵彻体，可侵至跑道结构一定深度处发生爆炸，持续释放大量化学能。这均对活性聚能战斗部结构、活性药型罩结构、活性聚能侵彻体成形行为、活性材料含能量、激活反应弛豫特性等提出了较高要求。

### 5.3.2　裂纹形成机理

基于活性聚能战斗部对跑道目标毁伤机理，随进侵彻体的爆燃反应是造成跑道目标结构性毁伤的主要机制。该阶段与一定埋深处炸药爆炸对跑道毁伤过程具有相似性，通过研究爆炸载荷毁伤跑道目标裂纹形成机理，可为活性聚能战斗部对跑道目标毁伤机理分析提供有益参考。

仿真分析中,混凝土靶为圆柱体,尺寸为 $\phi 1\,000 \times 1\,000$ mm。上方预留侵孔,用于放置药柱,炸药类型为 TNT,通过 JWL 方程描述,半径为 9 mm,高 54 mm,中心距自由面距离为 100 mm,计算模型如图 5.22 所示。

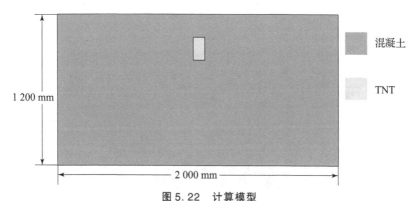

图 5.22　计算模型

在炸药内爆作用下,混凝土介质毁伤过程图 5.23 所示。根据主导因素的不同,混凝土介质毁伤过程可分为两个阶段:第一阶段为应力波主导作用阶段,主要导致压碎区、裂纹区、拉伸破坏区与弹性区的形成;第二阶段为爆轰产物膨胀主导作用阶段,在该阶段爆轰产物急剧膨胀,前一阶段产生的初始裂纹进一步扩展,压碎区中介质在爆轰产物高温高压作用下向外抛出形成弹坑。

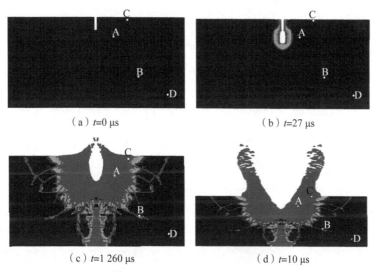

图 5.23　混凝土介质毁伤过程

混凝土介质内压力分布如图 5.24 所示,观测点 E 处压力时程曲线如图

5.25 所示。炸药内爆作用在混凝土介质内产生 10 GPa 以上初始超压,并以冲击波形式在混凝土介质中传播。至观测点 E 时,冲击波压力衰减至 3.1 MPa 左右。由于混凝土介质压缩膨胀,E 点受稀疏波作用,压力峰值进一步衰减至 -2.2 MPa 左右。冲击波不断传播与衰减,导致混凝土介质内最终形成压碎区、拉伸破坏区、裂纹区与弹性区,分别如图 5.23 中 A、B、C、D 点所示。

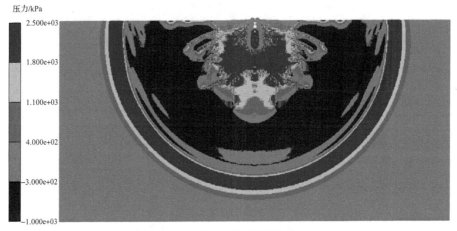

图 5.24 混凝土介质内压力分布

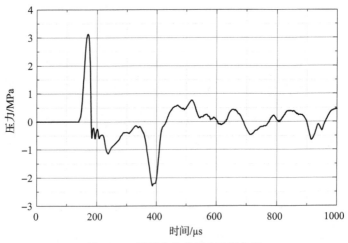

图 5.25 观测点 E 处压力时程曲线

压碎区 A 点处等效应力、失效应力与损伤因子变化时程曲线如图 5.26 所示。从图中可以看出,冲击波在 $t = 21$ μs 时刻到达 A 点,在 $t = 21 \sim 32$ μs 内,A 点等效应力始终小于材料失效应力,混凝土介质处于弹性状态;$t = 32$ μs 时,混凝土介质发生屈服并迅速到达失效应力状态,损伤开始累积;在 $t = 52$ μs 前后,等效应力达到峰值,损伤因子显著提高,由于损伤软化效应,失效强度随着损伤的增大而降低,到达材料失效面后,加载时等效应力曲线与失效应力曲线重合,卸载时等效应力曲线位于失效应力曲线下方;$t = 91$ μs 时,混凝土介质完全破坏,由于正压力与摩擦力的存在,材料仍具有一定的抗剪切破坏能力。

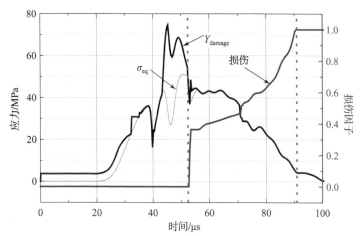

图 5.26 压碎区 A 点处等效应力、失效应力与损伤因子变化时程曲线

裂纹区 B 点处等效应力、失效应力与损伤因子变化时程曲线如图 5.27 所示。从图中可以看出,在正压作用阶段(60~107 μs),等效应力始终小于失效应力,材料未发生破坏,处于弹性状态;$t = 140$ μs 时,B 点压力值为 − 3.01 MPa,小于混凝土拉伸失效压力 − 3.0 MPa,随着损伤不断累积,材料开始失效;$t = 161$ ~ 234 μs 时,混凝土介质内压力大于最小失效压力,损伤保持为常数;$t = 236$ ~ 256 μs 时,B 点压力值小于混凝土的拉伸失效压力,损伤继续累积,直至 $t = 256$ μs 时混凝土介质完全失效,B 点只存在正压或零压力。

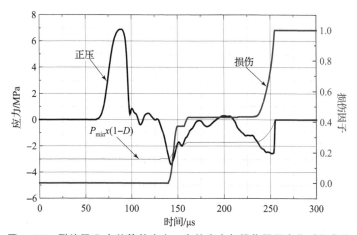

图 5.27 裂纹区 B 点处等效应力、失效应力与损伤因子变化时程曲线

拉伸破坏区 C 点处等效应力、失效应力与损伤因子变化时程曲线如图 5.28 所示。从图中可以看出，C 点首先受初始压缩波作用，在自由面反射后，形成拉伸波。$t=58$ μs 时，C 点处开始产生损伤累积，压力为 4.5 MPa，等效应力到达失效面 C 点介质发生剪切破坏；$t=63$ μs 时，C 点处压力小于材料拉伸失效应力，损伤继续累积；$t=66$ μs 时损伤值为 1，材料完全破坏。

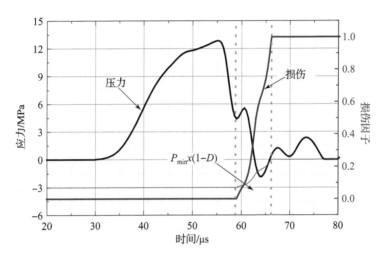

图 5.28　拉伸破坏区 C 点处等效应力、失效应力与损伤因子变化时程曲线

离爆炸中心较远的 D 点处，弹性区等效应力、失效应力与损伤因子变化时程曲线如图 5.29 所示。可以看出，压力峰值衰减至 2 MPa，等效应力始终小于材料失效应力，混凝土介质只产生弹性变形而不产生损伤。爆炸产生高温高压气体剧烈膨胀，靠近自由边界处的压碎区与层裂区材料由于无法承受拉力而被抛出。同时，靠近自由面处裂纹在纵向剪力作用下快速扩展，当裂纹贯穿至自由边界时其包络的介质被抛出，形成最终的漏斗坑。需特别说明的是，炸药埋深太大时，裂纹无法扩展至自由面，则材料不能被抛出，无法形成漏斗坑。

### 5.3.3　炸坑形成机理

将活性聚能侵彻体爆燃反应等效为一定埋深处炸药爆炸，除可对跑道产生破坏，形成裂纹外，还可通过内爆，形成炸坑，对跑道介质产生抛掷。

活性聚能侵彻体作用跑道目标内爆抛掷效应数值计算模型如图 5.30 所示，混凝土面层厚度为 400 mm，碎石层厚度为 300 mm，土基层厚度为 800 mm。药柱材料为 TNT，直径为 7 mm，质量为 0.6 kg。炸药埋深 $H$ 选择 100~800 mm，以模拟活性聚能侵彻体在跑道内不同深度处内爆效应及炸坑形成过程。

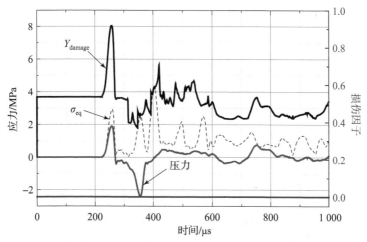

图 5.29 拉伸破坏区 D 点处等效应力、失效应力与损伤因子变化时程曲线

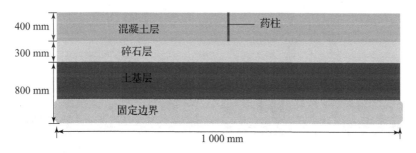

图 5.30 内爆抛掷效应数值计算模型

在不同炸药埋深条件下,炸药内爆对跑道毁伤效应如图 5.31 所示。从图中可以看出,埋深较浅时,炸药于接近混凝土上表面处爆炸,能量向上耗散严重,混凝土面层仅形成较小抛掷坑,裂纹数量少,分布集中,如图 5.31 (a) 和 (b) 所示。炸点深度增加,爆炸能量向自由面逸散较少,形成的裂纹数量增加,抛掷坑呈典型漏斗状,如图 5.31 (c) 和 (d) 所示。随着炸点深度继续增加至碎石层,炸药远离自由表面,在内爆载荷作用下,混凝土面层产生一定程度的隆起,形成大量裂纹,毁伤面积增加,内爆空腔呈典型葫芦状,如图 5.31 (e) 和 (f) 所示。随着炸点深度继续增加至碎石层底部和土基层,深层介质中形成空腔效应,但混凝土面层仅产生少量裂纹,产生局部隆起效应,如图 5.31 (g) 和 (h) 所示。以上分析表明,炸点过浅或过深,对跑道毁伤效应均不理想,只有在适当埋深条件下,才可最大程度发挥反跑道战斗部的内爆毁伤威力。

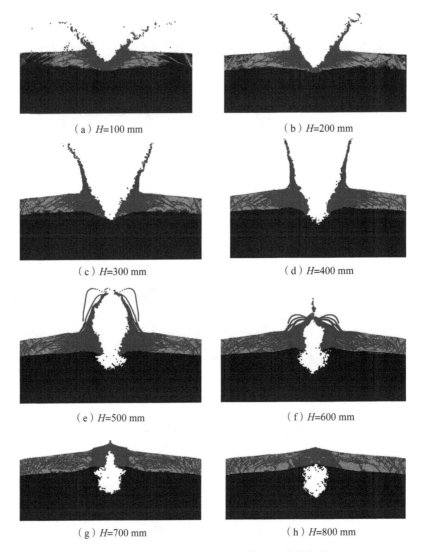

图 5.31　不同埋深条件下炸药内爆对跑道毁伤效应

炸药埋深对炸坑深度和直径的影响如图 5.32 所示。从图中可以看出，在炸药量一定的条件下，随着炸药埋深的增加，爆轰波也随之向跑道底部作用，因此炸坑深度不断增加。但由于距自由面层的距离随之增加，炸坑直径先增大后减小。炸药埋深为 400 mm 时，炸坑直径达到最大，而后开始减小；在炸药埋深为 600 mm 时，炸坑形状呈类似葫芦；炸药埋深为 800 mm 时，爆腔显著增大，破坏主要集中于碎石层，混凝土面层仅产生一定程度的局部破坏。

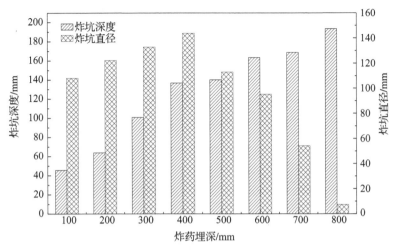

图 5.32 炸药埋深对炸坑深度和直径的影响

从能量角度出发,炸点位于混凝土面层、碎石层与土基层时炸药爆炸后跑道结构各层材料能量吸收情况如图 5.33 所示。从图 5.33 (a) 可以看出,炸点位于混凝土面层时,爆炸能量基本全被混凝土面层吸收,炸药爆炸瞬间,混凝土面层吸收的能量瞬时达到最大值,随后缓慢降低。炸点位于碎石层时,如图 5.33 (b) 所示,混凝土面层和碎石层吸收大部分能量,特别是混凝土面层吸收能量依然较多,且各层吸收的总能量明显大于炸点位于混凝土面层内的情况,其主要原因在于,炸点离自由面较远,能量耗散较少。然而,当炸点位于土基层时,如图 5.33 (c) 所示,碎石层吸收能量最多,土基层吸收能量增加,混凝土面层吸收能量最少。其主要原因在于,炸点深度进一步增加,爆炸能量主要集中于跑道结构内部,由于碎石层与土基层介质强度相对较弱,爆腔形成于跑道内部,炸点距混凝土面层较远,造成混凝土面层仅形成小面积鼓包,而未产生抛掷效应。

综上分析可知,活性聚能侵彻体进入跑道目标结构内部发生爆燃反应,随着炸点深度增加,炸坑直径先增加后减小,炸坑深度则持续增加。从综合毁伤效应角度看,炸点位于碎石层时,对跑道目标毁伤效应最佳。这就要求活性聚能侵彻体侵彻混凝土面层时不发生反应或活性聚能侵彻体头部发生少量反应,剩余活性聚能侵彻体进入碎石层后,一次性释放全部化学能,从而实现对跑道目标大炸坑、高隆起、裂纹密集的综合高效毁伤。

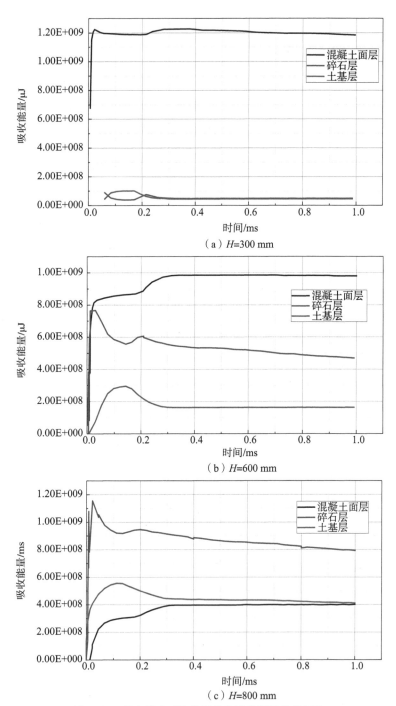

图 5.33 炸点深度对跑道目标各层能量吸收的影响

## 5.4 反跑道活性毁伤增强模型

活性聚能战斗部基于先进毁伤机理与模式,先通过活性聚能侵彻体的速度与动能优势,侵彻贯穿跑道混凝土面层,再由大尺寸、大质量剩余侵彻体在跑道一定深度处适时自主爆炸,对跑道造成炸坑、隆起和裂纹等毁伤。本节主要介绍活性聚能战斗部反跑道侵彻作用模型、内爆模型及毁伤增强模型。

### 5.4.1 侵彻作用模型

跑道由混凝土层、碎石层、土基层构成,活性聚能侵彻体作用跑道时,产生压缩波,形成压缩区。随着压缩波传播至混凝土面层/碎石层、碎石层/土基层界面时,会发生透射和反射,使混凝土面层、碎石层和土基层的应力状态发生变化,从而影响活性聚能侵彻体对跑道目标的侵彻过程。

活性聚能侵彻体跑道的过程中,混凝土面层/碎石层界面对冲击波传播过程的影响如图 5.34 所示。压缩波到达混凝土面层/碎石层界面时,形成透射波和反射波,侵彻混凝土面层稳定的应力状态因界面扰动发生显著变化。

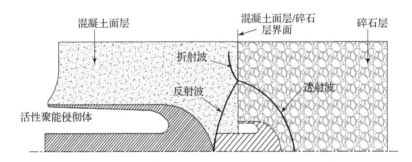

图 5.34　混凝土面层/碎石层界面对冲击波传播过程的影响

**1. 压缩波的传播与衰减**

活性聚能侵彻体作用跑道目标时,假设压缩波波速恒定,基于伯努利方程,活性聚能侵彻体与跑道作用点处的压力可表述为

$$p_0 = \frac{1}{2}\rho_j (v_j - u)^2 \quad (5.1)$$

式中，$p_0$ 为侵彻压力；$\rho_j$ 为活性聚能侵彻体密度；$v_j$ 为活性聚能侵彻体速度；$u$ 为侵彻速度。

侵彻产生的压缩波服从指数衰减规律，侵彻压力可表述为

$$p_K = p_0 e^{-\gamma k} \tag{5.2}$$

式中，$p_K$ 为压缩波压力；$k$ 为压缩波传播距离；$\gamma$ 为压缩波衰减系数。

当压缩波强度衰减至与弹性区/压缩区边界动态屈服强度相同时，弹性区/压缩区边界与初始扰动点间的距离 $I$ 表述为

$$I = \frac{1}{\gamma} \ln\left(\frac{p_0}{Y_t}\right) \tag{5.3}$$

式中，$Y_t$ 为靶板动态屈服强度。

从压缩波产生至其转变为弹性波，传播时间 $\Delta t$ 为

$$\Delta t = \frac{I}{C_p} \tag{5.4}$$

式中，$C_p$ 为压缩波波速。

该时间段内，活性聚能侵彻体穿透深度 $\Delta P$ 可表述为

$$\Delta P = u \cdot \Delta t \tag{5.5}$$

由式（5.4）~式（5.5），可获得弹性区/压缩区边界与初始侵彻界面间的距离为

$$I - \Delta P = \frac{C_p - u}{C_p} I \tag{5.6}$$

对于侵彻轴线上的某点 $A$，假设该点到侵彻界面的距离为 $x$。考虑到多普勒效应，从初始扰动点到点 $A$ 压缩波传播距离可表述为

$$k = \frac{C_p}{C_p - u} x \tag{5.7}$$

将式（5.1）代入式（5.2），则点 $A$ 处压力为

$$p_A = p_0 e^{-\gamma \frac{C_p}{C_p - u} x} \tag{5.8}$$

根据伯努利方程，点 $A$ 处的粒子速度可表述为

$$p_0 = \frac{1}{2} \rho_t (u - v_a)^2 + p_A \tag{5.9}$$

式中，$\rho_t$ 为靶板密度；$v_a$ 为点 $A$ 处粒子速度。

由于 $p_A = p_0$，可得 $v_a = u$，即侵彻界面处粒子速度与侵彻速度相等。

## 2. 界面效应影响

根据混凝土面层/碎石层界面到侵彻界面的距离，基于波的反射和透射理论，

结合式（5.8）和式（5.9），反射波、透射波、入射波压力与粒子速度的关系为

$$\begin{cases} \dfrac{p_R}{p_I} = \dfrac{\rho_S C_S - \rho_C C_C}{\rho_S C_S + \rho_C C_C} \\ \dfrac{v_R}{v_I} = \dfrac{\rho_C C_C - \rho_S C_S}{\rho_S C_S + \rho_C C_C} \end{cases} \quad (5.10)$$

$$\begin{cases} \dfrac{p_T}{p_I} = \dfrac{2\rho_S C_S}{\rho_C C_C + \rho_S C_S} \\ \dfrac{v_T}{v_I} = \dfrac{2\rho_C C_C}{\rho_C C_C + \rho_S C_S} \end{cases} \quad (5.11)$$

式中，下标 I、R 和 T 分别表示入射波、反射波和透射波；$C_C$ 和 $C_S$ 分别为混凝土面层和碎石层压缩波波速；$\rho_C$ 和 $\rho_S$ 分别为混凝土面层和碎石层密度。$p_I = p_A$，$v_I = v_a$ 时，根据式（5.10）和式（5.11）可计算出反射波和透射波参数。

当混凝土面层/碎石层界面与侵彻界面距离为 $x$ 时，$v_T$ 同时为透射波中的粒子速度与界面运动速度。由于反射波与透射波方向相反，当反射波到达侵彻界面时（在混凝土面层中传播距离为 $c$），对应压力和粒子速度分别为

$$p_{CR} = p_R \mathrm{e}^{-\gamma_C c} \quad (5.12)$$

$$\frac{1}{2}\rho_C u_{Cr}^2 + R_{tC} = \frac{1}{2}\rho_C (u_{Cr} - v_{CR})^2 + p_{CR} \quad (5.13)$$

式中，$\gamma_C$ 为混凝土面层中压缩波衰减系数。

式（5.13）左边为反射波总压力，可进一步表述为

$$\frac{1}{2}\rho_C u_{Cr}^2 + R_{tC} = \frac{1}{2}\rho_C (u_{Cr} - v_R)^2 + p_R \quad (5.14)$$

式（5.14）表明，在混凝土面层/碎石层界面处反射波的影响下，混凝土面层中初始压力和速度变为 $p_{CR}$ 和 $v_{CR}$，则活性聚能侵彻体和混凝土面层的相对速度关系为

$$v_{Cr} = v_j - v_{CR} \quad (5.15)$$

活性聚能侵彻体在混凝土面层中的侵彻方程可表述为

$$\frac{1}{2}\rho_j (v_{Cr} - u_{Cr})^2 = \frac{1}{2}\rho_C u_{Cr}^2 + p_{CR} \quad (5.16)$$

式中，$u_{Cr}$ 为侵彻界面与混凝土面层的相对速度。在反射波的影响下，活性聚能侵彻体对混凝土介质的绝对侵彻速度表述为

$$u_C = u_{Cr} + v_{CR} \quad (5.17)$$

反射波作用下粒子速度与侵彻速度方向相反，因此式（5.17）表明，混凝土面层/碎石层界面的存在，降低了活性聚能侵彻体对混凝土面层的侵彻速度。此外，侵彻界面与混凝土面层/碎石层界面靠近时，侵彻速度随反射波的

增强而明显降低。

透射波对侵彻过程也有影响,当透射波在碎石层中传播距离为 $s$ 时,对应的压力和粒子速度分别表述为

$$p_{SR} = p_T e^{-\gamma_s s} \tag{5.18}$$

$$\frac{1}{2}\rho_S u_{ST}^2 + R_{tS} = \frac{1}{2}\rho_S (u_{ST} - v_{ST})^2 + p_{ST} \tag{5.19}$$

式中,$\gamma_s$ 为碎石层压缩波衰减系数。

式(5.19)左边为透射波总压力,可进一步表述为

$$\frac{1}{2}\rho_S u_{ST}^2 + R_{tS} = \frac{1}{2}\rho_S (u_{ST} - v_T)^2 + p_T \tag{5.20}$$

式(5.20)表明,由于透射波的影响,碎石层中有初始压力 $p_{ST}$ 和初始速度 $v_{ST}$,则活性聚能侵彻体和碎石层的相对速度关系为

$$v_{Sr} = v_j - v_{ST} \tag{5.21}$$

活性聚能侵彻体在碎石层中的侵彻方程可表述为

$$\frac{1}{2}\rho_j (v_{Sr} - u_{Sr})^2 = \frac{1}{2}\rho_S u_{Sr}^2 + p_{ST} \tag{5.22}$$

式中,$u_{Sr}$ 为侵彻界面相对于碎石层的相对速度。在透射波的影响下,活性聚能侵彻体对碎石介质的绝对侵彻速度可表述为

$$u_S = u_{Sr} + v_{ST} \tag{5.23}$$

分析表明,在混凝土面层/碎石层界面效应的影响下,活性聚能侵彻体对碎石层的侵彻速度显著减小,侵彻深度小于对单层混凝土介质的侵彻深度。

基于相同的分析过程,当活性聚能侵彻体穿过碎石层/土基层界面时,活性聚能侵彻体对土基层的绝对侵彻速度也可按上述理论进行分析。

### 3. 侵彻深度模型

活性聚能侵彻体侵彻跑道模型如图 5.35 所示,由于各微元存在速度梯度,活性聚能侵彻体会不断拉伸变长。将活性聚能侵彻体划分为 $n$ 个微元,对任一微元 $i$,与混凝土面层距离为 $z_i$,平均速度为 $v_{ji}$(假设侵彻过程中各微元平均速度恒定),直径为 $D_i$,长度为 $\Delta l_i'$,以上微元参数均可通过数值仿真或实验确定。

由于活性聚能侵彻体不断拉伸,微元 $i$ 到达靶板时的长度可表述为

$$\Delta L_i = \Delta l_i + \Delta v_i \cdot (t_i - t_0) \tag{5.24}$$

式中,$\Delta v_i$ 为微元 $i$ 头部与尾部速度差,$\Delta v_i = v_{ji} - v_{ji-1}$。

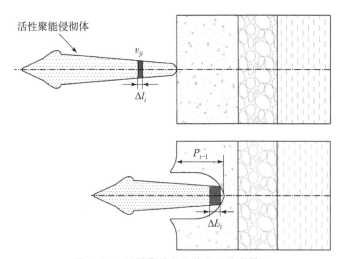

**图 5.35　活性聚能侵彻体侵彻跑道模型**

微元 $i$ 开始侵彻靶板时，侵彻深度为 $P_{i-1}$，则微元 $i$ 到达目标的时间表述为

$$t_i = t_0 + \frac{z_i + P_{i-1}}{v_{ji}} \tag{5.25}$$

对于活性聚能侵彻体，由于反应弛豫时间 $\tau$ 的存在，当 $t_i \geq \tau$ 时，侵彻结束，此时侵彻深度即 $P_{i-1}$；当 $t_i < \tau$ 时，侵彻继续进行。

对于活性聚能侵彻体任一微元 $i$，其侵彻深度可表述为

$$\Delta P_i = u_i \cdot \Delta t_i \tag{5.26}$$

式中，$\Delta t_i$ 为微元 $i$ 的侵彻时间；$u_i$ 为微元 $i$ 的绝对侵彻速度。

当考虑反射波的影响时，绝对侵彻速度按式（5.15）~式（5.17）计算；当考虑透射波的影响时，绝对侵彻速度按式（5.21）~式（5.23）计算。

根据微元 $i$ 的长度 $\Delta L_i$ 和入射速度 $v_{ji} - u_i$，侵彻时间可表述为

$$\Delta t_i = \frac{\Delta L_i}{v_{ji} - u_i} \tag{5.27}$$

微元 $i$ 完成侵彻时，活性聚能侵彻体的侵彻深度为

$$P_i = P_{i-1} + \Delta P_i \tag{5.28}$$

当活性聚能侵彻体的侵彻时间 $t_i + \Delta t_i \geq \tau$ 时，侵彻结束，此时侵彻深度即 $P_i$；若 $t_i + \Delta t_i < \tau$，侵彻继续进行，侵彻过程依然按式（5.24）~式（5.25）计算，直至侵彻时间大于侵彻体的反应弛豫时间，侵彻结束。

### 5.4.2　内爆作用模型

到达活性材料反应弛豫时间后，进入侵孔的活性聚能侵彻体发生爆燃反

应,释放大量化学能及气体产物,在侵彻毁伤的基础上,对混凝土面层进行二次内爆毁伤,导致跑道产生裂纹或抛掷效应。因此,获得进入侵孔的活性聚能侵彻体材料有效质量,对分析活性聚能侵彻体对跑道内爆毁伤效应至关重要。

根据活性聚能侵彻体成形特性,微元速度沿轴线方向梯度分布,导致活性聚能侵彻体在成形及侵彻过程中不断拉伸变长。基于虚拟原点理论,建立活性聚能侵彻体有效质量模型,为了便于问题分析,作如下假设:

(1) 活性聚能侵彻体可分为 $n$ 个微元,且在侵彻过程中不发生断裂;
(2) 侵彻过程中,各微元均可拉伸变形,但体积、密度及速度均不变;
(3) 侵彻过程中,各微元不受相邻微元的反应及运动状态的影响。

活性聚能侵彻体有效质量分析模型如图 5.36 所示,$O$ 点为虚拟原点,活性聚能侵彻体划分为 $n$ 个微元,头部微元在点 $B$ 处撞击跑道混凝土面层表面时对应时间为 $t_0$。当到达反应弛豫时间 $\tau$ 时,假设第 $i$ 个微元刚完成侵彻,而第 $i+1$ 个微元到达侵孔底部即将开始侵彻,此时对应的侵彻深度为 $P_i$,即侵彻时消耗了 $i$ 个微元,$m_{\text{loss}}$ 表示侵彻过程中活性聚能侵彻体消耗质量。

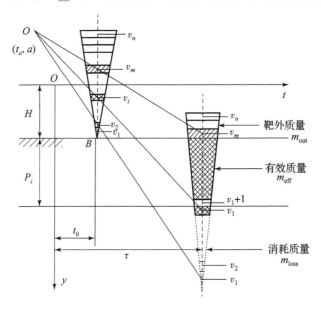

图 5.36 活性聚能侵彻体有效质量分析模型

侵彻前,活性聚能侵彻体各微元体积可表述为

$$dV = \pi \omega_0^2 l^2 dl \tag{5.29}$$

式中,$w_0$ 为活性聚能侵彻体微元所对应直线斜率。

活性聚能侵彻体总质量和消耗侵彻体质量分别可表述为

$$m = \rho_j \int_0^{l_j} \pi \omega_0^2 l^2 \mathrm{d}l \qquad (5.30)$$

$$m_{\mathrm{loss}} = \rho_j \int_0^{l_i} \pi \omega_0^2 l^2 \mathrm{d}l \qquad (5.31)$$

式中，$\rho_j$ 为碰靶前活性聚能侵彻体平均密度；$l_j$ 和 $l_i$ 分别为活性聚能侵彻体长度和前 $i$ 个微元长度。

结合式（5.30）和式（5.31），可得

$$m_{\mathrm{loss}} = m \frac{\rho_j \int_0^{l_i} \pi \omega_0^2 l^2 \mathrm{d}l}{\rho_j \int_0^{l_j} \pi \omega_0^2 l^2 \mathrm{d}l} = m \frac{\int_0^{l_i} l^2 \mathrm{d}l}{\int_0^{l_j} l^2 \mathrm{d}l} = m \left(\frac{l_i}{l_j}\right)^3 \qquad (5.32)$$

基于活性聚能侵彻体连续且微元速度沿轴线线性分布的假设，实际消耗侵彻体长度 $l_i$ 与初始长度 $l_j$ 的比值，根据图 5.36 中的几何关系有

$$\frac{l_i}{l_j} = \frac{v_1 - v_i}{v_1 - v_n} = \frac{1 - v_i/v_1}{1 - v_n/v_1} \qquad (5.33)$$

再根据图 5.36 中的几何关系，可得

$$v_i = \frac{P_i + H - a}{\tau - t_a} \qquad (5.34)$$

则消耗侵彻体质量可表述为

$$m_{\mathrm{loss}} = m \left(\frac{v_1 - v_i}{v_1 - v_n}\right)^3 = m \left(\frac{v_1 - \dfrac{P_i + H - a}{\tau - t_a}}{v_1 - v_n}\right)^3 \qquad (5.35)$$

式中，$(t_a, a)$ 为虚拟原点坐标；$v_1$ 和 $v_n$ 分别为活性聚能侵彻体头部与尾部速度，通常可取 $v_1 \approx 0.2 v_n$，则式（5.35）可进一步表述为

$$m_{\mathrm{loss}} = 1.95 m \left(1 - \frac{P_i + H - a}{v_1(\tau - t_a)}\right)^3 \qquad (5.36)$$

侵彻结束后，未进入侵孔的活性材料对结构破坏贡献较小，其质量 $m_{\mathrm{out}}$ 表述为

$$m_{\mathrm{out}} = m - (m_{\mathrm{loss}} + m_{\mathrm{eff}}) \qquad (5.37)$$

$$m_{\mathrm{loss}} + m_{\mathrm{eff}} = \rho_j \int_0^{l_m} \pi \omega_0^2 l^2 \mathrm{d}l \qquad (5.38)$$

式中，$l_m$ 为前 $m$ 个微元总长度。

结合式（5.37）和式（5.38），可得到

$$m_{\mathrm{out}} = m - m \frac{\rho_j \int_0^{l_m} \pi \omega_0^2 l^2 \mathrm{d}l}{\rho_j \int_0^{l_j} \pi \omega_0^2 l^2 \mathrm{d}l} = m \left[1 - \left(\frac{l_m}{l_j}\right)^3\right] \qquad (5.39)$$

根据图 5.36 中的几何关系有

$$\frac{l_m}{l_j} = \frac{v_1 - v_m}{v_1 - v_n} \tag{5.40}$$

$$v_m = \frac{H - a}{\tau - t_a} \tag{5.41}$$

将式（5.41）和式（5.40）代入式（5.39），则靶外侵彻体质量可表述为

$$m_{\text{out}} = m \left[ 1 - 1.95 \left( 1 - \frac{H - a}{v_1(\tau - t_a)} \right)^3 \right] \tag{5.42}$$

因此，活性聚能侵彻体有效质量可表述为

$$m_{\text{eff}} = m - m_{\text{loss}} - m_{\text{out}} = 1.95 m \left[ \left( 1 - \frac{H - a}{v_1(\tau - t_a)} \right)^3 - \left( 1 - \frac{P_i + H - a}{v_1(\tau - t_a)} \right)^3 \right] \tag{5.43}$$

### 5.4.3 毁伤增强模型

**1. 径向裂纹模型**

活性聚能侵彻体侵至跑道一定深度后，活性材料发生爆燃反应。在爆燃强冲击波作用下，混凝土面层出现初始裂纹，在爆燃气体产物膨胀时，裂纹进一步扩展，形成破碎区，如图 5.37（a）所示，裂纹如图 5.37（b）所示。

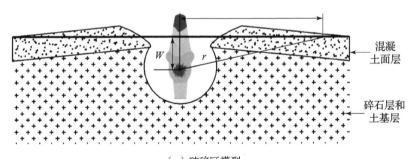

（a）破碎区模型

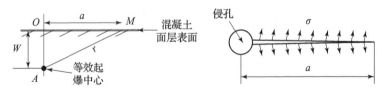

（b）自由表面裂纹扩展模型

图 5.37 混凝土面层爆破及裂纹扩展模型

假设爆燃反应气体产物等熵膨胀，裂纹内气体体积可表述为

$$V = \frac{4}{3}\pi (W^2 + a^2)^{1.5} \tag{5.44}$$

式中，$a$ 为裂纹长度；$W$ 为活性聚能侵彻体爆燃反应深度。

活性聚能侵彻体反应产生的压力可表述为

$$p_0 = \frac{\gamma - 1}{V_0} m_{\text{eff}} e \tag{5.45}$$

式中，$\gamma$ 为气体绝热指数；$V_0$ 为侵孔体积；$m_{\text{eff}}$ 为进入侵孔内的有效活性聚能侵彻体质量；$e$ 为活性材料比内能。

随着裂纹扩展，裂纹尖端处加载强度逐渐降低，加载压力可表述为

$$p = p_0 \left(\frac{V_0}{V}\right)^{\gamma} \tag{5.46}$$

裂纹扩展停滞时，应力强度因子 $K_{\text{IC}}$ 可表述为

$$K_{\text{IC}} = 1.1 \sigma \sqrt{\pi a} = 1.1 p \sqrt{\pi a} \tag{5.47}$$

根据式（5.44）～式（5.47），裂纹长度方程可表述为

$$\frac{K_{\text{IC}}}{1.95(\gamma - 1)} \left(\frac{4}{3}\pi\right)^{\gamma} V_0^{1-\gamma} = a^{0.5} (W^2 + a^2)^{-1.5\gamma} m_{\text{eff}} e \tag{5.48}$$

式（5.48）表明，活性聚能侵彻体爆燃引起混凝土面层形成的裂纹长度与起爆深度、动能侵孔体积和活性聚能侵彻体有效质量等因素密切相关。

## 2. 面层隆起模型

在活性聚能侵彻体爆燃反应超压作用下，混凝土面层隆起效应如图 5.38 所示，研究表明，混凝土面层的变形量与爆燃反应超压冲量成正比，与混凝土面层材料密度和厚度成反比，则隆起变形量可表述为

$$\delta = A \frac{\overline{p} \cdot \overline{\Delta t}}{\rho_c h} \tag{5.49}$$

式中，$A$ 为常数；$\overline{p}$ 为平均作用压力；$\overline{\Delta t}$ 为有效作用时间；$\rho_c$ 为混凝土面层材料密度。

由于活性聚能侵彻体爆燃反应时间为微秒量级，与爆燃作用持续时间（毫秒量级）相比可忽略不计，因此可忽略活性聚能侵彻体尺寸的影响，假设爆燃载荷有效作用时间为常数。此外，混凝土面层所受平均载荷作用压力 $\overline{p}$ 与最大压力 $p$ 成正比，式（5.49）可简化为

$$\delta = B \frac{pt}{\rho_c d_c} \tag{5.50}$$

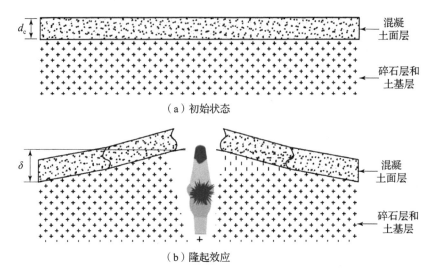

图 5.38 混凝土面层隆起效应分析模型

混凝土面层所受最大压力可表述为

$$p = p_0 \left(\frac{V_0}{V}\right)^\gamma = p_0 \left(\frac{3V_0}{4\pi W^3}\right)^\gamma \tag{5.51}$$

则混凝土面层隆起变形量可表述为

$$\delta = \frac{Bt}{\rho_c d_c} \frac{\gamma - 1}{V_0^{1-\gamma}} \left(\frac{4}{3}\pi W^3\right)^{-\gamma} m_{\text{eff}} e \tag{5.52}$$

对于给定厚度的混凝土面层,隆起变形量可简化为

$$\delta = C \frac{\gamma - 1}{V_0^{1-\gamma}} \left(\frac{4}{3}\pi W^3\right)^{-\gamma} m_{\text{eff}} e \tag{5.53}$$

式中,$C$ 为常数,与混凝土面层厚度、材料密度和爆燃载荷作用时间有关。

式(5.53)表明,混凝土面层的隆起变形量除与动能侵孔体积和起爆深度有关外,还显著受进入跑道目标内活性聚能侵彻体有效质量的影响。

**3. 环向裂纹及抛掷模型**

具有一定长度的活性聚能侵彻体在跑道目标内一定深度处发生爆燃反应,混凝土面层环向裂纹的产生主要由活性聚能侵彻体爆燃反应冲击波超压造成。

假设起爆中心为混凝土面层下的有效活性聚能侵彻体几何中心,起爆深度为 $d_p$,环向裂纹半径为 $r$,环向裂纹及抛掷效应分析模型如图 5.39 所示。

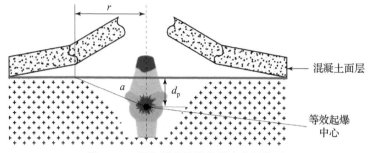

**图 5.39 环向裂纹及抛掷效应分析模型**

以有效活性聚能侵彻体等效起爆中心为原点，爆燃反应冲击波呈球形在跑道各层介质中传播，产生径向压力波，强度随传播距离衰减。当压力波传至混凝土面层底部时，作用在混凝土面层底部的作用力可表述为

$$p_u = \sigma(\alpha, r, t) \tag{5.54}$$

以上作用力与作用时间、跑道几何结构等有关，当局部剪切力大于面层混凝土屈服强度时，混凝土面层开始变形隆起。在活性聚能侵彻体爆燃反应瞬间，起爆点正上方压力最大，随着时间及距离 $r$ 增加，爆燃压力逐渐降低。当作用于混凝土面层的压力大于其抗拉强度时，混凝土面层结构失效，产生环向裂纹。爆炸冲击波进一步作用，失效混凝土产生抛掷效应。

作用于混凝土面层的冲击波导致介质运动，介质失效时，对应临界粒子速度 $v_c$ 可表述为

$$v_c = \frac{2\sqrt{2}}{3}\sqrt{\frac{\sigma_u}{\rho_c}} \tag{5.55}$$

式中，$\sigma_u$ 为面层混凝土的最大动态抗拉强度。

由此可得出，引起混凝土面层结构失效的临界冲量可表述为

$$I_c = \rho_c d_c v_c = \frac{2\sqrt{2}}{3} d_c \sqrt{\rho_c \sigma_u} \tag{5.56}$$

有效活性聚能侵彻体爆燃冲击波作用于混凝土面层底部，作用载荷可等效为环形分布的压力载荷，压力分布模型如图 5.40 所示。

实际作用于混凝土面层底部的冲量可表述为

$$I = \frac{4}{\pi d_c^2} \int_0^{t_c} \int_0^R \int_0^{2\pi} \sigma(\alpha, r, t)\, d\alpha dr dt \tag{5.57}$$

根据霍普金斯方程，距起爆点 $x$ 远处的压力可表述为

$$p_x = \frac{P}{x^{1/3}} \tag{5.58}$$

式中，$P$ 为起爆点处的峰值压力。

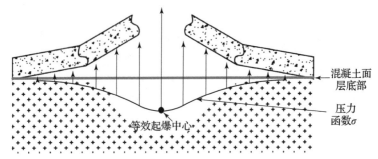

图 5.40　混凝土面层底部压力分布模型

作用于混凝土面层垂直方向的作用力分量可表述为

$$\sigma(\alpha,r) = A \times P\cos\alpha = \frac{AP d_p}{x^{1/3} x} = \frac{AP d_p}{(d_p^2 + r^2)^{4/3}} = \sigma(r) \tag{5.59}$$

式中，$A$ 为混凝土面层反射系数。

式（5.59）表示以某点为起爆中心，作用力仅为传播距离 $r$ 的空间函数。该力的作用时间可表述为

$$\sigma(t) = \sigma(A)\exp\left[\frac{-(t-t_p)}{t_r}\right] \tag{5.60}$$

式中，$t_p$ 为冲击波到达混凝土面层底部的时间；$t_r$ 为冲击波持续作用时间。

联立式（5.59）和式（5.60），可得

$$\sigma(r,t) = \frac{P d_p}{(d_p^2 + r^2)^{4/3}}\exp\left[\frac{-(t-t_p)}{t_r}\right] \tag{5.61}$$

在实际分析中，起爆深度 $d_p$ 可通过数值模拟获得，将 $d_p$ 代入式（5.61）和式（5.57），$r$ 值与混凝土面层厚度相同，通过式（5.57）即可获得作用于混凝土面层的冲量。与混凝土面层失效临界冲量 $I_c$ 比较，若小于 $I_c$，混凝土面层将不会发生结构失效；但若远大于 $I_c$，则增大 $r$ 值，对式（5.61）进行积分，直至冲量约近似等于 $I_c$，此时对应的 $r$ 值即失效混凝土面层的最大半径。

# 第 6 章
# 反硬目标活性毁伤增强聚能战斗部技术

## 6.1 概述

硬目标指以钢筋混凝土为主体结构的目标类型,如飞机防护工事、人防工程、野战工事、城市坚固建筑物、桥梁桥墩、水坝大坝等。硬目标按结构及功能的不同,大致可分为防护功能型和本体功能型两大类。相应地,反硬目标弹药战斗部在毁伤机理和毁伤模式上也有很大不同。本节重点介绍典型硬目标特性,反硬目标弹药战斗部类型以及毁伤机理、毁伤模式等内容。

### 6.1.1 典型硬目标特性

**1. 防护功能型硬目标**

防护功能型硬目标指以钢筋混凝土结构为抗弹抗爆手段,实现保护内部技术装备和人员的防护工程,如飞机防护工事、人防工程、野战工事等。

飞机防护工事按防护能力和空间大小的不同,大致分为飞机掩蔽体和飞机洞库两类。飞机掩蔽体多采用钢筋混凝土半圆落地拱形结构或框架结构,也可采用折线形钢筋混凝土结构或装配式钢结构,内部可停放 1~2 架飞机。飞机洞库又称为坑道式机库,通常在机场附近山体肥厚、石质坚硬的自然岩层中掘洞构筑,洞壁浇注钢筋混凝土层加强防护,内部可停放多架飞机,飞机出入口部安装有防护门,并设有拖机道与机场跑道相连,如图 6.1 所示。

（a）飞机掩蔽体　　　　　　　（b）飞机洞库

图 6.1　典型飞机防护工事

人防工程指为保障战时人员与物资掩蔽、防空指挥、医疗救护等需要单独修建的地下防护工程。人防工程按构筑方式的不同，可分为暗挖式和掘开式两类；按使用功能的不同，可分为指挥通信工程、人员掩蔽工程、医疗救护工程和交通设施工程等。按抗力强度的不同，人防工程又可分为特级、一级、二级、三级和四级等五类掩体。特级掩体又称为深层工事或首脑工程，抗力强度要求不低于 70 kg/cm²，专供高层首长使用，一般位于地下 20 m 以上。一级掩体抗力强度在 14 kg/cm² 以上，分整体式和层式两种，主要供要害部门使用。二级掩体抗力强度在 7 kg/cm² 以上，顶部复土要达 3 m 以上，主要用于掩蔽重要设施、工厂及大型公共场所。三级、四级掩体抗力强度分别为 3 kg/cm² 和 1 kg/cm²。

深层工事属于战略目标，通常为防核武器打击而建造，不仅结构坚固，而且有较厚的防护层和伪装层，除了要求防核、防化、防爆、防火、防冲击振动之外，还要满足通风、通气、通水、安全、卫生等要求，如图 6.2 所示。

图 6.2　典型深层工事目标

野战防御工事、街垒工事、城市坚固建筑物等多属于地面或半地下钢筋混凝土类构筑物，厚度一般在 500～1 000 mm 范围。从隐蔽性、抗弹抗爆能力、战略意义等方面看，它们虽不及飞机洞库、人防工程等，但在前沿攻击、城市巷战等交战情形下，是否具备高效打击特别是一举摧毁这类目标的能力，往往成为决定战场局部态势的关键，由此牵引攻坚弹药技术的发展，如图6.3所示。

图6.3 典型碉堡工事类目标

### 2. 本体功能型硬目标

本体功能型硬目标指集结构和功能于一体的钢筋混凝土类目标，如海岸滩涂防登陆轨条砦、桥梁桥墩、水坝大坝、高速公路等。

轨条砦是一类布设于海岸滩地带阻滞轻中型登陆工具或刺破登陆工具底部的钢筋混凝土类防登陆障碍物，其在涨潮时淹没于水下，在退潮时全部露出，一般与水雷结合使用，构成防登陆障碍物配系。在结构特点上，轨条砦主要由基座和桩柱两部分组成，基座由钢筋混凝土构筑而成，大多呈梯形，以一定埋深固定于海滩，底边长 0.8～1.2 m，顶边长 0.6～0.8 m，高 0.6～0.8 m。桩柱多为钢轨或工字钢，呈 45°角斜向外海，长约 2.5 m，露出基座部分长度约为 2 m，顶端尖利。在布设布局上，一般地段沿岸布设 2～4 道，特别重要地段布设 6～8 道，道与道间距约为 5 m，砦与砦间距约为 3 m，如图6.4所示。

图6.4 典型沿岸防登陆轨条砦目标

与轨条砦等本体功能型硬目标不同，桥梁桥墩、水坝大坝、高速公路等属于民用设施，但战时往往成为战场打击的重点，特别是跨海跨堑大桥、水利枢纽工程等，一旦遭到弹药攻击坍塌或溃坝，不仅抢修十分困难，更严重的是，由此引发的灾难性后果和社会恐慌甚至不亚于核打击，如图6.5所示。

第 6 章 反硬目标活性毁伤增强聚能战斗部技术

图 6.5 典型桥梁桥墩/水坝大坝目标

## 6.1.2 传统反硬目标聚能弹药技术

按作用原理和毁伤目标方式的不同,反硬目标攻坚弹药大致可分为整体侵爆型和串联聚爆型两类。整体侵爆型弹药先是利用命中目标时的动能,穿透或侵入钢筋混凝土后再发生爆炸,毁伤目标内部,或造成目标结构爆裂解体。串联聚爆型弹药则是先利用前级聚能战斗部爆炸形成的高速聚能侵彻体,一举穿透或侵入钢筋混凝土后,再由后级战斗部随进爆炸毁伤目标。

**1. 整体侵爆型战斗部技术**

整体侵爆型战斗部一般设计成大长细比、大壁厚、头部尖锐形状,同时要求弹体材料的强度和硬度高、炸药装药抗过载能力强,其结构示意如图 6.6 所示。按着靶速度的不同,整体侵爆型战斗部可为中低速和高速两种类型。中低速整体侵爆型战斗部着速一般在 300~900 m/s 范围,侵彻深度相对有限,主要用于打击机场跑道、地面堡垒或浅地表目标。高速整体侵爆型战斗部着速一般在 900~1 200 m/s 范围,侵彻深度和过载都更大,弹体材料、结构与装药一体化设计更难,主要用于打击地下深层、地面或海上多层结构目标。

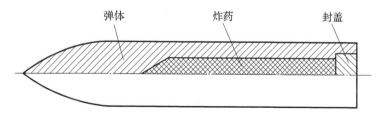

图 6.6 整体侵爆型战斗部结构示意

作为反硬目标攻坚重要手段之一,整体侵爆型战斗部技术受到世界各国的高度重视和大力发展。例如,美国为对付混凝土加固地面目标所使用的 BLU -

251

109/B 钻地侵爆型战斗部可在有效穿透 1.8 m 厚的钢筋混凝土后,爆炸毁伤目标内部技术装备和杀伤人员。整体侵爆型战斗部摧毁硬目标过程如图 6.7 所示。

(a) 飞机掩蔽体

(b) 模拟深层工事

图 6.7 整体侵爆型战斗部摧毁硬目标过程

### 2. 串联聚爆型战斗部技术

串联聚爆型战斗部结构示意如图 6.8 所示,前级为聚能战斗部,后级为杀爆(或爆破)战斗部。其基本作用原理为,先利用前级聚能战斗部爆炸形成高速聚能侵彻体,一举贯穿钢筋混凝土结构,并形成直径足够大的贯穿通道,供后级杀爆战斗部随进到目标内爆炸,摧毁技术装备、杀伤人员。如德国"铁拳 – 3"反坦克火箭攻坚弹,前级聚能战斗部直径为 110 mm,贯穿 350 mm 厚的钢筋混凝土墙所形成的贯穿通道直径达 50 ~ 60 mm,可有效随进口径为 47 mm 的杀爆战斗部,并在靶后 1 ~ 2.5 m 处爆炸,利用爆炸冲击波和破片毁伤目标内部。

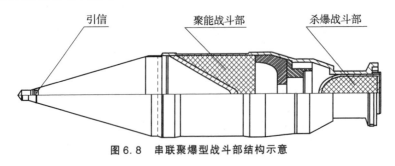

图 6.8 串联聚爆型战斗部结构示意

串联聚爆型战斗部的另一种代表性结构，是德国、法国联合研制的"麦菲斯托"（Mesphisto）反硬目标侵彻增强聚爆弹，其结构示意如图 6.9 所示。其基本作用原理为，先利用前级聚能战斗部穿入钢筋混凝土内一定深度，为后级侵爆战斗部随进侵彻打开通道，显著增强侵彻能力，一举贯穿 6 m 厚的钢筋混凝土。

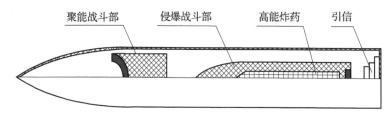

图 6.9 "麦菲斯托"反硬目标侵彻增聚爆引结构示意

综上，无论是整体侵爆型战斗部，还是串联聚爆型战斗部，都为打击和毁伤混凝土类硬目标提供了重要手段，但依然存在诸多局限有待突破。

对于整体侵爆型战斗部，其侵彻能力的增强必须依靠着靶速度的提高，由此对弹体形状、结构强度和装药安定性等一体化设计提出新的挑战。另外，随着弹体厚度和结构强度的提高，装药量减少，爆炸毁伤威力下降，兼备强侵彻和大威力双重能力，成为整体侵爆型战斗部技术发展急需突破的技术瓶颈。

对于串联聚爆型战斗部，一方面，由于受前级聚能战斗部贯穿通道直径有限的制约，特别是随着侵彻钢筋混凝土厚度的增大，贯穿通道直径随之显著减小。兼备大穿深和大孔径双重能力，大幅提升后级杀爆战斗部的口径和爆炸毁伤威力，成为串联聚爆型战斗部技术发展急需突破的技术瓶颈。另一方面，两级串联战斗部结构相对复杂，可靠性和安全隐患也是不小的问题。

### 6.1.3 反硬目标活性聚能战斗部技术

活性聚能战斗部技术为高效打击和毁伤钢筋混凝土类硬目标开辟了新途径。这项技术的显著优势在于，利用活性药型罩在聚能装药爆炸作用下形成的高速活性聚能侵彻体，不仅具备类似金属聚能侵彻体的动能侵彻能力，更重要的是，其贯穿或侵入目标内部后还能自行爆炸，由此发挥由单级聚能战斗部产生的类似聚能-爆破两级串联战斗部的毁伤机理、毁伤模式和毁伤效应。

**1. 反防护功能型硬目标毁伤模式**

活性聚能战斗部打击防护功能型硬目标的毁伤模式如图 6.10 所示，毁伤目标过程大致可以分为 3 个阶段。

第一阶段：高速活性聚能侵彻体成形过程，如图 6.10（a）所示。在聚能装药爆炸驱动下，活性药型罩形成高速活性聚能侵彻体，其形貌及速度分布，主要取决于活性药型罩的材料、锥角、壁厚等参数。通过合理调控活性药型罩材料冲击激活反应弛豫时间，可以实现高速活性聚能侵彻体的有效成形。

第二阶段：高速活性聚能侵彻体动能侵彻过程，如图 6.10（b）所示。活性聚能侵彻体侵入钢筋混凝土后，在介质中产生三高区，碰撞点处活性材料因受强冲击作用首先发生爆燃，并产生局部扩孔，随着侵彻深度逐渐增大，高速活性聚能侵彻体头部活性材料不断爆燃而被消耗，直至贯穿目标。

第三阶段：剩余活性聚能侵彻体随进爆炸毁伤目标过程，如图 6.10（c）所示。钢筋混凝土结构被贯穿后，剩余活性聚能侵彻体沿贯穿通道随进爆炸，产生超压、火焰、热蚀等效应，毁伤目标内部技术装备，杀伤人员。

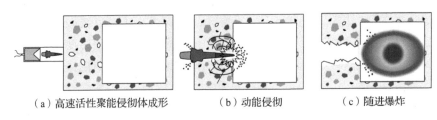

（a）高速活性聚能侵彻体成形　　（b）动能侵彻　　（c）随进爆炸

图 6.10　反防护功能型硬目标毁伤模式

由此可见，活性聚能战斗部用于打击飞机防护工事、野战工事、人防工程等防护功能型硬目标，如采用聚爆两级串联战斗部体制，利用前级活性聚能战斗部形成大孔径贯穿通道，可大幅提高后级随进战斗部的口径和威力；若采用单级聚能战斗部体制，则可发挥类似聚爆两级串联战斗部的毁伤威力。

## 2. 反本体功能型硬目标毁伤模式

活性聚能战斗部反本体功能型硬目标的毁伤模式如图 6.11 所示，毁伤目标过程分为 3 个阶段。在第三阶段，剩余活性聚能侵彻体不是沿贯穿通道随进到靶后爆炸，而是侵入到钢筋混凝土内部一定深度处直接爆炸，产生低峰长时大冲量内爆载荷，对钢筋混凝土结构造成高效爆裂解体毁伤。也就是说，活性聚能战斗部用于打击轨条砦、桥梁桥墩、大坝水坝等本体功能型硬目标时，可显著发挥爆裂毁伤优势。

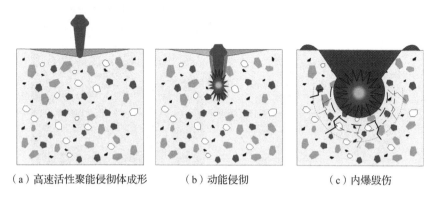

(a)高速活性聚能侵彻体成形　　(b)动能侵彻　　　　(c)内爆毁伤

图 6.11　反本体功能型硬目标毁伤模式

## 6.2　反本体功能型硬目标毁伤效应

活性聚能战斗部打击本体功能型硬目标，首先依靠活性聚能侵彻体动能对目标进行侵彻，剩余活性聚能侵彻体侵入钢筋混凝土内部一定深度处直接爆炸，对钢筋混凝土结构造成高效爆裂解体毁伤。本节主要介绍活性聚能战斗部反本体功能型硬目标实验方法、毁伤效应及毁伤机理。

### 6.2.1　反本体功能型硬目标实验方法

活性聚能战斗部反本体功能型硬目标实验方法如图 6.12 所示，实验系统主要由起爆装置、活性聚能战斗部、炸高筒和混凝土靶等组成。实验原理与靶场布置分别如图 6.12（a）和（b）所示。活性聚能战斗部结构如图 6.13 所示。壳体材料为 45 钢，主装药为 B 炸药，药型罩壁厚为 0.1 CD，实验中炸高 $H$ 分别为 0.5 CD、1.0 CD 和 1.5 CD。此外，为了进行对比，同时开展了金属铜药型罩聚能战斗部实验，铜药型罩壁厚为 0.02 CD，炸高为 2.0 CD。

活性聚能战斗部与混凝土靶之间通过尼龙筒调节炸高，圆柱形混凝土靶的直径为 1 200 mm，高度为 1 000 mm，周向通过 5 mm 厚钢制壳体进行包裹。实验共进行 4 发，其中活性药型罩 3 发、金属铜药型罩 1 发。

(a) 试验原理　　　　　　　(b) 靶场布置

图 6.12　反本体功能型硬目标实验方法

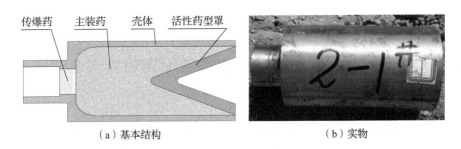

(a) 基本结构　　　　　　　(b) 实物

图 6.13　活性聚能战斗部结构

## 6.2.2　本体功能型硬目标毁伤效应

对于给定的活性聚能战斗部，炸高主要影响活性聚能侵彻体成形过程，从而影响活性聚能侵彻体的长度、速度分布以及激活特性。为了研究炸高对活性聚能侵彻体作用混凝土靶毁伤效应影响规律，开展了炸高分别为 0.5 CD、1.0 CD 和 1.5 CD 的活性聚能战斗部侵彻混凝土靶实验，同时开展了金属铜药型罩聚能战斗部作用混凝土靶毁伤实验作为对比，混凝土靶毁伤效应如图 6.14 所示。

活性聚能战斗部以 0.5 CD 炸高侵彻混凝土靶结果如图 6.14（a）所示。在活性聚能侵彻体的作用下，混凝土靶约有 1/3 均完全碎裂并向四周抛散，钢制壳体沿轴向开裂，形成多道裂缝。距离聚能装药较远的剩余 2/3 混凝土靶同样发生了不同程度的碎裂，但由于钢制壳体的约束并未向四周抛散。

炸高增加至 1.0 CD 时，活性聚能战斗部侵彻混凝土靶结果如图 6.14（b）所示。整个混凝土靶在活性聚能侵彻体作用下已完全碎裂，混凝土靶整体倾倒，混凝土碎块飞散于靶场周围，钢制壳体沿轴向撕裂为两块，严重变形，这表明此时活性聚能侵彻体对混凝土靶造成了更为严重的结构破坏。

炸高进一步增加至 1.5 CD，活性聚能战斗部侵彻混凝土靶结果如图 6.14（c）所示。靶体约有 1/4 在活性聚能侵彻体作用下发生完全碎裂并被抛掷出去，但剩余部分基本完整，只是包裹着靶的钢制壳体被撕裂抛出。此时活性聚能侵彻体对混凝土靶的毁伤效果并未继续随炸高增加而有所增强。

作为对比，金属铜药型罩聚能战斗部以 2.0 CD 炸高侵彻混凝土靶结果如图 6.14（d）所示。此时混凝土靶并未发生整体性结构破坏，铜聚能侵彻体侵彻后仅在混凝土靶上形成漏斗状侵孔，深度约为 7.2 CD，但最大直径仅为 0.5 CD。混凝土靶表面发生轻微碎裂，形成尺寸较小的混凝土碎块。

(a) $H$=0.5 CD  (b) $H$=1.0 CD
(c) $H$=1.5 CD  (d) $H$=2.0 CD

图 6.14　混凝土靶毁伤效应

混凝土靶毁伤效应表明，相较于金属铜药型罩聚能战斗部，活性聚能战斗部对混凝土靶毁伤效应显著增强。从机理上分析，金属铜射流仅能依靠其动能对混凝土靶进行侵彻破坏，射流动能较为集中，侵孔较深，但直径较小，除射流撞击点外难以对混凝土靶其余部分造成有效破坏。活性药型罩在爆轰波作用下形成活性聚能侵彻体，同时活性聚能侵彻体所含活性材料也将在成形与侵彻过程中被激活。由于活性材料反应弛豫时间的存在，活性聚能侵彻体得以在发生反应前保持其动能侵彻能力，在混凝土靶内形成一定深度的侵孔。在反应弛豫时间过后，活性聚能侵彻体将发生分布式化学反应，释放出大量化学能和气体产物，在侵孔内形成高温高压作用场，从而加剧了混凝土靶的径向结构破坏以及混凝土碎块的抛掷作用。因此，活性聚能侵彻体是基于其动能侵彻和化学能释放/内爆效应的时序联合作用来实现对混凝土靶的毁伤增强。

基于上述实验结果，活性聚能战斗部作用混凝土靶的毁伤行为主要可划分为活性聚能侵彻体成形、动能侵彻、化学能释放、气体产物膨胀和靶体碎裂等过程。从毁伤机理上看，活性聚能侵彻体在侵孔内发生的爆燃反应是其对混凝土介质毁伤增强的主控机制。活性聚能侵彻体在炸高为 1 CD 时对混凝土靶的毁伤效果优于炸高为 0.5 CD 时。从侵彻与反应特性的角度分析，在一定范围内，活性聚能侵彻体侵彻深度随炸高的增大而增大，因此进入侵孔内的活性材料质量也将增加，更多活性材料在混凝土靶内发生内爆，从而显著增强毁伤效果。但需特别说明的是，活性聚能战斗部对混凝土靶毁伤存在一有利炸高，当炸高继续增大至 1.5 CD 时，活性聚能侵彻体对混凝土靶的毁伤效果并不理想。从活性材料反应机理上分析，随着炸高的增加，活性聚能侵彻体碰靶前所需时间增加，导致部分活性材料在未碰靶前便发生反应，从而减少了进入混凝土靶内部的活性材料质量，因此内爆效应有所减弱。

综上所述，对活性聚能战斗部而言，同样存在一有利炸高，在该炸高下，活性聚能侵彻体侵彻深度与反应弛豫时间匹配良好，可使更多活性材料在侵入混凝土靶后发生内爆，充分发挥内爆毁伤效应，达到最佳毁伤效果。

## 6.2.3 本体功能型硬目标毁伤机理

活性药型罩在成型装药爆炸加载下形成活性聚能侵彻体，由于活性材料存在反应迟豫特性，这使活性聚能侵彻体可在反应前保持其动能侵彻能力，在混凝土靶内形成一定深度的侵孔。反应弛豫时间之后，进入侵孔的剩余活性聚能侵彻体发生爆燃反应，释放大量化学能和气体产物，在侵孔内形成高温高压作用场，从而显著提升了对混凝土类硬目标的毁伤效应。

基于以上分析，活性聚能侵彻体作用混凝土类硬目标的过程可等效为动能先侵、化学能后爆两个阶段。活性聚能战斗部作用本体功能型硬目标毁伤机理可通过数值仿真进行，计算模型如图 6.15 所示。

混凝土靶为立方体，尺寸为 500 mm × 500 mm × 1 000 mm，材料为 C35 混凝土。靶体中预设一定深度的侵孔，埋入一定长度和质量的 B 炸药，以模拟活性聚能侵彻体侵彻至一定深度爆炸后对混凝土靶毁伤效应。计算中分析两种典

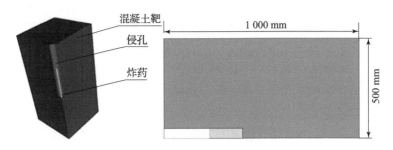

图 6.15 数值仿真计算模型

型工况,一是炸药埋深对混凝土靶毁伤效应的影响,炸药直径和长度分别为 30 mm 和 300 mm,炸药埋深分别为 200 mm、300 mm、400 mm 和 500 mm;二是炸药直径及装药量对混凝土靶毁伤效应的影响,炸药埋深和长度均为 200 mm,直径分别为 10 mm、15 mm、20 mm 和 25 mm。仿真采用流固耦合方法,网格尺寸为 5 mm,欧拉域设置流出边界,靶板固定约束边界。沿径向设置 6 个观测点,沿轴向设置 6 个观测点,数值仿真计算工况列于表 6.1。

表 6.1 数值仿真计算工况

| 序号 | 炸药直径 $d$/mm | 炸药长度 $L$/mm | 炸药埋深 $H$/mm |
| --- | --- | --- | --- |
| 1 | 30 | 300 | 200 |
| 2 | 30 | 300 | 300 |
| 3 | 30 | 300 | 400 |
| 4 | 30 | 300 | 500 |
| 5 | 10 | 200 | 200 |
| 6 | 15 | 200 | 200 |
| 7 | 20 | 200 | 200 |
| 8 | 25 | 200 | 200 |

**1. 典型毁伤效应**

一定炸药埋深条件下混凝土靶典型毁伤效应如图 6.16 所示。炸药爆炸后,在与炸药接触的混凝土中形成冲击波,混凝土介质被强烈压缩,出现空腔,形成压缩粉碎区域。随着冲击波在混凝土中不断传播,混凝土质点产生相应径向位移,产生径向压应力和切向拉应力。由于混凝土抗拉强度较低,仅约为抗压强度的 10%，当介质所受拉应力大于混凝土抗拉强度时，混凝土被拉断，形成与粉碎区域贯通的径向裂纹。沿径向裂纹，高压爆轰产物不断膨胀，导致径向裂纹不断扩展，同时爆轰产物压力下降。爆腔周围混凝土在压缩过程中累积弹性变形能，继续沿径向运动，导致爆腔内爆炸产物出现负压，弹性能释放形成径向稀疏波，产生与压应力反向的拉应力，介质质点反向运动。当拉应力大于混凝土抗拉强度时，材料断裂，形成环向裂纹。随着径向裂纹的扩展与变向，加上破坏区与片落区连接形成连续性破坏，其逐渐与自由面贯通，部分混凝土介质以一定的速度被抛掷出去，形成抛掷漏斗坑。

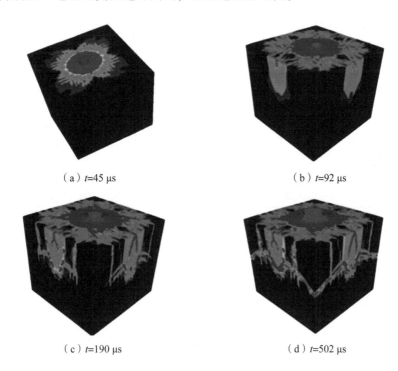

(a) $t$=45 μs  (b) $t$=92 μs

(c) $t$=190 μs  (d) $t$=502 μs

图 6.16　混凝土靶典型毁伤效应

### 2. 炸药埋深对毁伤效应的影响

炸药埋深对毁伤效应的影响如图 6.17 所示。随着炸药埋深增加，混凝土靶毁伤效应增强。炸药埋深为 200 mm 时，混凝土靶上表面抛掷效应显著，靶体侧面可观察到密集应力集中区，但由于应力水平较低，最终将导致靶体产生大量裂纹，产生松动。炸药埋深增加至 300 mm 时，混凝土靶上表面抛掷效应减弱，靶体侧面高应力区较为集中地分布于各侧面中间位置，且在应力集中区底部产生连通,最终导致靶体碎裂成较多尺寸较大的碎块。炸药埋深进一步增加至 400 mm,高应力分布区进一步集中,且应力水平显著提高,上表面抛掷效应有所增强,最终靶体碎裂块数将显著减少。炸药埋深为 500 mm 时,基本无抛掷效应,靶体表面应力集中区域进一步减少,但沿靶体高度方向贯穿深度增加,这表明在炸药埋深较大情况下,炸药内爆效应更加显著。

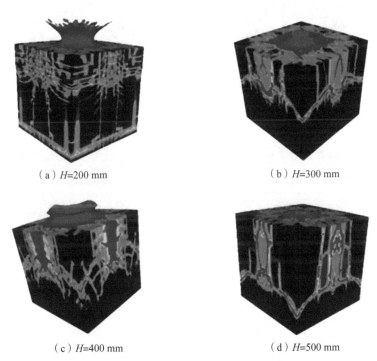

(a) $H$=200 mm  (b) $H$=300 mm

(c) $H$=400 mm  (d) $H$=500 mm

图 6.17 炸药埋深对毁伤效应的影响

### 3. 炸药直径对毁伤效应的影响

炸药直径对毁伤效应的影响如图 6.18 所示。从图中可以看出,炸药直径为 10 mm 时,靶体上表面基本无抛掷现象,靶体各侧面仅产生两道裂纹,周向产生一条裂纹。炸药直径为 15 mm 时,抛掷效应有所增加,靶体上表面裂纹增加,各侧面两条裂纹贯穿整个靶体高度方向,最终靶体碎裂效应将有所增加。炸药直径为 20 mm 时,靶体上表面抛掷效应进一步增强,上表面及侧面裂纹数显著增多,下表面由于冲击波反射稀疏效应,产生环向裂纹,靶体最终在严重碎裂的同时产生底端崩落。炸药直径为 25 mm 时,抛掷效应最为显著,靶体上表面、侧面及底面裂纹密集,最终产生结构爆裂解体。

由图 6.18 可知,炸药直径对毁伤效应影响显著,随着炸药直径的增大,混凝土靶整体毁伤效应更加显著。基于数值仿真，在不同炸药直径条件下，炸药爆炸产生的抛掷坑直径、深度及靶体裂纹数量列于表6.2，可以看出，随着炸药直径的增大、装药量的增多，漏斗坑尺寸增大，裂纹增多。

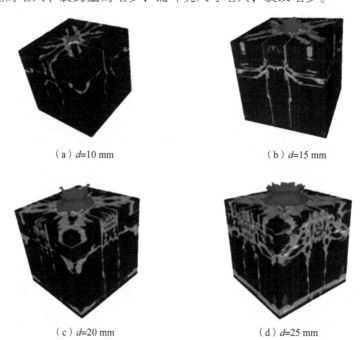

(a) $d=10$ mm　　　　(b) $d=15$ mm

(c) $d=20$ mm　　　　(d) $d=25$ mm

图6.18　炸药直径对毁伤效应的影响

表6.2　混凝土靶毁伤数据

| 炸药直径 /mm | 装药量 /g | 漏斗深 /mm | 漏斗最大直径 /mm | 裂纹数量 /条 |
| --- | --- | --- | --- | --- |
| 10 | 27 | 300 | 160 | 9 |
| 15 | 60 | 310 | 222 | 12 |
| 20 | 107 | 320 | 260 | 15 |
| 25 | 167 | 360 | 290 | 28 |

## 6.3　反防护功能型硬目标毁伤效应

活性聚能战斗部打击防护功能型硬目标，首先依靠活性聚能侵彻体动能对目标进行扩孔贯穿，剩余活性聚能侵彻体沿贯穿通道随进爆炸，产生超压、火焰、热蚀等效应，毁伤目标内部技术装备，杀伤人员。本节主要介绍活性聚能战斗部反防护功能型硬目标实验方法、毁伤效应及毁伤机理。

## 6.3.1 反防护功能型硬目标实验方法

### 1. 侵彻毁伤效应实验方法

活性聚能战斗部对混凝土目标侵彻毁伤效应实验方法如图 6.19 所示。为了对比分析药型罩锥角对侵彻毁伤效应的影响，活性药型罩壁厚为 0.12 CD，锥角 $\theta$ 分别为 50°、55°、60° 和 65°。为对比分析材料密度对侵彻毁伤效应影响，实验中药型罩壁厚为 0.12 CD，锥角为 65°，密度 $\rho$ 分别为 7.0 g/cm³ 和 4.6 g/cm³。

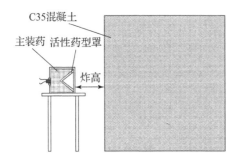

**图 6.19 侵彻毁伤效应实验方法**

C35 混凝土靶长 3 m，宽 1.7 m，厚 0.8 m，活性聚能战斗部通过支架固定于混凝土靶中部高度，并通过移动支架控制活性聚能战斗部距混凝土靶炸高为 1.5 CD。聚能装药通过电雷管起爆，实验过程通过高速摄影系统记录。

### 2. 后效毁伤效应实验方法

活性聚能战斗部药对混凝土目标后效毁伤效应实验方法如图 6.20 所示。实验系统主要由活性聚能战斗部、C35 混凝土靶和密闭箱组成。活性聚能战斗部主要由活性药型罩、成型装药组成，活性药型罩壁厚为 0.1 CD，锥角为 65°。C35 混凝土靶长 3 m，宽 1.7 m，厚 0.8 m，活性聚能战斗部通过支架固定于混凝土靶中部高度，并通过移动支架控制活性聚能战斗部距混凝土靶炸高为 1.5 CD。在 C35 混凝土靶后放置钢制密闭箱，内部空间约为 15 m³。

首先按照实验方法，在混凝土靶后安装密闭钢箱，确保密闭箱与混凝土靶连接牢固；然后在距混凝土靶一定距离处设置移动支架，在支架上固定活性聚能战斗部，保证活性聚能战斗部轴线与靶体中部位置对齐，活性聚能战斗部距混凝土靶炸高为 1.5 CD，同时在距活性聚能战斗部及靶体一定距离处设置高速摄影系统，拍摄画幅及帧率根据实验要求设定；最后，通过电雷管起爆活性聚能战斗部，通过高速摄影系统记录实验过程，并分析混凝土靶及密闭箱毁伤效应。

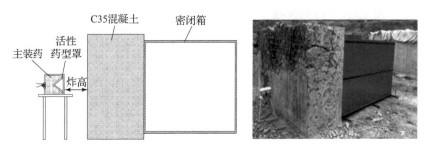

图 6.20　后效毁伤效应实验方法

### 3. 靶后超压效应实验方法

活性聚能战斗部对混凝土目标靶后超压效应实验方法如图 6.21 所示，实验系统主要由活性聚能战斗部、C35 混凝土靶、混凝土密闭工事、压力测试系统等组成。为了对比分析活性药型罩密度对靶后超压效应的影响，实验中活性药型罩壁厚为 0.1 CD，锥角为 65°，密度分别为 4.5 g/cm³ 和 6.0 g/cm³。

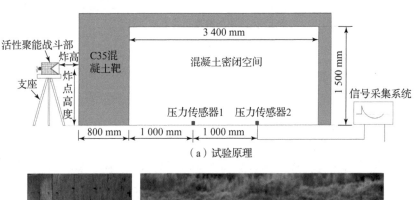

（a）试验原理

（b）聚能装药

（c）混凝土密闭工事

图 6.21　靶后超压效应实验方法

C35 混凝土靶厚 0.8 m，后方设置混凝土密闭工事，内部尺寸为 3.4 m×1.5 m×3 m。动态应变式传感器分别布置于混凝土靶后底部 1 m 和 2 m 处。活性聚能战斗部通过支架固定于混凝土靶中部高度，并通过移动支架控制活性聚能战斗部距混凝土靶炸高为 1.5 CD。实验中，通过调整支架位置和高度，使各发聚能装药作用于混凝土靶上的不同位置。

### 6.3.2　防护功能型硬目标毁伤效应

**1. 侵彻毁伤效应**

锥角作为活性药型罩重要结构参数之一，对活性聚能侵彻体的直径、速度分布、凝聚性等均有显著影响。为了对比分析活性药型罩锥角对侵彻毁伤效应的影响，开展了活性药型罩锥角为 50°、55°、60°和 65°条件下的混凝土目标侵彻实验。

不同活性药型罩锥角条件下活性聚能战斗部对混凝土靶侵彻毁伤效应如图 6.22 所示。活性聚能侵彻体撞击混凝土靶后，撞击应力远高于混凝土抗压极限，撞击点附近第一层钢筋网外层混凝土受到强烈压缩并被压碎，而后在自由面效应及高速侵彻共同作用下脱落剥离，形成漏斗坑。钢筋网内层混凝土在钢筋网的约束作用下基本未发生脱落，因此入口漏斗坑呈浅碟状。

图 6.22　不同锥角条件下活性聚能战斗部对混凝土靶毁伤效应

随着活性聚能侵彻体的进一步侵彻，其与混凝土的接触面积逐渐增大，活性聚能侵彻体的速度也逐渐下降，混凝土内部剪应力相应减小，混凝土崩落效应逐渐减弱。此时，混凝土被压碎成较小颗粒并向周围挤压形成侵孔。在活性聚能侵彻体反应弛豫时间后，活性聚能侵彻体发生分布式化学能释放，在侵孔内产生强烈内爆效应，不仅可扩大入口漏斗坑直径及加剧入口处钢筋网内层混凝土脱落，同时也扩大了混凝土靶内部侵孔直径。但值得注意的是，由于钢筋对混凝土基体起到较好的约束作用，活性聚能侵彻体在侵彻混凝土靶时所造成的贯穿裂纹有所减少。

随着活性药型罩锥角增大，侵孔入口处混凝土破坏程度减弱，但靶体内部侵孔直径逐渐增加。锥角为50°时，侵孔入口处第一层钢筋网裸露面积最大，混凝土脱落最为严重，侵孔形状也较为规则平滑，但此时侵孔直径仅为0.41 CD，为所有锥角条件中最小的。随着活性药型罩锥角增加，入口处混凝土崩落效应逐渐减弱，混凝土表面仅出现贯穿裂纹但未发生脱落，侵孔直径逐渐增大。

从机理上分析，一方面，随着活性药型罩锥角的增加，活性聚能侵彻体头部速度逐渐下降，在靶体内所产生的压力也相应减小，混凝土仅产生裂纹但并未脱落，从而减弱了侵孔附近混凝土毁伤效应；另一方面，活性聚能侵彻体速度梯度随着活性药型罩锥角增加而减小，侵孔直径增加，开坑阶段消耗侵彻体质量下降，侵孔直径相应增大，更多活性材料得以随进后在侵孔内发生爆燃，进一步扩大侵孔直径。

不同活性药型罩锥角条件下活性聚能战斗部侵彻混凝土目标实验数据列于表6.3，在炸高为1.5 CD条件下，锥角为50°~65°活性聚能战斗部均能有效穿透0.8 m厚的混凝土靶，且在混凝土靶上形成直径不小于0.4 CD的侵孔，这表明活性聚能战斗部侵彻性能良好。此外，活性药型罩锥角对活性聚能战斗部侵彻混凝土靶的影响规律与传统惰性药型罩聚能装药基本一致，即活性聚能侵彻体在混凝土靶上形成的侵孔直径随着活性药型罩锥角增加而增大。

表6.3 不同活性药型罩锥角条件下的实验结果

| 序号 | 1 | 2 | 3 | 4 |
| --- | --- | --- | --- | --- |
| 锥角 $\theta/(°)$ | 50 | 55 | 60 | 65 |
| 是否穿透 | 是 | 是 | 是 | 是 |
| 侵孔直径/CD | 0.41 | 0.43 | 0.48 | 0.50 |

对活性药型罩而言，活性材料密度既决定了活性聚能侵彻体的动能侵彻能力，同时又决定了活性材料的激活特性与含能量，因此活性材料密度对活性聚

能战斗部毁伤行为有着显著影响。为了进行对比分析，开展活性材料分别为 4.6 g/cm³ 和 7.0 g/cm³ 的活性聚能战斗部对混凝土目标侵彻实验。

不同活性材料密度条件下活性聚能战斗部对混凝土目标毁伤效应如图 6.23 所示。从图中可以看出，两种密度的活性药型罩所形成的活性聚能侵彻体均在混凝土靶入口处形成一定深度的漏斗坑，第一层钢筋网裸露在外，周围混凝土发生碎裂脱落。此外，侵彻出口处混凝土靶均出现大面积碎裂和崩落，钢筋交错裸露在外。不同的是，活性材料密度较高的活性聚能侵彻体所形成的入口漏斗坑破坏程度更小，混凝土剥落较少，且出口漏斗坑处毁伤也多以混凝土裂纹的形式呈现。而活性材料密度低的活性聚能侵彻体侵彻后靶体前、后均严重破碎脱落，且侵孔直径也较活性材料密度高时有所增加。

(a) $\rho=4.6$ g/cm³　　　　　(b) $\rho=7.0$ g/cm³

图 6.23　不同活性材料密度条件下活性聚能战斗部对混凝土目标毁伤效应

从机理上分析，低密度活性材料将导致活性聚能侵彻体成形凝聚性较差，活性聚能侵彻体形貌较活性材料密度高时更为短粗，速度也有所下降。此外，低密度活性材料的激活阈值较低，反应弛豫时间更短，但含能量更高。一方面，低密度活性聚能侵彻体在侵彻同厚度靶体时所需时间更长，更多剩余活性聚能侵彻体在侵孔内发生爆燃；另一方面，低密度活性聚能侵彻体爆燃反应释放化学能更高，从而对侵彻入口与出口附近的混凝土抛掷作用显著增强。

不同活性材料密度条件下活性聚能战斗部侵彻混凝土目标实验数据列于表 6.4。实验数据表明，活性材料密度为 4.6 g/cm³ 和 7.0 g/cm³ 的活性聚能战斗部均能有效穿透 0.8 m 厚的混凝土靶，且同一密度活性药型罩所形成的侵孔直径基本一致。此外，相比于密度为 7.0 g/cm³ 的活性材料，密度更低的 4.6 g/cm³ 活性材料在混凝土靶中形成的侵孔直径提高了约 14.3%。

### 2. 后效毁伤效应

活性聚能侵彻体在贯穿混凝土防护后，随部分剩余活性聚能侵彻体发生爆燃反应，产生强烈超压效应，对靶后目标造成显著后效毁伤效应。

表6.4　不同活性材料密度条件活性聚能战斗部侵彻混凝土目标实验数据

| 序号 | 1 | 2 | 3 | 4 | 5 | 6 |
| --- | --- | --- | --- | --- | --- | --- |
| 密度$\rho$/(g·cm$^{-3}$) | 7.0 | 7.0 | 7.0 | 4.6 | 4.6 | 4.6 |
| 是否穿透 | 是 | 是 | 是 | 是 | 是 | 是 |
| 侵孔直径/CD | 0.35 | 0.35 | 0.35 | 0.40 | 0.44 | 0.44 |

活性聚能战斗部对混凝土靶后密闭箱体作用过程如图6.24所示。主装药引爆后，活性聚能侵彻体贯穿0.8 m厚的钢筋混凝土，侵彻过程中发出明亮火光。随后，未反应剩余活性聚能侵彻体通过靶体爆裂穿孔，随进至靶后密闭箱体，到达反应弛豫时间后，发生剧烈爆燃反应，大量火光从密闭箱体连接薄弱处喷出，导致密闭箱体剧烈变形。随着剩余活性聚能侵彻体化学能持续释放，密闭箱体变形加剧，密闭箱体在超压作用下被抛飞至一定距离处。

图6.24　活性聚能战斗部对混凝土靶后密闭箱体作用过程

活性聚能战斗部对混凝土靶后密闭箱体后效毁伤效应如图6.25所示。实验结果表明，无论活性聚能侵彻体是否与钢筋直接碰撞，均可成功穿透0.8 m厚的混凝土靶，并在碰撞点处造成显著漏斗坑破坏。在贯穿混凝土靶后，随进剩余活性聚能侵彻体发生剧烈爆燃反应，导致密闭箱体发生严重变形。但钢筋对活性射流的干扰作用会在一定程度上影响侵彻后效毁伤威力，造成实验中靶后密闭箱体的毁坏程度有所差异。从机理上分析，活性聚能侵彻体在侵彻钢筋混凝土过程中所消耗越少，对靶后后效毁伤越效应越有利。若需在侵彻过程中多次与钢筋结构作用，将会导致活性聚能侵彻体射流消耗，最终导致后续随进入密闭箱体内的活性材料大幅减少，后效毁伤效应减弱。

图 6.25 活性聚能战斗部对混凝土靶后密闭箱体后效毁伤效应

### 3. 靶后超压效应

不同活性药型罩密度条件下活性聚能战斗部对混凝土靶毁伤效应及靶后超压峰值数据列于表 6.5，典型混凝土靶毁伤效应如图 6.26 所示。相较于高密度活性聚能侵彻体，低密度活性聚能侵彻体侵彻混凝土靶后所形成的侵孔直径与正面剥落区直径均更大。高密度活性聚能侵彻体凝聚性较好，直径较小，动能侵彻所形成的初始侵孔直径也相应较小，且部分侵彻体在反应弛豫时间后在侵孔内发生爆燃反应，使侵孔直径进一步增大。而高密度活性药型罩含能量较低，爆燃反应化学能较少，因此对侵孔的扩孔效应减弱。与此同时，活性药型罩密度一定时，聚能装药炸点高度越小，侵孔直径越小，这主要是由于射流入射点距离地面较近，边界约束效应更强，导致靶体开孔及碎裂效应减弱。

表 6.5 混凝土靶毁伤及靶后超压峰值数据

| 实验序号 | 活性药型罩密度 /(g·cm⁻³) | 侵孔直径 /CD | 剥落区直径 /CD | 炸点高度 /m | 传感器超压峰值/kPa | |
|---|---|---|---|---|---|---|
| | | | | | 1号 | 2号 |
| 1 | 4.5 | 0.58 | 3.21 | 1.25 | 85.4 | 56.3 |
| 2 | 4.5 | 0.42 | 2.92 | 0.7 | 178 | — |
| 3 | 6.0 | 0.42 | 2.50 | 1.26 | 39.2 | — |
| 4 | 6.0 | 0.29 | 2.75 | 0.53 | 149 | 95.7 |

靶后动态超压曲线如图 6.27 所示。从超压峰值来看，低密度活性聚能侵彻体贯穿混凝土靶后爆燃反应超压峰值较高密度活性聚能侵彻体更高，导致其

后效毁伤威力更强。其主要原因在于低密度活性聚能侵彻体含能量高于高密度活性聚能侵彻体，穿靶后可释放更多化学能。

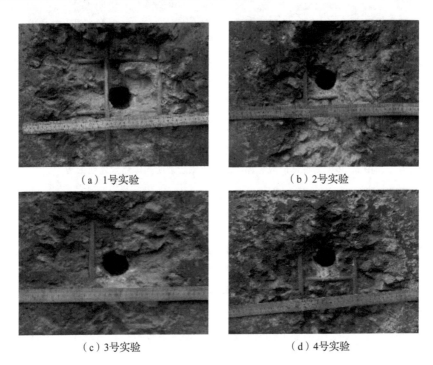

图 6.26 典型混凝土靶毁伤效应

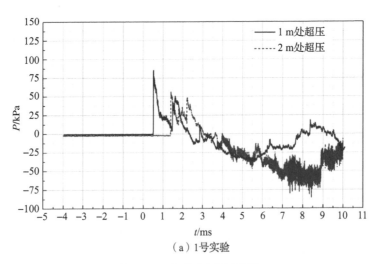

（a）1号实验

图 6.27 靶后动态超压曲线

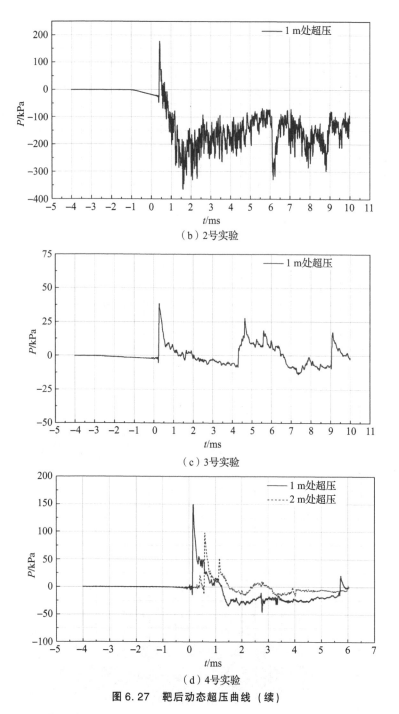

(b) 2号实验

(c) 3号实验

(d) 4号实验

图 6.27　靶后动态超压曲线（续）

同时，调整炸高对爆燃超压峰值及正压区作用时间均有显著影响。分别对比 1 号和 2 号、3 号和 4 号实验可发现，降低炸高，同样距离处超压峰值显著增大，但相应正压区作用时间显著减少。其主要原因在于，炸高降低后，活性聚能侵彻体穿靶后爆燃反应中心位置与传感器间距减小，降低了冲击波传播过程中的衰减效应。但同时冲击波也将更快地从地面反射，因此超压峰值将随炸高的降低而增加，而正压区作用时间则相反。此外，从不同位置处传感器所测得的压力来看，靶后 1 m 处超压峰值约为 2 m 处的 1.5～1.6 倍，这同样表明活性材料爆燃所产生超压在空间中传播时衰减较快。

### 6.3.3 防护功能型硬目标毁伤机理

活性聚能侵彻体贯穿防护功能型硬目标后，在穿靶后发生剧烈爆炸，可实现对靶后有生力量、技术装备等目标产生高效后效毁伤效应。

基于活性聚能侵彻体靶后爆燃特性，数值模拟中利用防护功能型硬目标内特定坐标处一定当量炸药爆炸进行等效。模拟中，炸药选择 TNT，首先采用一维计算模型对初始爆炸冲击波的传播进行计算，网格尺寸为 1 mm，采用欧拉算法。初始冲击波将要传播至距离反应中心最近的混凝土密闭空间壁面前时，将一维计算结果映射至新的三维计算模型中，通过施加刚性边界条件来模拟混凝土壁面，同样采用欧拉算法，一维及三维计算模型分别如图 6.28 和图 6.29 所示。

图 6.28　一维计算模型

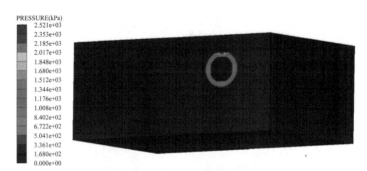

图 6.29　三维计算模型

# 第 6 章　反硬目标活性毁伤增强聚能战斗部技术

以活性聚能战斗部侵彻混凝土靶靶后超压效应实验为例，对 1 号和 4 号实验中密闭空间内冲击波传播过程进行数值仿真，仿真参数列于表 6.6。

表 6.6　TNT 当量及虚拟爆炸点坐标

| 实验序号 | TNT 当量/g | 虚拟爆炸点坐标 $(x, y, z)$/m |
|---|---|---|
| 1 | 103 | (1.10, 1.25, 2.37) |
| 4 | 33.12 | (1.36, 0.53, 1.50) |

1 号实验中 1 m 及 2 m 处超压时程曲线实验测试值与数值模拟值对比分别如图 6.30（a）、(b) 所示，4 号实验中 1 m 及 2 m 处超压时程曲线实验测试值与数值模拟值对比分别如图 6.30（c）、(d) 所示。数值模拟结果与实验结果吻合较好，这表明数值模拟中采用的虚拟爆炸点等效法可有效模拟活性聚能侵彻体在密闭空间内爆燃后反应冲击波传播的过程。以 1 号实验为例，数值模拟

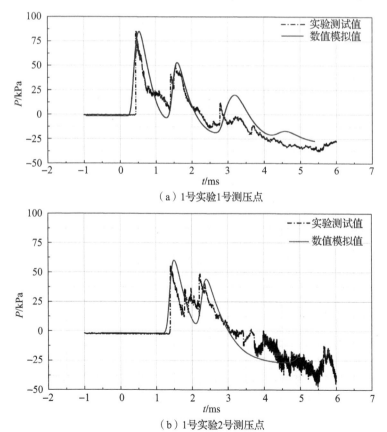

(a) 1号实验1号测压点

(b) 1号实验2号测压点

图 6.30　超压时程曲线实验测值与数值模拟值对比

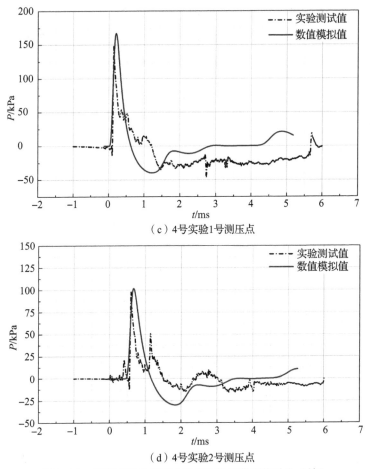

(c) 4号实验1号测压点

(d) 4号实验2号测压点

图 6.30　超压时程曲线实验测值与数值模拟值对比（续）

超压时程曲线呈现典型多峰结构，同时超压峰值以及超压持续时间也与实验测试结果吻合良好。值得注意的是，实验与数值模拟均表明，冲击波超压时程曲线存在多个冲击波峰值连续出现的情况，其中 1 号实验中尤为明显。

1 号实验和 4 号实验密闭空间压力云图分别如图 6.31 和图 6.32 所示。从图中可以看出，由于爆炸点距离 1 号测压点较近，0.53 ms 时刻冲击波刚传至 1 号测压点时，2 号测压点周围仍为未扰动区域。1.39 ms 时，冲击波阵面到达 2 号测压点，此时 2 号测压点出现初始超压峰值，同时冲击波已到达上壁面并开始反射。随后，上壁面反射的冲击波在 1.61 ms 时传播至 1 号测压点，1 号测压点记录下第二个超压峰值。此时初始冲击波也传播至左侧壁面并发生发射。随着冲击波的进一步传播，反射冲击波在 3.21 ms 时刻传至 2 号测压点，2 号测压点出现第二个超压峰值，左侧壁面反射冲击波则开始向右传播。

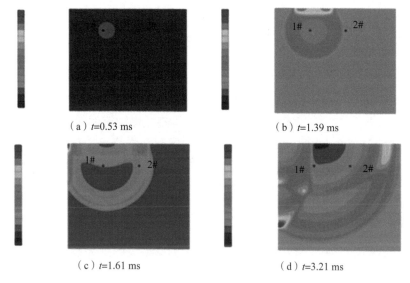

(a) $t$=0.53 ms  (b) $t$=1.39 ms

(c) $t$=1.61 ms  (d) $t$=3.21 ms

图 6.31  1 号实验密闭空间压力云图

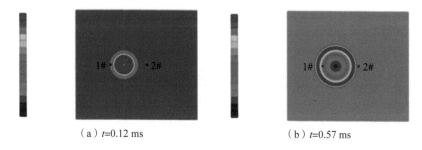

(a) $t$=0.12 ms  (b) $t$=0.57 ms

图 6.32  4 号实验密闭空间压力云图

随冲击波在密闭空间中继续传播，反射冲击波产生互相叠加作用，形成复杂压力场。随着冲击波进一步反射，能量不断耗散，测压点的压力幅值不断衰减。在 4 号实验中，由于炸点位置改变，反应中心距侧壁面距离增大，反射波到达地面传感器所需时间增加，因此测得的超压时程曲线中未出现明显多峰结构。

实验与数值模拟结果均表明，活性聚能侵彻体靶后释能量以及作用距离均对靶后超压效应影响显著。一方面，靶后活性材料的多少直接决定了可用于后效毁伤能量的多少，决定着初始爆燃超压峰值的大小；另一方面，由于在密闭空间中传播时的几何效应，爆燃冲击波压力将随着传播距离的增加迅速衰减，且密闭空间内的反射及相互作用也将增加冲击波能量耗散。

## 6.4 反硬目标活性毁伤增强模型

活性聚能战斗部作用本体功能型硬目标，在活性聚能侵彻体动能侵彻和内爆效应联合作用下，可实现对钢筋混凝土结构高效爆裂解体毁伤；作用防护功能型硬目标，可在大幅提升贯穿侵孔直径的同时，在目标内部爆燃产生超压、火焰、热蚀等效应，大幅提升对靶后技术装备、人员的后效毁伤效应。本节主要介绍反硬目标爆裂毁伤模型、后效超压模型及杀伤增强模型。

### 6.4.1 爆裂毁伤模型

活性聚能侵彻体作用本体功能型硬目标，首先依靠动能对目标进行侵彻。侵彻至一定深度后，活性聚能侵彻体发生爆燃反应，在侵孔内释放大量化学能和气体产物，导致目标内部压力急剧增加，混凝土靶体材料发生碎裂，形成碎裂区。同时，冲击波传入靶体，在径向产生压应力和应变，在切向产生拉应力与应变。由于混凝土靶体材料的抗拉强度远低于抗压强度，因此靶体首先在拉应力作用下发生断裂，形成径向裂纹。与此同时，混凝土内部压力迅速下降，弹性变形能释放，靶体内形成切向裂纹。气体产物沿裂纹区扩散，导致裂纹进一步扩展，造成本体功能型硬目标结构爆裂毁伤。

混凝土靶爆裂毁伤计算模型如图 6.33 所示。活性聚能侵彻体侵彻混凝土靶的深度，通过考虑反应弛豫时间的准定常理想力学理论获得，表述为

$$L = (t_0 - t_a)v_j e^{-\int_{v_{j0}}^{v_j} \frac{dv_j}{v_j - u}} - H + a \tag{6.1}$$

式中，$H$、$\tau$、$t_0$、$\rho_t$、$\rho_j$ 为炸高、活性材料反应弛豫时间、活性聚能侵彻体头部

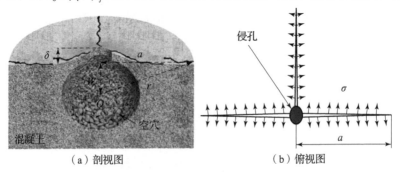

（a）剖视图　　　　　（b）俯视图

图 6.33　混凝土靶爆裂毁伤计算模型

到达靶板表面时间、靶板密度和活性聚能侵彻体密度；$(t_a、a)$ 为虚拟原点坐标。

混凝土靶体中最终裂纹长度取决于高压气体产物膨胀，而爆燃压力直接取决于进入侵孔内活性材料的质量。侵孔内爆燃压力可表述为

$$p_0 = \frac{\gamma - 1}{V_e} me \tag{6.2}$$

式中，$\gamma$ 为比热，$V_e$ 为侵孔体积；$m$ 为活性毁伤材料质量；$e$ 为比内能。

假设爆燃产物等熵膨胀至裂纹尖端区域，爆燃产物体积可表述为

$$V = \frac{4}{3}\pi (W^2 + a^2)^{1.5} \tag{6.3}$$

式中，$a$ 为裂纹长度；$W$ 为平均爆燃深度。

随着裂纹扩展，裂纹尖端区压力不断降低，压力衰减可表述为

$$p = p_0 \left(\frac{V_0}{V}\right)^{\gamma} \tag{6.4}$$

基于气体各向同性和低黏度特性，可认为加载于裂纹上的应力值等于压力 $p$。此时，裂纹扩展结束，应力强度因子 $K_{IC}$ 可通过下式估算：

$$K_{IC} = 1.1\sigma \sqrt{\pi a} = 1.1 p \sqrt{\pi a} \tag{6.5}$$

联立式 (6.2)~式(6.5)，可得裂纹长度隐式方程为

$$a^{0.5}(W^2 + a^2)^{-1.5\gamma} = \frac{K_{IC}}{1.95(\gamma - 1)}\left(\frac{4}{3}\pi\right)^{\gamma} m^{-\gamma} e^{-1} \tag{6.6}$$

式 (6.6) 表明，活性聚能侵彻体在混凝土靶内造成的裂纹长度主要取决于两方面因素，一是进入侵孔的活性聚能侵彻体质量，二是活性材料爆燃反应深度，即活性聚能侵彻体对混凝土靶造成的最大侵孔深度。

不同进入侵孔活性材料质量及侵孔深度与平均裂纹长度的关系如图 6.34 所示。可以看出，在活性材料质量一定的条件下，裂纹长度随起爆深度的增加而逐渐缩短。在相同起爆深度条件下，随着活性材料质量的增大，裂纹长度不断增大。对于有限尺寸混凝土靶，碎裂区及裂纹扩展将导致靶体碎裂，而靶体尺寸较大时，碎裂区及裂纹区不断扩展，将仅在靶体内产生爆腔。

## 6.4.2 后效超压模型

活性聚能战斗部作用防护功能型硬目标，首先依靠活性聚能侵彻体动能对混凝土靶进行侵彻，随着部分活性材料发生爆燃反应，在侵爆耦合作用下，在靶体产生贯穿通孔。未反应活性聚能侵彻体通过侵孔进入靶后，到达反应弛豫时间后，发生爆燃反应，释放大量化学能，产生高温高压场，对靶后有生力量、技术装备、油箱油罐等目标产生高效后效毁伤效应。

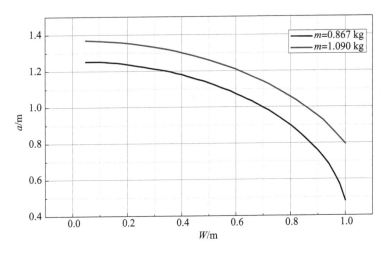

图 6.34 炸药埋深与质量对裂纹长度的影响

## 1. 开孔孔径模型

活性射流对混凝土靶的开孔孔径主要取决于侵彻动能和爆炸化学能。在动能侵彻阶段，一方面，由于活性聚能侵彻体速度较高，在碰撞点形成三高区，活性聚能侵彻体头部变形，消耗自身能量以克服靶体阻力产生一孔径，同时，向四周流动的靶体粒子在惯性作用下进一步运动，扩大了开孔孔径。

另一方面，在侵彻过程中，活性聚能侵彻体发生一定程度的爆燃反应，侵孔内产生的内爆超压使开孔孔径进一步扩大。活性聚能侵彻体作用混凝土靶开孔效应如图 6.35 所示，图 6.35（a）中虚线表示动能作用实现的开孔孔径，实线部分表示动能和爆燃共同作用实现的开孔孔径，图 6.35（b）所示为内爆超压作用下的扩孔效应。假设活性材料爆燃反应在侵孔内形成超压 $P$，动能侵彻造成穿孔孔径 $d$，混凝土在爆炸载荷作用下受到的压应力 $\sigma_0$ 可表述为

$$\sigma_0 = \sigma_c \left( \frac{\rho_t c_t^2}{\sigma_c} \right)^{\frac{1}{4}} \quad (6.7)$$

其中

$$c_t = \sqrt{\frac{E(1-\mu)}{\rho_t(1+\mu)(1-2\mu)}} \quad (6.8)$$

式中，$\rho_t$、$c_t$、$\sigma_c$ 分别为混凝土靶密度、声速和压缩强度；$E$、$\mu$ 分别为混凝土靶的杨氏模量和泊松比。

由此可得动能和化学能共同作用下的开孔孔径 $d_c$。

$$d_c = \left(\frac{P}{\sigma_0}\right)^{\frac{1}{4}} d \qquad (6.9)$$

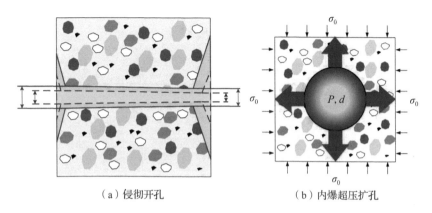

（a）侵彻开孔　　　　　　　　（b）内爆超压扩孔

图 6.35　活性聚能侵彻体作用混凝土靶开孔效应

### 2. 内爆超压模型

活性聚能侵彻体贯穿混凝土靶后，在目标内部发生剧烈爆燃反应，形成超压场。表征超压场的物理量主要包括超压峰值、正压持续时间、比冲量等。从机理上分析，活性聚能侵彻体在密闭空间内的质量分布与反应行为相当复杂，需建立等效理论模型，进而研究靶后超压特性与冲击波传播过程。

活性材料在强冲击载荷作用下会发生类爆轰反应，基于密闭空间内活性射流冲击波超压曲线与高能炸药冲击波超压曲线相类似这一实验现象，采用 TNT 爆炸所产生的冲击波来等效活性射流在密闭空间内爆燃反应所产生的冲击波。因此，等效理论模型需确定出活性射流穿靶后在密闭空间内爆燃反应中心位置（虚拟爆炸点位置）及产生相同冲击波的 TNT 当量。

在密闭空间内，测压点 1 和测压点 2 处超压可表述为

$$\Delta p_1 = \lambda \cdot \omega^{\frac{2}{3}} R_1^{-2} = \lambda \cdot \omega^{\frac{2}{3}} [(x_1 - x_c)^2 + (y_1 - y_c)^2 + (z_1 - z_c)^2]^{-1} \qquad (6.10)$$

$$\Delta p_2 = \lambda \cdot \omega^{\frac{2}{3}} R_2^{-2} = \lambda \cdot \omega^{\frac{2}{3}} [(x_2 - x_c)^2 + (y_2 - y_c)^2 + (z_2 - z_c)^2]^{-1} \qquad (6.11)$$

式中，$\lambda$ 为常数；$\Delta p_1$、$\Delta p_2$ 分别为测压点 1 和测压点 2 处超压峰值；$\omega$ 为 TNT 装药质量；$R_1$、$R_2$ 分别为虚拟爆炸点距离测压点 1 和测压点 2 的距离；$(x_c, y_c, z_c)$ 为虚拟爆炸点坐标；$(x_1, y_1, z_1)$、$(x_2, y_2, z_2)$ 分别为测压点 1 和测压点 2 的位置坐标；$H$ 为炸高。虚拟爆炸点与测压点的几何关系如图 6.36 所示，由图可知，$y_1 = y_2 = 0$，$y_c = H$，$z_1 = z_2 = z_c$。

由式（6.10）和式（6.11）可得

$$\frac{\Delta p_1}{\Delta p_2} = \frac{(x_2 - x_c)^2 + H^2}{(x_1 - x_c)^2 + H^2} \quad (6.12)$$

由此可求得虚拟爆炸点坐标 $(x_c, y_c, z_c)$。

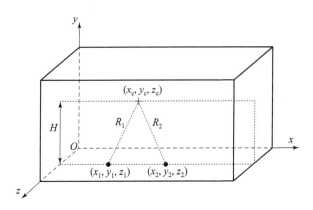

图 6.36　虚拟爆炸点与测压点的几何关系

获得虚拟爆炸点坐标后，通过空气中爆炸相似律，可获得通过侵孔进入密闭空间发生爆燃反应的活性材料 TNT 当量

$$\Delta p = \begin{cases} \dfrac{0.097\,5}{\bar{R}} + \dfrac{0.145\,5}{\bar{R}^2} + \dfrac{0.585}{\bar{R}^3} - 0.001\,9, \\ 0.01 \text{ MPa} \leqslant \Delta p \leqslant 1.00 \text{ MPa}; \\ \dfrac{0.67}{\bar{R}^3} + 0.1, \Delta p \geqslant 1.00 \text{ MPa}. \end{cases} \quad (6.13)$$

$$R = \sqrt{(x - x_c)^2 + (y - H)^2} \quad (6.14)$$

$$\bar{R} = \frac{R}{\sqrt[3]{v}} \quad (6.15)$$

式中，$R$ 为反应中心距离测压点的距离；$v$ 为活性聚能侵彻体等效 TNT 当量。

根据冲击波超压峰值 $\Delta p$ 同对比距离 $\bar{R}$ 间的关系，联立式（6.13）、式（6.14）、式（6.15），可得到发生爆燃反应的活性聚能侵彻体等效 TNT 当量。

以长 3.4 m、宽 3 m、高 1.5 m 的密闭空间为例，爆心位置设定于靶后 0.65 m，活性聚能侵彻体等效 TNT 当量分别选择 100 g、50 g、25 g，靶后 1 m 及 2 m 处内爆超压时程曲线分别如图 6.37 和图 6.38 所示。随着等效药量的增加，超压峰值增大，同时由于密闭空间内壁面的反射，超压时程曲线呈现多峰特征。同时，随着活性聚能侵彻体等效药量的增加，冲击波到达测压点的时间缩短。测压点距靶板 2 m 时，由于爆心位置距测压点较远，初始冲击波到达测压点的时间更长，且相比于距靶板 1 m 处，超压峰值显著降低。

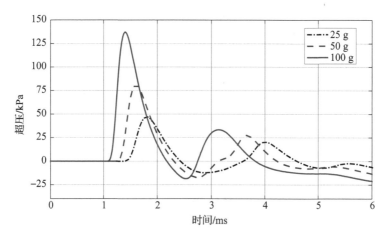

图 6.37　靶后 1 m 处内爆超压时程曲线

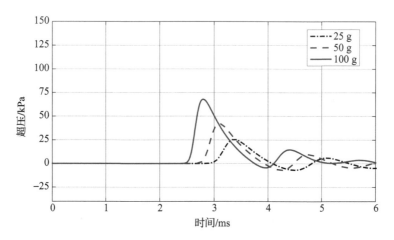

图 6.38　靶后 2 m 处内爆超压时程曲线

活性聚能侵彻体等效 TNT 当量为 100 g 时，不同爆心位置处，靶后 1 m 和 2 m 处超压时程曲线分别如图 6.39 和图 6.40 所示。在靶后 0.65 m 处爆炸时，1 m 处测压点距离最近，冲击波超压峰值最高，但较远距离处爆炸时的超压峰值较低。测压点距离靶板 2 m 时，由于爆炸冲击波在密闭空间内以球面波的形式传播，在空间结构上具有对称性，因此在爆心位置为靶后 0.65 m 时，1 m 处的超压时程曲线与爆心位置在靶后 2 m 处的超压时程曲线相同。

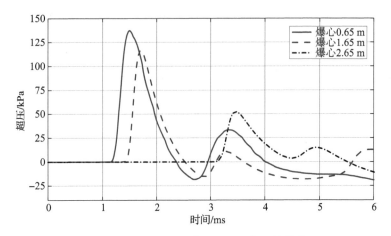

图 6.39 爆心位置对靶后 1 m 处超压的影响

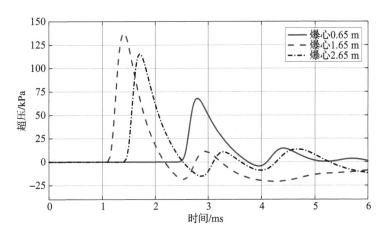

图 6.40 爆心位置对靶后 2 m 处超压的影响

活性聚能侵彻体等效爆心位置不同时,靶后 1 m、2 m 及 3 m 处超压时程曲线如图 6.41 所示。爆心位置在靶后 0.65 m 时,1 m、2 m 及 3 m 处测压点均位于爆心后方,超压峰值随着距离增加而迅速衰减,而在远距离观测点上初始冲击波正压区持续时间增加。爆心位置在 1.65 m 处时,此时爆心位置介于 1 m 和 2 m 处测压点之间,1 m 和 2 m 处超压时程曲线呈现双峰结构,而 3 m 处超压时程曲线仅存在单一峰值,主要原因是,1 m 及 2 m 测压点处冲击波会在着靶面反射,且反射传播距离更长。而冲击波在传播至 3 m 处测压点后在后壁面反射,且距离后壁面位置较近,反射传播距离更短,导致波形结构上的差异。爆心位置在 3.65 m 处时,除了 1 m 处超压时程曲线呈现双峰结构外,由于冲击波在后壁面反射,左、右壁面反射叠加,导致波形出现三峰结构。

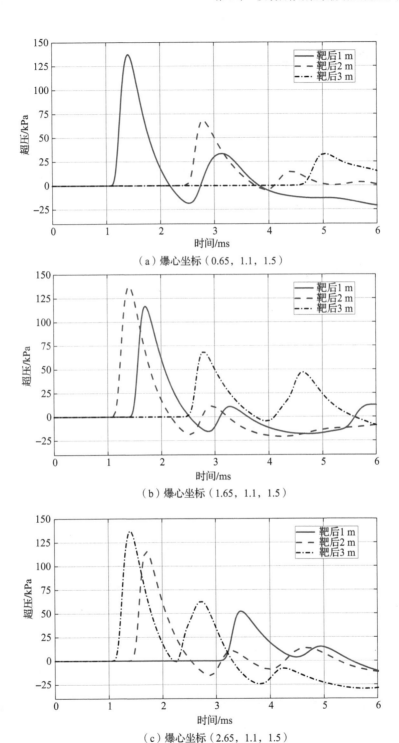

图 6.41 靶后超压时程曲线

### 6.4.3 杀伤增强模型

活性聚能战斗部应用于反硬目标串联战斗部,前级聚能战斗部通过活性聚能侵彻体开孔后,后级杀爆战斗部随进目标内部发生爆炸,形成破片杀伤场和爆炸超压。随进子弹对靶后内部目标的毁伤效应取决于破片初速、破片分布密度、爆炸超压等参量,而这些参量均与后级弹径直接相关。也就是说,前级聚能战斗部开孔直径的大小直接决定了后级杀爆战斗部随进子弹的威力。

**1. 破片初速**

破片初速是衡量破片杀伤威力的重要参数之一。根据能量守恒定律,战斗部装药爆炸后释放的总能量 $E_T$ 等于破片的动能 $E_c$、爆轰产物的动能 $E_g$、爆轰产物的内能 $E_e$、壳体的变形能 $E_M$ 及壳体周围介质吸收的能量 $E_i$ 之和。其中,$E_e$、$E_M$ 和 $E_i$ 占比很小,通常可忽略不计,则有

$$E_T = E_c + E_g \tag{6.16}$$

其中

$$E_T = mQ_v \tag{6.17}$$

$$E_c = \frac{1}{2}Mv_0^2 \tag{6.18}$$

$$E_g = \frac{1}{2}m_1 v_0^2 \tag{6.19}$$

式中,$m$ 为装药质量;$Q_v$ 为炸药爆热;$M$ 为壳体质量;$v_0$ 为破片初速;$m_1$ 为爆轰产物虚拟质量(对圆柱形壳体,取 $m_1 = m/2$;对球形壳体,取 $m_1 = 3m/5$)。

由式(6.16)~式(6.19),即可得破片初速

$$v_0 = \sqrt{2E}\sqrt{\frac{\beta}{1+0.5\beta}} \tag{6.20}$$

式中,$\sqrt{2E}$ 为与装药有关的 Gurney 常数;$\beta$ 为装药与壳体质量比。

与自然破片杀爆战斗部不同,反硬目标串联战斗部的后级杀爆战斗部随进子弹多采用预制破片形式。相比于自然破片,爆轰产物经预制破片的间隙泄漏较早,炸药爆炸能量利用率较低,导致其初速较低。研究表明,预制破片初速约为自然破片初速的 0.7~0.9 倍。预制破片初速计算公式具体可表述为

$$v_0 = k \cdot \sqrt{2E}\sqrt{\frac{\beta}{1+0.5\beta}} \tag{6.21}$$

装填系数对预制破片初速的影响如图 6.42 所示。从图中可以看出,预制破片初速主要取决于装填系数 $\beta$,随着 $\beta$ 的增大,预制破片初速显著增加。随

进子弹口径为 35 mm 时，装填系数为 0.64，预制破片初速为 1 667 m/s；随进子弹口径增加至 50 mm 时，装填系数增加至 0.98，预制破片初速为 1 940 m/s，较随进子弹口径为 35 mm 时增加 17%。

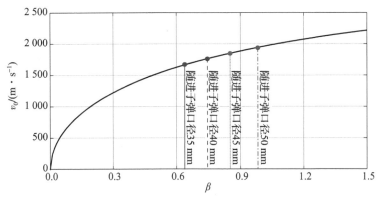

图 6.42 装填系数对预制破片初速的影响

不同口径的随进子弹破片初速轴向分布如图 6.43 所示。随着随进子弹口径的增大，破片轴向初速均增大，在距起爆端 2/3 弹长处增幅最大。

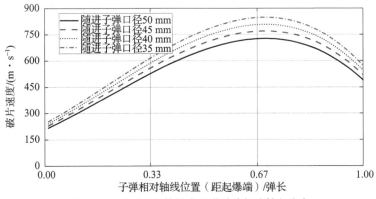

图 6.43 不同口径的随进子弹破片初速轴向分布

## 2. 破片飞散角

破片飞散角主要描述以随进子弹重心为顶点，包含 90% 有效破片飞散区域的锥角。破片飞散角越小，表明破片飞散越密集，杀伤效果越佳。

壳体膨胀飞散几何关系如图 6.44 所示。主装药爆炸一段时间后，相当于将随进子弹轴线下移一段距离 $\Delta = Kd/2$，其中，$d$ 为随进子弹口径，$K$ 为与壳体材料有关的常数。假设壳体侧面与炸药接触部分为有效壳体，由有效壳体两端分别取 5% 截面积 $S_a$、$S_b$，再从剩余壳体外表面端点 $a$、$b$ 分别作与弹丸重心

垂直偏移点 $O'$ 的连线，夹角 $\Omega$ 即壳体破裂瞬间的破片飞散角。

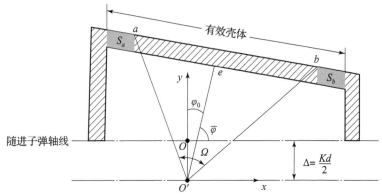

图 6.44　壳体膨胀飞散几何关系

随进子弹口径对破片飞散角的影响如图 6.45 所示，从图中可以看出，随子弹口径增大，破片飞散角近似呈二次抛物型递减。随进子弹口径由 35 mm 增加至 50 mm 时，破片飞散角由 96°减小至 72°，破片飞散密度显著增大。

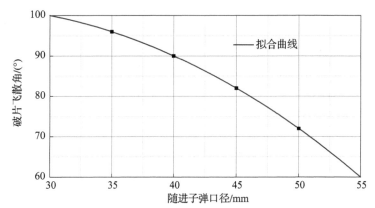

图 6.45　随进子弹口径对破片飞散角的影响

### 3. 破片分布密度

随进子弹爆炸后，破片呈球状向外扩散，分布密度表述为

$$f(\varphi) = \frac{1}{\sqrt{2\pi}\sigma} e^{-\frac{(\varphi - \bar{\varphi})^2}{2\sigma^2}} \tag{6.22}$$

式中，$\varphi$ 为破片飞散角；$f(\varphi)$ 为破片分布密度；$\sigma$ 为 $\varphi$ 的均方差；$\bar{\varphi}$ 为 $\varphi$ 的数学期望。

不同口径的随进子弹破片分布密度如图 6.46 所示，随着随进子弹口径的增大，破片向中部集中，在小脱靶情况下，杀伤威力显著提升。

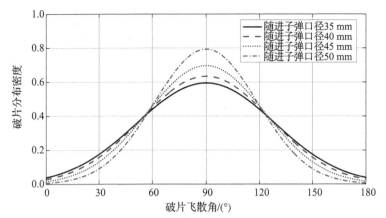

图 6.46　不同口径的随进子弹破片分布密度

### 4. 破片有效杀伤距离

破片在空中飞行的过程中，速度不断衰减，依靠其存速或剩余动能杀伤距离 $R$ 处的目标。一定距离处，破片存速可表述为

$$v = v_0 \mathrm{e}^{-\frac{C_\mathrm{D}\rho S}{2q}R} = v_0 \mathrm{e}^{-\alpha R} \qquad (6.23)$$

式中，$R$ 为破片飞行距离（m）；$C_\mathrm{D}$ 为破片形状系数；$\rho$ 为空气密度；$S$ 为破片迎风面积；$q$ 为破片质量；$\alpha$ 为衰减系数。

破片剩余动能 $E$ 可表述为

$$E = \frac{1}{2}qv^2 \qquad (6.24)$$

根据破片动能杀伤标准，在距离 $R$ 处，当破片剩余动能大于或等于杀伤目标所需的最小动能 $E_{\min}$ 时即可杀伤目标，则杀伤条件可表述为

$$E \geqslant E_{\min} \qquad (6.25)$$

随进子弹口径对破片有效杀伤距离的影响如图 6.47 所示。随着随进子弹口径增加，破片初速及初始动能显著增大，随着破片飞散距离增加，动能快速衰减。随进子弹口径从 35 mm 增大至 50 mm，破片有效杀伤距离增加 60%~70%。

### 5. 破片空间杀伤区

破片空间杀伤区指以破片等杀伤概率曲线所围成的区域，杀伤概率 $p = 0.5$ 的曲线所包络区域为有效杀伤区，$p = 0.9$ 的曲线包络区域为密集杀伤区。

以战斗部重心为圆心，以破片飞行距离 $R$ 为半径的球面如图 6.48 所示，图中，$\varphi$ 为破片飞散角，$\Delta S_i$ 为球面上任一球带微元面积。

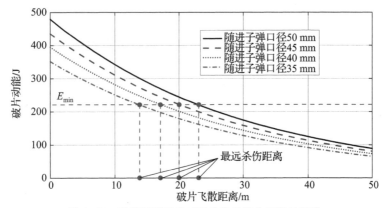

图 6.47 随进子弹口径对破片有效杀伤距离的影响

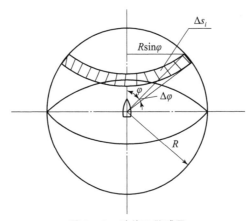

图 6.48 破片飞散球面

球带 $\Delta\varphi$ 内有效破片数为 $N_{ei}$，球带面积为 $\Delta S_i$，有效破片平均分布密度为

$$\varepsilon = \frac{N_{ei}}{\Delta S_i} \tag{6.26}$$

其中

$$N_{ei} = N \cdot n(R) f(\varphi) \Delta\varphi \tag{6.27}$$

$$\Delta S_i = 2\pi R^2 \sin\varphi \Delta\varphi \tag{6.28}$$

式中，$N$ 为破片总数；$f(\varphi)$ 为破片飞散密度函数；$n(R)$ 为相对有效破片数。

破片初速为 $v_0$，经一定衰减后，飞行至距炸点 $R$ 处与目标作用。根据破片动能杀伤准则，此时破片动能应不小于杀伤目标所需的最小动能 $E_{\min}$。

基于该准则，破片初速必须大于某一临界值 $v_{0e}$，才可满足杀伤距炸点 $R$ 处目标的动能标准，可表述为

$$v_{0e} = v_e e^{\alpha R} \tag{6.29}$$

$$v_e = \sqrt{\frac{2E_{\min}}{q}} \qquad (6.30)$$

式中，$E_{\min}$，$q$、$\alpha$ 分别为目标临界毁伤动能、破片质量和破片速度衰减系数。

以 $v_{0e}$ 作水平线，沿两交点分别作垂线与坐标横轴相交，坐标差值 $(x_2 - x_1)/l$ 即相对有效破片数，如图 6.49 所示。

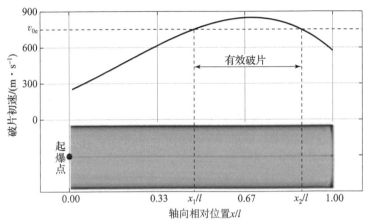

**图 6.49 破片初速与有效破片数的关系**

由式 (6.26)～式 (6.28)，可得

$$\varepsilon = \frac{N \cdot n(R)}{2\pi R^2} \cdot \frac{f(\varphi)\Delta\varphi}{\sin\varphi\Delta\varphi} = F(R) \cdot G(\varphi) \qquad (6.31)$$

其中

$$F(R) = \frac{N \cdot n(R)}{2\pi R^2}$$

$$G(\varphi) = \frac{f(\varphi)\Delta\varphi}{\sin\varphi\Delta\varphi}$$

假设目标垂直于破片飞散方向的投影面积为 $S_0$，则命中该目标的有效破片数为 $\varepsilon S_0$，则至少有一块有效破片命中目标的概率 $p$ 可表述为

$$p = 1 - e^{-\varepsilon \cdot S_0} \qquad (6.32)$$

目标给定时，$S_0$ 为定值，将式 (6.31) 代入式 (6.32)，可得

$$p = 1 - e^{-S_0 F(R) G(\varphi)}$$

对上式移项并取对数，可得

$$F(R) = -\frac{\ln(1-p)}{S_0 G(\varphi)} \qquad (6.33)$$

令 $p = p_1$，可作 $-\ln(1-p_1)/S_0 G(\varphi)$ 与 $\varphi$ 关系曲线，给定不同的 $p_1$ 值，随进子弹 $F(R)$ 与 $R$、$-\ln(1-p_1)/S_0 G(\varphi)$ 与 $\varphi$ 的关系曲线如图 6.50 所示。

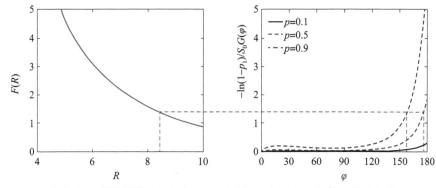

图 6.50 随进子弹 $F(R)$ 与 $R$、$-\ln(1-p_1)/S_0 G(\varphi)$ 与 $\varphi$ 关系曲线

任取一 $\varphi_1$ 值,可求出对应于某一杀伤概率 $p_1$ 的 $-\ln(1-p_1)/S_0 G(\varphi)$ 值,再由 $-\ln(1-p_1)/S_0 G(\varphi)$ 引水平线与 $F(R)$ 曲线相交,可得与 $\varphi_1$ 对应的 $R_1$ 值。类似地分别求得 $\varphi_2$、$R_2$;$\varphi_3$、$R_3$ 等,然后以战斗部重心为中心,按 $\varphi_1$、$\varphi_2$、$\varphi_3$ 等值分别作出半径 $R_1$、$R_2$、$R_3$ 等,最后将 $R_1$、$R_2$、$R_3$ 等端点连成曲线,此曲线所包括的范围就是等杀伤概率 $p_1$ 的杀伤区域。

严格来讲,等概率杀伤区域是绕战斗部轴线的一个对称曲面,在该曲面边界,破片对目标的杀伤概率为一定值 $p_i$,给定不同的 $p_i$ 值,可求得等杀伤概率曲线的空间分布规律。不同口径随进子弹 50% 有效杀伤概率曲线空间分布如图 6.51 所示,由图可知,随进子弹口径增大可显著提高有效杀伤区域。

### 6. 破片场威力半径

破片场是战斗部杀伤威力的综合性参数,本身包含对破片动能 $E_y$、破片密度 $\varepsilon$ 的要求。战斗部爆炸后形成的破片在一定飞散角 $\Omega$ 内分布形成球缺分布面。在破片数一定的条件下,破片密度 $\varepsilon$ 随着飞行距离的增加而减小。为了确保破片能有效命中目标,$\varepsilon$ 不能小于某一极值,可表述为

$$\varepsilon = \frac{N_e}{S} \tag{6.34}$$

式中,$N_e$ 为有效破片数;$S$ 为球缺表面积,具体可表述为

$$S = 2\pi R^2 [\cos\varphi_1 - \cos(\varphi_1 + \Omega_v)] \tag{6.35}$$

式中,$\Omega_v$ 为破片飞散角;$\varphi_1$ 为飞散角下边缘与轴线交角。

将式(6.35)代入式(6.34),整理得

$$R_e = \sqrt{\frac{N_e}{2\pi\varepsilon[\cos\varphi_1 - \cos(\varphi_1 + \Omega_v)]}} \tag{6.36}$$

式中,$R_e$ 为破片场威力半径。

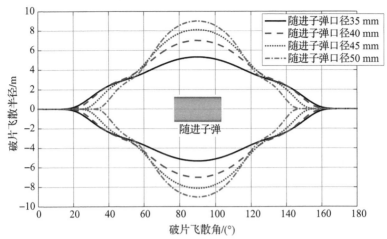

图 6.51　不同口径随进子弹 50% 有效杀伤概率曲线空间分布

随进子弹口径对破片威力场半径的影响如图 6.52 所示，在不同 $\varepsilon$ 取值条件下，随着随进子弹口径增加，破片威力场半径显著增加。以破片密度 $\varepsilon=1$ 为例，随进子弹口径从 35 mm 增加至 50 mm，破片场威力半径可增大 1 倍左右。

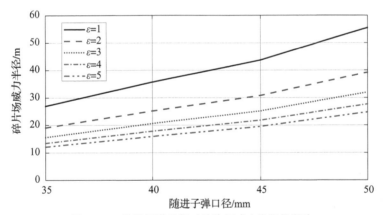

图 6.52　随进子弹口径对破片场威力半径的影响

着眼于两级体制反硬目标串联战斗部，前级聚能战斗部可首先通过活性聚能侵彻体动能与爆炸化学能联合作用，显著增加对防护功能型硬目标开孔孔径，使后级杀爆战斗部随进子弹口径显著增加，破片初速、破片有效杀伤距离、破片威力场半径等显著增加，从而大幅提升对靶后目标杀伤效应。

# 参考文献

[1] 北京工业学院八系. 爆炸及其作用（下册）[M]. 北京：国防工业出版社，1979.

[2] 黄正祥. 聚能装药理论与实践[M]. 北京：北京理工大学出版社，2014.

[3] 隋树元，王树山. 终点效应学[M]. 北京：国防工业出版社，2000.

[4] Blache A，Weimann K. Shaped Charge with Jetting Projectile for Extended Targets [C]// 17th International Symposium on Ballistics. Midrand, South Africa: the South Africa Ballistics Organization, 1998: 207-215.

[5] Blachowski T J, Burchett J. U. S. Navy Characterization of Two New Energetic Materials, CP and BNCP [C]// 38th AIAA/ASME/SAE/ASEE Joint Prppulsion Conference and Exhibit, Indianapolis, Indiana, 2002.

[6] Himanshu S. Theoretical Modelling of Shaped Charges in the Last Two Dacades (1999—2010): a Review [J]. Central European Journal of Energetic Materials. 2012, 9 (2), 155-185.

[7] DE Technologies, Inc. Reactive Fragment Warhead for Enhanced Neutralization of Mortar, Rocket, &Missile Threats [EB/OL]. ONR-SBIR：N04-903, http://www.detk.com.

[8] Vasant S. Joshi, Process for Making Polytetrafluoroethylene-Aluminum Composite and Product Made [P]. U. S. Patent 65479993B1, 2003.

[9] Nielson D B, Richard M. Truitt, Nikki Rasmussen. Low Temperature, Extrudable, High Density Reactive Materials [P]. U. S. Patent 6962634B2, 2005.

[10] Baker E L, Daniels A S, Ng K W. Barnie: A Unitary Demolition Warhead, 19th International Symposium of Ballistics [C], Interlaken, Switzerland, 2001.

[11] Daniels A S, Baker E L, DeFisher S E, et al. Bam Bam: Large Scale Unitary Demolition Warheads. 23rd International Symposium on Ballistics [C]. Tarragona, Spain, 2007.

[12] Nicolich S. Reactive Material Enhanced Lethality EFP. The 42nd Annual Armament Systems: Gun and Missile Systems Conference and Exhibition [C]. Charlotte, USA, 2007.

[13] Nicolich S. Energetic Materials to Meet Warfighter Requiremens: an Oveiew of Selected US Army RDECOM – ARDEC Energetic Materials Programs [R]. 42nd Annual Armament Systems: Gun and Missile System Conference, Picatinny Arsenal, NJ.

[14] Osborne D T, Pantoya M l, Effect of Al Particle Size on the Thermal Degradation of Al/Teflon Mixtures [J]. Combust. Sci. Technol. 2007: 179, 1467 – 1480.

[15] Raftenberg M N, Mock W, Kirby G C. Modeling the Impact Deformation of Rods of a Pressed PTFE/Al Composite Mixture [J]. International Journal of Impact Engineering. 2008, 35: 1735 – 1744.

[16] Church P, Claridge R, Ottley P, et al. Investigation of a Nickel – Aluminum Reactive Shaped Charge Liner [J]. Journal of Applied Mechanics, 2013, 80: 031701.

[17] Guadarrama J, Dreizin E. L, Glumac N. Reactive Liners Prepared Using Powders of Aluminum and Aluminum – Magnesium Alloys [J]. Propellants, Explosives, Pyrotechnics, 2016, 41: 605 – 611.

[18] 张雷雷. 杆式聚能侵彻体对混凝土毁伤效应研究 [D]. 北京：北京理工大学，2006.

[19] 王海福，冯顺山，刘有英. 空间碎片导论 [M]. 北京：科学出版社，2010.

[20] 郭占平. 活性材料药型罩设计及其终点效应研究 [D]. 北京：北京理工大学. 2009.

[21] Wang YZ, Yu QB, Zheng YF, et al. Formation and Penetration of Jets by Shaped Charges with Reactive Material Liners [J]. Propellants Explos. Pyrotech, 2016, 41: 618 – 622.

[22] Guo H G, Xie J W, Wang H F, et al. Penetration Behavior of High – density Reactive Material Liner Shaped Charge [J]. Materials. 2019, 12: 3486.

[23] Wang HF, Guo HG, Geng BQ, et al. Application of PTFE/Al Reactive Materials for Double – Layered Liner Shaped Charge [J]. Materials. 2019, 12: 2768.

[24] Richard G, Ames. Energy Release Characteristics of Impact – Initiated Ener-

getic Materials [R]. Proceedings of Materials Research Society Symposium. Boston: Materials Research Society, 2006, 0896 - H03 - 08: 1 - 10.

[25] Wang HF, Zheng YF, Yu QB, et al. Impact - Induced Initiation and Energy Release Behavior of Reactive Materials [J]. Journal of Applied Physics, 2011, 110: 074904.

[26] Ge C, Dong YX, Maimaitituersun W, et al. Experimental Study on Impact - Induced Initiation Thresholds of Polytetrafluoroethylene/Aluminum Composite [J]. Propellants Explos. Pyrotech. 2017, 42: 514 - 522.

[27] 张雪朋. 活性射流作用钢靶侵彻爆炸联合毁伤效应研究 [D]. 北京: 北京理工大学, 2016.

[28] 林诗彬. 活性药型罩聚能射流化学能释放行为研究 [D]. 北京: 北京理工大学, 2019.

[29] 郭至荣. 小口径活性聚能装药威力分析 [D]. 北京: 北京理工大学, 2020.

[30] 郭焕果. 活性药型罩聚能装药作用钢靶毁伤效应与机理研究 [D]. 北京: 北京理工大学, 2019.

[31] Guo HG, Zheng YF, Yu QB, et al. Penetration Behavior of Reactive Liner Shaped Charge Jet Impacting Steel Plates [J]. International Journal of Impact Engineering. 2019, 126: 76 - 84.

[32] Guo HG, Zheng YF, Tang L, et al. Effect of Wave Shaper on Reactive Materials Jet Formation and Its Penetration Performance [J]. Defence Technology. 2019, 15: 495 - 505.

[33] Held M. Verification of the Equation for Radial Hole Growth by Shaped Charge Jet Penetration [J]. International Journal of Impact Engineering. 1995, 17 (1 - 3): 387 - 398.

[34] Lambert D E. Re - visiting 1 - D Hypervelocity Penetration [J]. International Journal of Impact Engineering. 2008, 35: 1631 - 1635.

[35] Zheng Y F, Su C H, Guo H G, et al. Behind - Target Rupturing Effects of Sandwich - Like Plates by Reactive Liner Shaped Charge Jet [J]. Propellants, Explosives, Pyrotechnics. 2019, 44: 1400 - 1409.

[36] Zheng YF, Su CH, Guo HG, et al. Chain Damage Effects of Multi - spaced Plates by Reactive Jet Impact [J]. Defence Technology, 2020. (DOI: https://doi.org/10.1016/j.dt.2020.02.008.)

[37] 苏成海. 活性射流侵爆耦合毁伤效应研究 [D]. 北京: 北京理工大

学,2020.

[38] 翁兴中,蔡良才. 机场道面设计 [M]. 北京:人民交通出版社,2007.

[39] 中华人民共和国国家军用标准. 军用永备机场场道工程战术技术标准 (GJB525A—2005).

[40] 午新民,王中华. 国外机载武器战斗部手册 [M]. 北京:兵器工业出版社,2005.

[41] 曹晨. 活性聚能装药反机场跑道毁伤效应研究 [D]. 北京:北京理工大学,2015.

[42] 肖建光. 活性聚能侵彻体作用混凝土结构靶毁伤效应研究 [D]. 北京:北京理工大学,2016.

[43] 麻广林,赵宏宇,吴家锋,等. 常规武器运用工程手册(下册)[M]. 北京:航空工业出版社,2020.

[44] 张昊,王海福,余庆波,等. 活性射流侵彻钢筋混凝土靶后超压特性 [J]. 兵工学报,2019,40(7):1365-1372.

[45] Xiao J G, Zhang X P, Wang Y Z, et al. Demolition Mechanism and Behavior of Shaped Charge with Reactive Liner [J]. Propellants, Explosives, Pyrotechnics, 2016, 41: 612-617.

[46] Xiao J G, Zhang X P, Guo Z X, et al. Enhanced Damage Effects of Multi-Layered Concrete Target Produced by Reactive Materials Liner [J]. Propellants, Explosives, Pyrotechnics, 2018, 43: 955-961.

[47] Wang W, Zhang D, Lu F, et al. Experimental Study and Numerical Simulation of the Damage Mode of a Square Reinforced Concrete Slab under Close-In Explosion [J]. Engineering Failure Analysis, 2013, 27: 41-51.

[48] Jayasinghe L B, Thambiratnam D P, Perera N, et al. Blast Response and Failure Analysis of Pile Foundations Subjected to Surface Explosion [J]. Engineering Failure Analysis, 2014, 39: 41-54.

[49] Wang G, Zhang S. Damage Prediction of Concrete Gravity Dams Subjected to Underwater Explosion Shock Loading [J]. Engineering Failure Analysis, 2014, 39: 72-91.

[50] Xiao Q Q, Huang Z X, Jia X, et al. Shaped Charge Penetrator into Soil-Concrete Double-Layered Target [J]. International Journal of Impact Engineering, 2017, 109: 302-310.

# 索 引

## 0～9（数字）

1号实验密闭空间压力云（图） 275
4号实验密闭空间压力云（图） 275
8701炸药材料主要参数（表） 62

## A～Z（英文）

A. Koch 和 F. Haller 角度修正判据 204
BMP-3步兵战车（图） 154
CA 153
ERA 153
　　抗弹防护原理（图） 153
Held 203、204
　　起爆判据 203
　　修正判据 204
Johnson-Cook 强度模型 60
JWL 状态方程 59
M2步兵战车（图） 154
Mie-Gruneisen 状态方程 58
PER 理论计算模型（图） 100
$P-v$ 状态平面分区（图） 58
RHA 153
Shock 状态方程 58
SPH 算法 57
　　特点 57
Steinberg-Guinan 强度模型 60
　　特点 60
TNT 当量及虚拟爆炸点坐标（表） 273
$v_2$ 与 $v_0$ 的几何关系（图） 23

Walker-Wasley 准则 203
$X$ 与 $S$ 间的拟合关系（图） 191

## B

靶板厚度 125、128
　　影响 125
靶板毁伤效应 185、185（图）
靶场布置 217
靶后1 m处内爆超压时程曲线（图） 281
靶后2 m处内爆超压时程曲线（图） 281
靶后超压峰值压力 132
靶后超压时程曲线（图） 283
靶后超压效应 264、269
　　实验方法 264、264（图）
靶后动态超压曲线 269～271、270（图）、
　　271（图）
靶后化学能释放效应 124、125
　　影响因素 125
包覆式活性材料弹丸增强爆炸成型弹丸 49
　　X光实验结果（图） 49
　　技术 49
　　作用原理（图） 49
爆轰波传播过程（图） 28
爆轰方程 59
爆裂毁伤模型 276
爆心位置对靶后1 m处超压影响（图）
　　282
爆心位置对靶后2 m处超压影响（图）
　　282

# 索引

爆炸成型弹丸　5、6、24、25、38、40
　　成形参数　24
　　成形理论　24
　　成形条件　25
　　成形行为（图）　6
　　侵彻理论　38
　　侵彻实验　40
被动防护　153
本体功能型硬目标　250、256、258
　　毁伤机理　258
　　毁伤效应　256
闭合速度为变量时药型罩闭合过程（图）　18
不同壁厚的活性药型罩聚能装药超压时程曲线（图）　118
不同材料聚能射流对混凝土靶侵彻毁伤效应对比（图）　47
不同活性材料密度条件活性聚能战斗部　267、268
　　侵彻混凝土目标实验数据（表）　268
　　对混凝土目标毁伤效应（图）　267
不同活性材料声速下活性射流头部速度与药型罩锥角关系（图）　104
不同活性药型罩锥角　75、266
　　实验结果（表）　266
　　活性射流速度梯度分布数值模拟结果（图）　75
不同口径随进子弹　285、287、291
　　50%有效杀伤概率曲线空间分布（图）　291
　　破片初速轴向分布（图）　285
　　破片分布密度（图）　287
不同埋深条件下炸药内爆对跑道毁伤效应（图）　232
不同时刻活性聚能侵彻体形貌（图）　99
不同炸高条件下活性聚能（图）　130、131、164、165
　　战斗部对钢靶毁伤效应（图）　164、165
　　侵彻体靶后超压曲线（图）　130、131
不同炸高下活性聚能装药侵彻混凝土靶实验结果（图）　47
不同锥角条件下活性聚能战斗部对混凝土靶毁伤效应（图）　265
步兵战车　154
　　防护装甲类型　154

## C

材料模型　57
　　选择　57
参数 $m_{eff}$、$a_i$ 和 $S$ 的关系（表）　190
常用材料 $K$ 值（表）　179
长杆侵彻过程　38、39
　　阶段划分（图）　39
超压时程曲线实验测值与数值模拟值对比（图）　273、274
冲击波　148、149
　　对人员目标杀伤效应　149
　　对有生力量杀伤机理　148
　　杀伤作用类型　149
初始冲击波压力　121、122
　　对活性材料试样激活长度影响（图）　122
穿爆毁伤活性药型罩材料　11
传统反跑道弹药技术　210
传统反硬目标聚能弹药技术　251
传统反装甲聚能弹药类型　157
串联反坦克导弹作用原理（图）　157
串联聚能爆型战斗部　252、253
　　代表性结构　253
　　技术　252
　　结构示意（图）　252

## D

打击和封锁机场跑道 213
　　模式 213
大穿深药型罩材料 10
大口径活性药型罩聚能战斗部（图） 48
　　对钢筋混凝土墙侵爆联合毁伤实验结果（图） 48
　　侵彻标准机场跑道靶标实验结果（图） 48
　　侵彻柱形钢箍混凝土墩靶实验结果（图） 48
大破孔药型罩材料 11
大质量剩余活性聚能侵彻体内爆作用机理（图） 226
大锥角形药型罩 25
带导引头的活性聚能战斗部对反应装甲引爆 198～200
　　过程高速摄影（图） 200
　　实验系统 198、199（图）
单级侵爆型反跑道弹药 210
单一形状药型罩 12、13（图）
弹道导弹载单级侵爆型反跑道弹药（图） 211
等速变截面杆 44
　　侵彻模型 44
　　模型建立修正 44
　　微元划分（图） 44
等速等截面杆 42、43
　　侵彻模型 42
　　微元划分（图） 43
等效侵彻深度（图） 195
低峰长时特性 119
低空布撒反跑道弹药 15
低密度活性聚能侵彻体对钢靶毁伤效应 162
典型毁伤效应 259

典型硬目标特性 248
碉堡工事类目标（图） 250
定常流体力学 16、32
　　成形理论 16
　　理论假设 16
　　侵彻理论 32
断裂射流侵彻 36、37
　　流体力学理论 36
　　模型（图） 37

## E～F

俄罗斯 BMP-3 步兵战车（图） 154
二次侵彻 39、41
反本体功能型硬目标毁伤 254～256、255（图）、256（图）
　　模式 254、255（图）
　　实验方法 255
　　效应 255
反防护功能型硬目标 253、254、262、263
　　毁伤模式 253、254（图）
　　毁伤效应 262
　　实验方法 263
反航母毁伤技术优势 162
反跑道打击封锁模式（图） 214
反跑道弹药 210、214
　　技术 210
　　威力 214
反跑道活性毁伤 207、223、235
　　机理 223
　　增强聚能战斗部技术 207
　　增强模型 235
反跑道活性毁伤效应实验 217
　　方法 217
　　方法及靶场布置（图） 217
反跑道活性聚能战斗部技术 214
反潜毁伤技术优势 160

反潜鱼雷 159

反射冲击波 275

反坦克导弹 14、157

反坦克地雷 158

反坦克反装甲战车毁伤技术优势 160

反坦克火箭弹 157

反坦克末敏弹 14、158
    作用原理（图） 158

反应装甲 192、193
    等效结构 192、193（图）

反应装甲等效结构活性毁伤效应 192
    实验方法 192

反应装甲活性引爆 192、196、202
    机理 202
    效应 192
    增强效应 196

反硬目标 251、253、284
    串联战斗部 284
    活性聚能战斗部技术 253
    聚能弹药技术 251

反硬目标活性毁伤 247、276
    增强聚能战斗部技术 247
    增强模型 276

反装甲活性毁伤增强聚能战斗部技术 151

反装甲活性聚能战斗部技术 159

反装甲聚能弹药类型 157

反装甲类目标聚能弹药 198

方案 B 活性聚能战斗部作用一级跑道过程（图） 221

防护功能型硬目标 248、265、272
    毁伤机理 272
    毁伤效应 265

非等速变截面杆侵彻 44、45
    靶板理论模型（图） 45
    模型 44

非均质装甲 153

飞机洞库 248

飞机防护工事 248、249（图）

飞机掩蔽体 248

飞行甲板 155

氟聚物基活性材料 62

福特级航母结构布局（图） 155

复合结构活性聚能侵彻体 167、169
    对钢靶毁伤效应 167

复合结构活性药型罩 14、168~170
    聚能装药对钢靶毁伤效应（图） 170
    聚能装药侵彻钢靶实验结果（表） 169

## G

概述 2、152、208、248

杆式射流 6、7、27、30、41、42
    成形参数 27
    成形理论 27
    成形条件 30
    成形行为 7、7（图）
    微元离散（图） 42

杆式射流成形原则 30、31
    较大射流整体速度 31
    较小杵体质量 30
    较小头、尾速度差 31

杆式射流聚能装药 27、28
    基本结构（图） 28

杆式射流侵彻 42
    模型 42

杆式射流侵彻理论 41、42
    模型建立过程（图） 42

杆元 44、45

钢靶爆裂毁伤模型 177、180
    计算与实验结果对比（图） 180

钢靶厚度（图） 128、129
    对靶后超压峰值影响（图） 128
    对爆燃正压持续时间影响（图） 129
    对超压上升时间影响（图） 129

钢靶毁伤增强效应 162
钢靶毁伤组成 162、177
  效应 162
钢靶侵孔剖面（图） 165
钢板厚度对靶后超压影响（图） 140
钢筋混凝土类构筑物 249
高密度活性聚能侵彻体 166~168
  对钢靶毁伤效应 166、168（图）
高密度活性药型罩聚能装药侵彻钢靶实验结果（表） 167
高能炸药爆炸驱动药型罩 4
各层靶板毁伤效应（图） 185
攻顶式反坦克智能雷作用原理（图） 159
观测点（图） 65、228
  E处压力时程曲线（图） 228
  设置（图） 65
光滑粒子流体动力学数值算法 57
轨条砦 250

## H

航空煤油点火条件（图） 143
航母 155
厚钢靶侵彻入孔面裂纹形成与扩展过程（图） 178
后效超压模型 277
后效毁伤 140
  能力 140
  增强实验 140
后效毁伤效应 263、264、267
  实验方法 263、264（图）
化学能分布式释放 106、115~117、124、136
  模型 106
  实验方法 116、124
  效应 117
  行为 115
环向裂纹及抛掷模型 244、245（图）

回转曲线形药型罩 25
毁伤机理 8
毁伤目标过程阶段 254
毁伤效应 223、224、259~261
毁伤增强 147、242
  机理 147
  模型 242
混凝土靶 258、260、276
  爆裂毁伤计算模型 276、276（图）
  毁伤效应（图） 260
混凝土靶毁伤 257、262、269、270
  靶后超压峰值数据（表） 269
  数据（表） 262
  效应（图） 257、270
混凝土介质 227、228
  毁伤过程 227、227（图）
  内压力分布（图） 228
混凝土面层（图） 242、244、246
  爆破及裂纹扩展模型（图） 242
  底部压力分布模型（图） 246
  隆起效应分析模型（图） 244
混凝土面层/碎石层界面对冲击波传播过程影响（图） 235
活性材料 102~104、121、138
  爆炸反应释放化学能 138
  声速 102~104
  试样 121
活性爆炸成型弹丸 49、77~80
  成形过程 77、78、78（图）
  战斗部打击油箱威力验证实验（图） 49
  速度分布 78、79（图）
  温度分布 79、80（图）
  轴线处密度随时间变化（图） 78
  轴线处速度随时间变化（图） 79
活性材料反应弛豫时间 137、138
  对靶后活性聚能侵彻体有效质量影响

# 索引

（图） 138

活性材料激活 120、123
  响应特性 120
  应力阈值 123

活性杆式射流 87～90
  粒子分布 87、87（图）
  速度分布 88、88（图）
  温度随时间变化 89、89（图）
  轴线处密度随时间变化（图） 88
  轴线处速度随时间变化（图） 89
  轴线处温度随时间变化（图） 90

活性杆式射流成形过程 86、87
  密度分布（图） 87
  密度随时间变化 86

活性毁伤材料 46、47、95
  爆炸成型弹丸战斗部技术理念 47
  药型罩 95

活性毁伤聚能技术 160、162

活性金属粉体形状 96

活性聚能 45、161、162
  反航母毁伤技术优势（图） 162
  反潜毁伤技术优势（图） 161
  反坦克反装甲战车毁伤技术优势（图） 161
  技术核心 45

活性聚能毁伤 45、46、49
  机理 49
  技术 45、46
  技术发展 46

活性聚能侵彻体 51、52、99、105、117、130、131、142、146、147、149、173、174、177、181、188、191、194～197、224、225、233、235、281、282
  靶后超压曲线（图） 130、131
  对本体功能型目标毁伤机理（图） 52
  对电路板毁伤效应（图） 147

对防护功能型目标毁伤机理（图） 51
  对钢板毁伤效应（图） 146
  对各层钢板毁伤效应 194、194（图）、195（图）、197（图）
  对间隔铝靶毁伤效应（图） 146
  对铝靶毁伤面积（图） 191
  对密闭箱体毁伤效应（图） 146
  对有生力量毁伤效应 149
  反应弛豫时间与炸高对侵彻深度影响（图） 173
  贯穿跑道混凝土面层 224
  化学能释放行为 105
  假设 174
  进入跑道目标结构内部发生爆燃反应 233
  跑道过程 235
  侵爆耦合毁伤 188
  碎石层/土基层内爆作用机理（图） 225
  形貌（图） 99
  在测试罐内的爆燃反应程度 117
  在混凝土面层/碎石层的内爆作用机理（图） 224
  装甲目标（坦克）及有生力量杀伤效应 149
  撞击非满油油箱作用行为 142

活性聚能侵彻体爆燃反应 119、230
  压力 119

活性聚能侵彻体成形 53、95、267
  凝聚性 267
  实验 95
  行为 53

活性聚能侵彻体化学能分布式释放行为测试系统 116、116（图）
  实物 116、117（图）

活性聚能侵彻体毁伤 147、147、185

电子元器件过程 147、147（图）

毁伤增强机理 185

活性聚能侵彻体破甲后效超压测试 124、125

 系统和实物 124（图）、125

 原理 124

活性聚能侵彻体侵彻 169、172、175、225、226、238、239

 机理 169

 模型 172、175（图）

 能力 225、226

 跑道模型 238、239（图）

活性聚能侵彻体引爆反应装甲 205、206

 机理 205

活性聚能侵彻体有效质量 240

 分析模型（图） 240

 模型假设 240

活性聚能侵彻体作用 126~128、143、186~188、279

 不同厚度钢靶爆燃压力时程曲线（图） 126~128

 混凝土靶开孔效应（图） 279

 间隔靶过程（图） 186

 间隔靶毁伤增强机理 187、188（图）

活性聚能战斗部 162、163、169、170、181、192、196、199、214~218、220、223、226、235、253~258、263~268、276

 打击防护功能型硬目标毁伤模式 253

 对混凝土靶侵彻毁伤效应 265、265（图）

 对混凝土目标毁伤效应 267、267（图）

 对混凝土目标侵彻毁伤效应实验方法 263

 对间隔靶毁伤效应实验方法（图） 181

 对跑道目标毁伤机理 226

 反跑道典型毁伤模式（图） 216

 反跑道目标阶段 223

 反跑道威力 220

 毁伤机场跑道技术原理 215

 毁伤跑道技术原理（图） 216

 技术 214、253

 结构 218、256（图）

 侵彻混凝土目标实验数据 266~268、268（表）

 引爆反应装甲过程高速摄影 196、199（图）

 作用本体功能型硬目标 276

 作用反应装甲等效结构实验系统 192、192（图）

 作用钢靶毁伤原理 169、170（图）

 作用钢靶实验（图） 163

 作用混凝土靶毁伤行为过程 258

 作用特级跑道过程 218、218（图）

活性聚能战斗部动态引爆反应装甲实验 201、202

 高速摄影（图） 202

 原理 201、201（图）

活性聚能战斗部对反应装甲（图） 194

 等效结构毁伤效应（图） 194

 毁伤实验结果（图） 198

 毁伤实验系统（图） 198

 引爆过程高速摄影（图） 200

 引爆实验系统 198、199（图）

活性聚能战斗部对钢靶毁伤 163~165

 实验结果（表） 163、165

 效应（图） 164、165

活性聚能战斗部对混凝土靶后密闭箱体 268、269

 后效毁伤效应 268、269（图）

 作用过程 268、268（图）

活性聚能装药 47、61、62、141、142

# 索引

对内置油箱毁伤效应实验过程高速摄影
（图） 141、142
　　结构材料模型（表） 61
　　侵彻混凝土靶实验结果（图） 47
　　数值模型（图） 62
活性球缺罩 88、90、92
　　曲率半径 92
　　轴线处观测点速度随时间变化 88
　　轴线处观测点温度随时间变化 90
活性射流 47、63、64、68、69、100、106、107、174、278
　　典型成形过程 63、63（图）
　　对混凝土靶开孔孔径 278
　　激活弛豫及化学能分布式释放阶段 106
　　技术 47
　　凝聚性条件 100
　　侵彻模型 174
　　头部及杵体速度随时间变化曲线（图） 68
　　微元内部温度升高 69
　　与铜射流密度分布对比（图） 64
活性射流成形过程中温度分布数值模拟 69
　　结果（图） 69
活性射流速度（图） 67、75
　　分布（图） 67
　　梯度分布数值模拟结果（图） 75
活性射流头部速度 103、104
　　与药型罩锥角关系（图） 103、104
活性药型罩 50、51、54、62、69、70、96～98、111、124、171、175、220、221、258
　　顶部轴线处微元温度随时间变化 69、70（图）
　　力学性能 97
　　设计方法（图） 96
　　样品（图） 98

与45钢材料主要参数（表） 62
　　质量选择方案 220
活性药型罩壁厚 75、84、119、120、135、136、182、187、193
　　对靶后超压特性影响（图） 135（图）、136（表）、136（图）
　　对超压峰值影响（图） 119
　　对超压上升时间影响（图） 119
　　对反应装甲等效结构毁伤效应影响实验条件（表） 193
　　对毁伤效应影响 193
　　对正压持续作用时间影响（图） 120
　　为0.08CD的活性聚能装药对间隔靶毁伤效应（图） 182
　　为0.08CD时数值模拟与实验结果对比（表） 187
　　为0.10CD的活性聚能装药对间隔靶毁伤效应（图） 182
　　为0.10CD时数值模拟与实验结果对比（表） 187
　　为0.12CD的活性聚能装药对间隔靶毁伤效应（图） 182
　　为0.12CD时数值模拟与实验结果对比（表） 187
活性药型罩壁厚对活性射流（图） 76
　　速度梯度影响（图） 76
　　头部速度影响（图） 76
　　温度分布影响（图） 76
活性药型罩材料 62、96、162
　　配方设计 96
　　设计方法 96
活性药型罩底部（图） 66、71
　　密度随时间变化（图） 66
　　微元温度随时间变化（图） 71
活性药型罩顶部 65
　　密度随时间变化（图） 65
活性药型罩结构 134

影响 134

活性药型罩聚能战斗部 51、148
    技术特点 51

活性药型罩聚能装药 50、71、98、100、117、118、141、145、146、173、179、181
    超压时程曲线 117、118（图）
    对内置油箱毁伤效应实验 141
    对油箱毁伤效应实验原理 141、141（图）
    对装有电子元器件目标毁伤效应 145
    毁伤技术装备实验原理（图） 146
    毁伤威力及性能要求（图） 50
    毁伤效应 181
    结构设计 100
    侵彻钢靶 173、179
    影响因素 71

活性药型罩聚能装药性能 50、51
    爆燃毁伤能力 51
    抗过载能力 50
    侵彻爆燃联合毁伤能力 51
    侵彻能力 50

活性药型罩聚能装药战斗部技术优势 51、52
    打击机场跑道类目标 51
    打击机库类目标 52
    打击舰船/集群装甲类目标 52
    打击油库油罐类目标 52

活性药型罩密度 132~134
    对靶后超压效应影响（图） 133
    影响 132

活性药型罩曲率半径 82、83
    对活性爆炸成型弹丸头部速度影响（图） 83

活性药型罩制备 95~98
    工艺 97
    工艺流程（图） 98

活性药型罩中部 65、66、70
    密度 65
    随时间变化（图） 66
    微元温度随时间变化 70、70（图）

活性药型罩轴线处 80
    观测点的温度随时间变化 80
    温度随时间变化（图） 80

活性药型罩锥角 73、74、266
    对活性射流头部速度影响（图） 74
    实验结果（表） 266

火箭攻坚弹 15

火箭助推增速单级侵爆型反跑道弹药（图） 212

## J~K

机场跑道 208、209、214
    道面结构示意（图） 209
    目标特性 208
    平面布局 208
    平面结构示意（图） 209

技术装备毁伤增强效应 145
    实验方法 145
    实验结果 145

计算模型（图） 227

间隔靶 180、188、189
    爆燃超压分布（图） 189
    爆裂毁伤模型 188
    活性毁伤效应 180

间隔靶毁伤增强 180、183
    机理 183
    效应 180

接触/K系列ERA 154

界面效应影响 236

金属射流 183

金属铜药型罩聚能战斗部 257

径向裂纹模型 242

聚合物基活性毁伤材料 122

## 索 引

聚合物基体材料　97
聚能毁伤机理　7
聚能技术　9、14
　　发展　9
　　应用　14
聚能侵彻体　15、32
　　成形理论　15
　　侵彻理论　32
聚能射流　5、6、16、32、47、49
　　成形理论　16
　　成形行为（图）　6
　　对混凝土靶侵彻毁伤效应对比（图）　47
　　破甲过程假设　32
　　破甲过程示意（图）　32
聚能射流侵彻　32～34
　　理论　32
　　模型（图）　34
聚能效应　1、2、9
　　成形及侵彻理论和应用技术　9
　　基础理论　1
　　类型　2
　　现象　9
聚能装药　5、7、8、25、71
　　结构　7、8（图）
聚能装药爆炸驱动药型罩　4、5
　　形成射流行为及速度分布（图）　5
开坑阶段（图）　8
开孔孔径　278
　　模型　278
考虑靶板强度的侵彻理论　35
考虑反应的活性射流侵彻模型　174
壳体膨胀飞散几何关系　285、286（图）
坑道式机库　248
空军基地机场跑道分级　210
空气材料主要参数（表）　62
空穴装药　3

### L ~ N

拉格朗日算法　54
拉格朗日网（图）　55、56
　　变形示意（图）　55
　　与欧拉网格对比（图）　56
拉伸破坏区　230、231
　　C点处等效应力、失效应力与损伤因子变化时程曲线（图）　230
　　D点处等效应力、失效应力与损伤因子变化时程曲线（图）　231
累积失效模型　61
类弹丸活性聚能侵彻体　77
　　成形行为　77
　　计算模型（图）　77
类弹丸活性聚能侵彻体化学能分布式释放　110～112、111（图）
　　过程　110、111（图）
　　计算模型（图）　112
类弹丸活性聚能侵彻体释能模型　110、111
　　假设　111
类惰性射流侵彻模型　171、172
　　侵彻厚钢靶理论模型　172（图）
类杆流活性聚能侵彻体成形行为　86
类杆流活性聚能侵彻体化学能分布式释放　113、114
　　过程　113、113（图）
　　计算模型（图）　114
类杆流活性聚能侵彻体计算模型及观测点设置（图）　86
类杆流活性聚能侵彻体释能模型　113、114
　　假设　114
类射流活性聚能侵彻体　63、108、109
　　成形行为　63
　　后部　109
　　前部　108
类射流活性聚能侵彻体化学能分布式释放

（图）107、108
　　计算模型（图）108
　　行为（图）107
类射流活性聚能侵彻体释能模型 106、108
　　假设 108
理想不可压缩流体 35
理想气体状态方程 59
两级串联战斗部结构钻地弹 15
两级聚爆型反跑道弹药 211、213
　　结构 213
裂纹区 229
　　B点处等效应力、失效应力与损伤因子
　　变化时程曲线（图）229
裂纹形成机理 226
流固耦合算法 56
洛杉矶级攻击型核潜艇结构布局（图）
　　157
马赫反射 28
马赫杆传播过程 29
脉冲X光实验 98、99
　　原理及现场布置（图）99
麦菲斯托反硬目标侵彻增聚爆引结构示意
　　（图）253
美国M2步兵战车（图）154
密度分布 63、77、86
　　特性 63、77、86
面层隆起模型 243
民用设施 250
模压成型 97
末敏弹 14
钼 10
内爆超压模型 279
内爆毁伤威力 231
内爆抛掷效应数值计算模型（图）231
内爆作用模型 239
内置油箱箱体靶标毁伤效应（图）142
镍 10

凝聚性条件下活性射流头部速度 103

## O～R

欧拉-拉格朗日耦合算法 56、57
　　模型（图）57
欧拉算法 55、56
　　特点 56
欧拉网格材料流动过程（图）55
抛掷模型 244
跑道 235
跑道毁伤 224
　　机理 224
跑道毁伤模式 223～226
　　毁伤面积（图）225、226
配方设计研究需要解决关键问题 96
配装机载布撒器的两级聚爆型反跑道弹药
　　（图）213
碰撞点处几何关系（图）19
碰撞应力对活性材料反应弛豫时间影响
　　（图）123
披挂ERA的主战坦克（图）153
破片 285～288
　　飞散角 285
　　飞散球面（图）288
　　分布密度 286
　　空间杀伤区 287
　　有效杀伤距离 287
破片场 290
　　威力半径 290
破片初速 284、288、289
　　与有效破片数关系（图）289
潜艇 156
强度模型 59
桥梁桥墩/水坝大坝目标（图）251
侵彻毁伤效应 263、265
　　实验方法 263、263（图）
侵彻 32、35、235、238

# 索 引

理论 32、35
深度模型 238
作用模型 235
轻型反潜鱼雷 159、160
作用原理（图） 160
轻型聚能鱼雷 15
球缺形药型罩 24~27
几何参数（图） 26
微元（图） 24
曲率半径 82~84、92、93
人防工程 249
类型 249
人员对长时间持续压力耐受程度 149

## S

三明治式 CA 153
三维计算模型（图） 272
杀伤增强模型 284
射流 3、16、34、64、202、203
穿靶能力 3
形成过程 16
密度差异 64
引爆倾斜单层反应装甲过程 203
撞击金属板 203
作用单层反应装甲 202
射流成形 16、23
定常流体力学理论假设 16
定常流动模型（图） 16
临界条件 23
射流侵彻过程 8
开坑阶段 8
终止阶段 8
准定常阶段 8
射流速度分布 20
假设 20
射流引爆反应装甲 202~205
机理 202

金属板厚度 205
起爆判据 203
射流速度 205
射流与夹层炸药撞击角度 205
射流直径 205
影响因素 205
炸药厚度与冲击感度 205
深层工事 249
目标（图） 249
失效模型 60
类型 60
实验数据及模型预测曲线对比（图） 40
数值仿真计算 259
工况（表） 259
模型（图） 259
数值模拟方法 54
数值算法 54
双层复合结构药型罩（图） 14
双壳体结构潜艇 156
水坝大坝目标（图） 251
水泥混凝土跑道 209
垫层 209
辅助层 209
混凝土面层 209
土基层 209
速度分布特性 67、78、88
算法建模 61
随进子弹（图） 290、291
50%有效杀伤概率曲线空间分布（图） 291
$F$ 与 $R$、$-\ln S_0 G$ 与 $\phi$ 关系曲线（图） 290
随进子弹口径（图） 286、288、291
对破片场威力半径影响（图） 291
对破片飞散角影响（图） 286
对破片有效杀伤距离影响（图） 288
随进子弹破片（图） 285、287

初速轴向分布（图） 285

分布密度（图） 287

随体法 54

**T**

弹性区 230

坦克 150~153

防护 153

毁伤效应（图） 150

目标 152

钽 10

特级跑道毁伤效应 218~220、219（图）

数据（表） 220

特级掩体 249

填充粉体 97

铜射流 63、64、67、183~185

成形过程 63、64（图）

毁伤机理 183

侵彻间隔靶数值模拟与实验结果对比（表） 185

速度分布（图） 67

与靶板之间的高速碰撞 184

作用间隔靶过程 183、184（图）

铜药型罩聚能装药对间隔靶毁伤效应 182、183（图）

计算模型（图） 183

铜罩形成射流极限条件（图） 24

**W~Y**

微元 20、21、114

压合过程示意（图） 21

质量 114

坐标方向（图） 20

温度分布特性 68、79、89

钨 11

无导引头结构 196

小型反跑道弹药打击封锁模式（图） 214

虚拟爆炸点与测压点几何关系（图） 280

压合角 18

压碎区 228、229

A点处等效应力、失效应力与损伤因子变化时程曲线（图） 229

压缩波传播与衰减 235

轧制均质钢板 153

沿岸防登陆轨条砦目标（图） 250

药型罩 4~7、10、12、20、22、25、31、73、75、84、93

壁厚 84、93

材料 10

结构 12

压合过程 20

压垮过程（图） 31

轴对称压合 22

锥角 73

最佳壁厚 75

药型罩壁厚对活性爆炸成型弹丸（图） 85

粒子分布影响（图） 85

速度分布影响（图） 85

头部速度影响（图） 85

温度分布影响（图） 85

药型罩壁厚对活性杆式射流（图） 94、95

粒子分布影响（图） 95

速度分布影响（图） 95

头部速度影响（图） 94

温度分布影响（图） 95

药型罩曲率半径对活性爆炸成型弹丸（图） 83、84

粒子分布影响（图） 83

速度分布影响（图） 83

温度分布影响（图） 84

药型罩曲率半径对活性杆式射流（图） 92、93

粒子分布影响（图）　93
　　速度分布影响（图）　93
　　头部速度影响（图）　92
　　温度分布影响（图）　93
野战防御工事　249
一级跑道毁伤效应　220、222（图）、223
　　数据（表）　223
一维计算模型（图）　272
一维准定常射流成形理论　18
异形组合药型罩　12、13（图）
引燃增强机理　142
影响因素　71、81、90
硬目标　248、255、263
　　实验方法　255、263
　　特性　248
硬目标毁伤　253～258、262、265、272
　　机理　258、272
　　模式　253、254
　　效应　255、256、262、265
油气层温度随时间变化（图）　145
油箱目标引燃增强效应　141
　　实验方法　141
　　实验结果　141
有生力量（图）　148、150
　　分布位置和活性药型罩聚能战斗部样机（图）　148
　　杀伤效应（图）　150
有生力量杀伤增强效应　148
　　实验方法　148
圆柱-截锥罩　13
圆柱装药　3

## Z

炸点　233、234
　　深度对跑道目标各层能量吸收影响（图）　234
炸高　129～134、218、219、256、257
　　对超压峰值影响（图）　131
　　对超压上升时间影响（图）　131
　　对活性聚能侵彻体靶后超压效应影响（表）　134
　　对正压持续时间影响（图）　132
　　为1.0CD的条件下活性聚能战斗部作用特级跑道过程（图）　218
　　影响　129
炸坑形成机理　230
炸药　71、72、81、90、231、232、261、262
　　类型　71、72、81、90
　　内爆对跑道毁伤效应　231、232（图）
　　直径对毁伤效应影响　261、262（图）
炸药爆速与活性药型罩锥角　101、102
　　关系（图）　102
　　匹配性　101
炸药类型对杆式射流（图）　91
　　粒子分布影响（图）　91
　　速度分布影响（图）　91
　　头部速度影响（图）　91
　　温度分布影响（图）　91
炸药类型对活性爆炸成型弹丸（图）　81、82
　　粒子分布影响（图）　82
　　速度分布影响（图）　82
　　头部速度影响（图）　81
　　温度分布影响（图）　82
炸药类型对活性射流（图）　72、73
　　速度分布影响（图）　73
　　头部速度影响（图）　72
　　温度分布影响（图）　73
炸药埋深（图）　232、233、260、261、278
　　对毁伤效应影响　260、261（图）
　　对炸坑深度和直径影响　232、233（图）

与质量对裂纹长度影响（图） 278
战斗部爆炸能量输出结构对跑道毁伤模式影响（图） 215
整体侵爆型战斗部 251～253
    摧毁硬目标过程（图） 252
    技术 251
    结构示意（图） 251
中大口径活性药型罩聚能装药 163
中小口径活性药型罩聚能装药 165
轴对称压合 22、23
主动防护 153
装甲防护 153
装甲钢验证靶（图） 201、202
    残留拍痕（图） 202
    典型拍痕（图） 201
装甲目标 152
    特性 152
装填系数 284、285
    对预制破片初速影响（图） 285

装药结构 3、4
    对爆轰能量释放行为影响（图） 4
    作用条件变化对靶板毁伤效应影响（图） 3
装药起爆 3
状态方程 58
锥角 26、73、265
    对射流和杵体速度影响（图） 26
锥形罩 16、19
准定常阶段（图） 9
准定常流体力学 18、34
    成形理论 18
    侵彻理论 34
着角对反应装甲等效结构毁伤效应影响实验条件（表） 196
着角对毁伤效应影响 195
紫铜 10

（王彦祥、张若舒　编制）